第七届全国高等美术院校建筑与环境艺术设计专业教学年会

地域特色

建筑与环境艺术设计专业教学成果作品集（上）

■基础课程 ■设计课程

主编 张梦

中国建筑工业出版社

全国高等美术院校
建筑与环境艺术设计专业
教学年会

National Institutions
of Higher Art architecture and Environmental
Art Design Teaching Experience

建筑与环境艺术专业教学成果作品展主办单位

中央美术学院
中国建筑工业出版社
海南师范大学

建筑与环境艺术专业教学成果作品展承办单位

海南师范大学 美术学院

前言
Forward

历经了六届“全国高等美术院校建筑与环境艺术设计专业教学年会”的积累，第七届年会终于花落美丽的国际旅游岛——海南，这同时也是地方师范类院校承办如此高规格学术教学年会的开端，本届年会能够顺利地召开并产生一系列成果，离不开中国建筑工业出版社以及前六届承办单位——中央美术学院、浙江理工大学、上海大学、四川美术学院、西安美术学院、天津美术学院等兄弟院校的多年支持与不懈努力。

2010 年由海南师范大学美术学院承办的第七届“全国高等美术院校建筑与环境艺术设计专业教学年会”的主题为“地域特色设计教学的研究与发展”，同时举办“地域特色——建筑与环境艺术设计专业教学成果邀请展”，旨在对全国建筑与环境艺术设计专业的毕业设计与课程设计展开深层次的研讨和教学成果的交流，以期对专业教学工作提供一定的帮助与促进。本次第七届年会出版的《地域特色　建筑与环境艺术设计专业教学成果作品集》，希冀为教师授课与学生学习提供一定的参考与辅助。

本年会共收到来自全国近 50 所高等院校建筑与环境艺术设计专业学生的 389 件作品，其中包括基础课程、设计课程和毕业设计三大类。经过年会组委会评委的不记名评选，评出 119 件优秀作品入选此次展览，并结集出版这本《地域特色　建筑与环境艺术设计专业教学成果作品集》，这是年会七年来成果的延续和升华，也是七年来参加和支持年会的广大教师和学生们不懈努力的结晶。

本作品集根据设计内容不同共分为四类作品，分别是“建筑设计”、“室内设计”、“景观设计”和“基础课程”。这些作品的表现形式丰富，除手绘、电脑效果图等形式外，还有模型制作、实物制作等一系列极富创意的手法，风格多样，让我们感受到了不同地域特征下的建筑与环境艺术设计的多种形式、理念。

长期以来，国内的建筑设计与环境艺术设计对于地域性所彰显出的独特风格在不断地探索与努力，广州美术学院赵健教授在《交互的当代性与地域性》一文中就对地域性的概念与意义进行了充分的阐释。本届年会的优秀作品都能够将各自独具的地域性风格表现得淋漓尽致，他们通过对不同区域内地貌、植被、气候以及诸多地域元素的深刻体会与挖掘，结合区域居住者的客观实际需求，描绘出了一幅幅极具人性化的设计作品。细细观赏此次参展作品，虽然有些作品的表现手法略显稚嫩，但相信凭借今日之盛会，加之师生们的不断努力与提高，他们必将成为行业的中坚力量——我们热切地期待这一天的早日到来。

“全国高等美术院校建筑与环境艺术设计专业教学年会”在一片灵动的自然感召下，发挥和扩散其独具魅力的影响。年会着眼全国建筑与环境艺术设计专业的教学领域，用颇有成效的年会成果展，提升年会在专业领域内举足轻重的窗口地位，并将影响力一届一届地传递下去。

本届年会《地域特色・建筑与环境艺术设计专业教学成果作品集》的出版，要特别感谢中国建筑工业出版社的大力支持以及全国高等美术院校建筑与环境艺术设计专业教学年会组委会评委们的辛勤工作；衷心感谢全国众多兄弟院校的积极参与和支持，衷心感谢参与本届年会的会务工作人员。并祝愿下届年会办得更加精彩，建筑与环境艺术设计专业的建设与发展蒸蒸日上。

张梦

海南师范大学美术学院　院长　教授

2010 年 10 月 15 日

目录

Contents

Forward | 前　言　004-005

Review Site | 评审现场　008-010

Media Interview | 媒体采访　011

Jury List | 评委会名单　012-015

Winners List | 获奖作品名单　016-020

Foundation Course Category Works | 基础课程类作品　023-091

Design Course category Works | 设计课程类作品　093-218

景观设计　095-115

建筑设计　117-155

室内设计　157-218

评审现场
Review Site

评委会集体照

终评现场

评审现场

评审预备会议

媒体采访
Media Interview

评委会名单（评委按姓氏笔画排序）
Jury List

马克辛（辽宁）

鲁迅美术学院环境艺术系主任 / 教授

王海松（上海）

上海大学美术学院建筑系主任 / 教授

吴　昊（西安）

西安美术学院环境艺术系主任 / 教授

吴晓其 (浙江)

中国美术学院建筑艺术学院副院长 / 教授

李东禧 (北京)

中国建筑工业出版社第四图书中心

主任 / 副编审

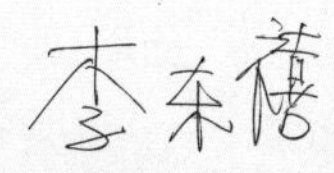

苏　丹 (北京)

清华大学美术学院环境艺术系主任 / 教授

国际环境艺术协会常务理事

赵 健（广州）

广州美术学院副院长 / 教授

唐 旭（北京）

中国建筑工业出版社第四图书中心 副编审

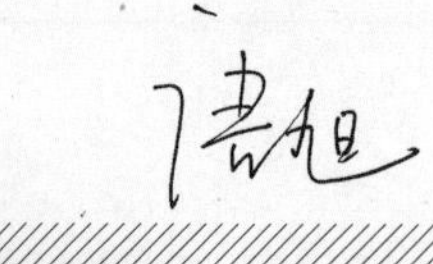

黄 耘（四川）

四川美术学院建筑艺术系系主任 / 教授

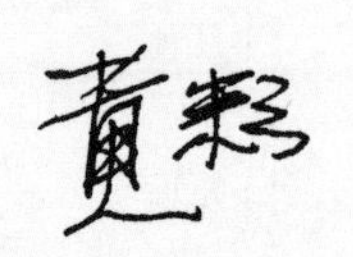

傅 祎 (北京)

中央美术学院系建筑学院副院长 / 教授
国际环境艺术协会常务理事

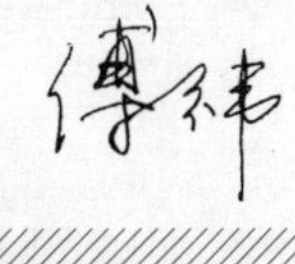

彭 军 (天津)

天津美术学院设计艺术学院副院长 环境艺术系主任 / 教授

获奖作品名单
Winners List

基础课程类作品

	作品名称	作品作者	作者院校	指导教师
银　奖				
	艺术考察课程——英国建筑速写	彭奕雄	天津美术学院	赵廼龙、鲁睿
	环境艺术设计色彩构成综合训练	鲁迅美术学院环艺系	鲁迅美术学院	马克辛、卞宏旭
	美术造型基础课	黄恺妮、陈华元、侍海山、吕思训、蒋　凯、牛　瑛、李嘉漪、吴　斌、支小咪	上海大学美术学院	王冠英、许宁、李剑
	建筑通用构造——清代垂花门构造设计模型、山西五台山佛光寺大殿模型、法国里昂国际机场航站楼主体建筑模型、安徽明代民居构造设计模型	杨晓东、韩　野、李正山、孙　霄、王　真、郭　旭、崔家华、唐仕霞、冉　岩、于　茜	鲁迅美术学院	施济光、李江
铜　奖				
	设计素描——机械物形态分析与造型训练2	周玉香、王　瑞、郭美村	苏州大学金螳螂建筑与城市环境学院	徐莹
	立体构成——肌理变化课题训练、形式变化课题训练、框架结构课题训练、形态结构课题训练	崔雅伦、王小雨、周晨橙、王雨淇、佟赛男、孙婧雯、邵玲惠、鞠晓庆、胡曲咏、朱若源	鲁迅美术学院	文增著
	美术造型基础课	苏圣亮	上海大学美术学院	王冠英、许宁、李玲
	湖北红安陡山村吴家祠堂传统建筑装饰测绘	罗子荃	华中科技大学建筑与城市规划学院艺术设计系	辛艺峰、傅方煜
	创新造型元素、调配材质表现、规范美学法则相结合的立体构成课程教学研究	孙　莉、辛　龙、孙延培、郭永标、康　菲、任秉健、曲婷婷、韩　雪、李　帅、张赫澄	东北大学艺术学院	张娇
优秀奖				
	立方体再生——环境艺术设计专业立体构成专题训练	何昌邦、张璇哲、戴方敏、龙汇颖、周建建、王　欣、谢玄晖、岳　鑫、谭廷超	北方工业大学艺术学院	张杞峰
	建筑构成	黄玉琴、陈添华、陈锐青	顺德职业技术学院设计学院	周彝馨
	人形高凳	荆潇潇、胡游柳	清华大学美术学院	苏丹、于历战、邵帆
	寻找形态	石俊峰	清华大学美术学院	梁雯
	乡土建筑与民居考察	吴华银、蒋博雅、刘　伟、冯胜男、吴雪斐、王清相	四川美术学院	黄耘、周秋行
	对《文化苦旅》——《道士塔》一文的空间阅读	权新月	苏州大学金螳螂建筑与城市环境学院	汤恒亮
	室内设计色彩	绪杏玲	苏州大学金螳螂建筑与城市环境学院	许光辉

作品名称	作品作者	作者院校	指导教师
设计素描——机械物形态分析与造型训练1	张　俊	苏州大学金螳螂建筑与城市环境学院	徐莹
设计素描——机械物形态分析与造型训练4	郭美村、符明桃	苏州大学金螳螂建筑与城市环境学院	徐莹
民族艺术考察——测绘——王宅	徐晨晨、吴舒婷、刘玮玮、杨媛媛、吕　坤、陈学实、潘雄华	江南大学设计学院	吕永新
民族艺术考察——测绘——赵宅	田　心、冼　丹、李　双、张　跃	江南大学设计学院	吕永新
平遥古城小寺庙遗址保护基础上的延伸设计	乞丽丽	南开大学	谢朝
曲线透视	高　宇	南开大学	周青
综合媒材“异形”	李　莹	南开大学	高迎进
综合媒材“蚀”	高　宇	南开大学	高迎进

设计课程类作品

	作品名称	作品作者	作者院校	指导教师
景观设计				
银　奖				
	遂圆绿竹	黄礼刚	四川美术学院	王平妤
	海口骑楼老街中山路改造方案	孙磊明、孙慧妍、孟岩军	海南师范大学美术学院	张引、凌秋月
	公共艺术	李金蔚	中国美术学院	吴嘉振
铜　奖				
	金田精密仪器厂废弃空间景观再生设计方案	赵　娟、张彤彤	攀枝花学院艺术学院	姜龙、蒲培勇
	福州茶亭公园景观设计	陈　晶	福建师范大学美术学院	毛文正、张斌、郭希彦
	海口假日海滩改造方案——概念创意	孙建兵、陈振山、杜洪波	海南师范大学美术学院	张引、凌秋月
建筑设计				
金　奖				
	杭州西溪湿地低碳技术展览馆设计	孟璠磊、赖钰辰、苏冲	北京交通大学建筑与艺术系	高巍、姜忆南
银　奖				
	纸板建筑设计建造	蔡远骅、高毓铖、李嘉漪、梁　力、沈如琊、王舒展、王乙平、徐梦婷、俞琰泠、张　青、支小咪、周艾然、周卓琦	上海大学美术学院	莫弘之、柏春
	南海度假岛	商建磊	海南师范大学美术学院	张引、凌秋月
铜　奖				
	广州美术学院艺术交流中心	陈　鹏、符　智、钟文标、何丽佳、叶栋梁	广州美术学院	王中石、李小霖、陈瀚

	作品名称	作品作者	作者院校	指导教师
优秀奖	The Urban Chloroplast城市叶绿体旭阳焦化厂生态办公综合体设计方案	王 辰	北京建筑工程学院	刘临安、杨琳
	打望儿	刘 旭	四川美术学院	王平妤
	杭州西溪湿地低碳技术展览馆设计	张 哲、梁 双、周靖怡	北京交通大学建筑与艺术系	高巍、姜忆南
	杭州西溪湿地低碳技术展览馆设计	刘思齐、刘冬贺、吴 非、汪凝琳	北京交通大学建筑与艺术系	姜忆南、高巍
	北京古太液池地段居住区规划设计	梁 双、周靖怡、赖钰辰、汪凝琳	北京交通大学建筑与艺术系	高巍、姜忆南
	枕着清风入眠——香山宾馆方案设计	吴芳菲	北京建筑工程学院	杨琳

室内设计

	作品名称	作品作者	作者院校	指导教师
金 奖				
	韵	周敏菲	广东轻工职业技术学院	彭洁、周春华
银 奖				
	“竹影清风”——水吧	陈永光、周 鹏	重庆教育学院美术系	涂强、蒋波
	云蒙山庄会馆设计方案	韩志国	山东工艺美术学院	马庆
铜 奖				
	橙果设计DEM办公空间设计	金 欣	东南大学建筑学院环境艺术设计系	赵军
	北洋园图书馆室内设计	张玉龙、马 倩	天津城市建设学院	慕春暖、高宏智
	攀枝花美术馆室内设计方案	颜明春、班晓娟	攀枝花学院艺术学院	姜龙、宋来福
优秀奖				
	“岸芷汀兰”	曾丽芬	广西生态工程职业技术学院	韦春义、肖亮
	旧建筑改造—环境艺术设计研究所设计方案	罗均芳、班晓娟	攀枝花学院艺术学院	姜龙、宋来福
	“歪”理“斜”说	陈思聪	河北科技师范学院	代峰
	空间概念设计课程	于渊涛、唐 晨、张冬莹、左家兴等	天津美术学院	都红玉、王星航
	旋意—低碳住宅设计	宋佳冰、潘 伟、张 敏、何方静	中国美术学院艺术设计职业技术学院	陈琦
	Google 办公空间设计	李 悠	东南大学建筑学院环境艺术设计系	赵军
	纯—低碳住宅设计	徐雪薇、林 涛、虞凯彬	中国美术学院艺术设计职业技术学院	陈琦
	走进“勐巴娜西”·昆傣大酒店室内设计	许 荣、张圆斌	西南林业大学木质科学与装饰工程学院	郑绍江、徐钊、朱明政
	百花洲二十三号院	赵春刚	山东工艺美术学院	李文华
	家具设计	王莎莎、于雅婧	中国美术学院	张天臻
	忆粤	何敏仪	广东轻工职业技术学院	彭洁、周春华
	快捷酒店设计之剧情空间	王 莹、李 欢	东北大学艺术学院	周丽霞
	快捷酒店设计之色彩情节	徐伟玲	东北大学艺术学院	周丽霞
	泰山桃花峪游人中心	巴亮亮	山东工艺美术学院	张震

毕业设计类作品

景观设计

作品名称	作品作者	作者院校	指导教师
金　奖			
凸显·调和——杭州创新创业新天地景观设计	林晨辰、方　泓、郭　辰、金俊丹、陈威韬、顾旭建、杨清清、唐洁华	中国美术学院艺术设计职业技术学院	黄晓菲
银　奖			
融城·融山·融水——杭州创新创业新天地景观设计	韦杰航、易瑾、陈岑、沈煜磊、沈燕华、王慧琳	中国美术学院艺术设计职业技术学院	黄晓菲
时光漫步——南通唐闸工业遗址景观设计	吴　尤、毛晨悦	清华大学美术学院	苏丹、郑宏、于历战
绿色渗透——江南船厂的生态恢复与改造	成旺蛰	中央美术学院	丁圆
铜　奖			
漫川关古镇保护规划设计	马思思、杜季月、成　垚、崔　宇	西安美术学院	李建勇
清华美院社区式交流环境设计	刘晓静	清华大学美术学院	张月、刘东雷
禅——泉城公园南花廊改造	李玮琦、杜婧文	山东工艺美术学院	张阳
广州城中村民居改造设计	陈祉晔	华南农业大学艺术学院	刘源
异域广角——天津第一热电厂建筑景观创意园	吴尚荣、任　砚	天津美术学院	彭军、高颖
优秀奖			
四川省绵竹市清道社区重建规划设计方案	李　明、金江铭	湖北师范学院美术学院	谢欧、戴菲
锦源竹里——上海佘山老年人疗养康复中心	万　琦、刘盈含、王一茗	天津美术学院	朱小平、孙锦
厦门国际佛教文化博览城——一期·三圣殿	张俊龙、陈艳冰、张雯静	天津美术学院	李炳训、侯熠
“记忆彼岸”——山东省日照市海洋变化体验岛	王冠强、高君凤、陈　愉	天津美术学院	彭军、高颖
Open——顺德港概念规划设计	孙楚文	顺德职业技术学院设计学院	周峻岭、谢凌峰
天津海河外滩码头广场景观设计	杨　静	天津城市建设学院	张大为、高宏智、余娴
轮回+空间=?——庭院般度假庄规划设计	罗进苗、陈　三	广东轻工职业技术学院	彭洁、周春华
线性规则在景观模式中的探讨——深圳大学南校区校园景观规划设计	关芬猛	深圳大学艺术设计学院	蔡强
沈阳长白桥室内外休闲空间环境设计	问春宁	沈阳建筑大学设计艺术学院	迟家琦
中国西部国际艺术城——西安美术学院新校区景观规划设计	王俊杰、张晓博、李琳鹏、曲朝辉	西安美术学院	李建勇
西安浐灞桃花潭景区公园规划设计	陈　晨、廖新民、何　剑、刘　瑞	西安美术学院	吴昊
基于自然之上的人工——北塘国际商务会议中心及其景观规划设计	王成业	中央美术学院	王铁
广州同泰路段——亚运主题公园景观设计方案	刘晓静、白世龙、李　根、罗　佳	湖北师范学院美术学院	戴菲

	作品名称	作品作者	作者院校	指导教师
建筑设计				
金　奖				
	后世博研究——宝钢大舞台再利用设计	章　瑾	上海大学美术学院	王海松、谢建军
银　奖				
	四相混合——不同功能建筑的组合以及连续空间体验的创造	庹　航	中央美术学院	六角鬼丈
	十八梯片区建筑单体设计	王辰朝	四川美术学院	黄耘、周秋行
	沈阳市标志性建筑与景观设计	阎　明	鲁迅美术学院	马克辛、文增著、曹德利
铜　奖				
	广州气象科学中心	杨杏华、吴素平、叶建雄	广州美术学院	许牧川
	下关江城一立体别墅社区设计	温颖华	中央美术学院	周宇舫、刘文豹、范凌
	宝钢大舞台世博后改造	杨　晨	中央美术学院	戒安
	武陵山土家生态展览馆设计	宋良聃	四川美术学院	黄耘、周秋行
	Fun City	郭晓丹、邝子颖、陈巧红	广州美术学院	杨岩、陈瀚、何夏昀
优秀奖				
	3RESTAREA	黎振威、朱海峰、卢继洲	广州美术学院	杨岩、陈瀚、何夏昀
	城市建筑及广场设计	曲国兴	鲁迅美术学院	施济光
	北京西直门交通枢纽住宅整合设计	柴哲雄	北京交通大学建筑与艺术系	高巍、张育南
	辽宁绥中海滨度假酒店建筑设计	姜　腾	北京建筑工程学院	王光新
	北京永安里主题酒店设计——Loft Hotel	崔琳娜	中央美术学院	王小红、丘志
	Memories Slice (记忆切片)	卢俊歆	中央美术学院	程启明
	对话——南京老城区旧城改造	曾　旭	中央美术学院	程启明
室内设计				
金　奖				
	清华美院公共空间改造设计——交往空间层级设计方法应用	王晨雅	清华大学美术学院	张月、刘东雷
银　奖				
	艺度艺术中心公园——天津第一热电厂工业遗迹改造	张　静、张越成、余刚毅	天津美术学院	彭军、高颖
	BMCC改造项目室内方案设计——光之卵艺术中心	李　贺	北京建筑工程学院	滕学荣
	内化的自然——西藏巴松措度假村酒店SPA空间设计	刘　菁	中央美术学院	傅祎、韩涛、韩文强
铜　奖				
	五塔寺长河汇古建改造——“游园惊梦”昆曲艺术活动中心	顾艳艳	中央美术学院	邱晓葵、杨宇、崔冬晖
	攀枝花工业博物馆设计方案	钟佼腾、王　越、张彤彤	攀枝花学院艺术学院	姜龙、宋来福
	马里奥游戏体验中心	李颖宜	深圳职业技术学院	陈峥强、庞东明

作品名称	作品作者	作者院校	指导教师
内蒙古馆展示设计	郝文凯	北方工业大学艺术学院	史习平
BMCC改造项目室内方案设计——光之卵艺术中心	袁　月	北京建筑工程学院	滕学荣

优秀奖

作品名称	作品作者	作者院校	指导教师
旧建筑改造——攀枝花美术馆设计方案	刘继桥、黄　燕、吴羚毓	攀枝花学院艺术学院	姜龙、廖梅
B-Shadow概念酒店设计	梁宗敏	深圳大学艺术设计学院	邹明
汉字艺术文化展示中心	杨　超	北方工业大学艺术学院	全进、李沙
将原生态游牧式空间理念融入办公空间设计	李　杨	北方工业大学艺术学院	周洪、陈健捷
南安石脉快捷酒店室内空间改造设计	张卫海	福建工程学院建筑与规划系	薛小敏
Green · Piece结合新产业开发区环境的沙龙式艺术馆设计	魏　黎	天津大学建筑学院	邱景亮、陈学文
白城子——窑洞生态酒店设计	徐小兵、齐　维、田艳美	天津美术学院	朱小平、孙锦
佛学——京杭运河大兜路段历史保护复建工程	项建福、刘荣倡、罗照辉、余巧利	中国美术学院艺术设计职业技术学院	孙洪涛
香格里拉藏族——文化 · 旅游公交民族文化方案设计	邓文寿、陈伟亮	西南林业大学木质科学与装饰工程学院	李锐、夏冬、郭晶
树影婆娑	李柱明	广东轻工职业技术学院	彭洁
墨 · 意中国文化会所	肖　菲	清华大学美术学院	郑曙旸、崔笑声
前实践 / 设计研究 / 后实践	邹佳辰	中央美术学院	傅祎、韩涛、韩文强

基础课程类

Foundation Course Category

作品

Works

艺术考察课程——英国传统建筑速写

课程简介：

艺术考察课程，为我系专业课程中关于国内外建筑研究的重要环节之一，学生们通过实地采风，搜集和整理相关文字资料，对于建筑从感性到理性全面把握，同时通过速写的形式表达出来。考察课程对于课堂和书本知识的教学方式而言，是一种重要的补充，一种切身体验的实践教学方式，学生们通过思考，研究和写生，对于建筑的构造、样式有了更直观的了解，对于建筑尺度和体量的把握也更为精准。

学生体会：

在艺术考察课程期间，我有机会完成了英伦建筑艺术采风之旅。当我流连于英国的城市间，感觉英国城市中的现代建筑几乎就是现代建筑发展史的缩影，但是令我感叹的是记录着城市年轮的历史建筑也完好地保存了下来，展现了那醇厚的英伦文化积淀。当传统建筑和现代建筑形成强烈的对比时，不单能够让我们触摸着那真切的历史肌理，也让在当下这光影流离中的心境多了一份沉静。

无论是谁在这些沧桑的建筑面前，都能被其历史感所深深地震撼，而那种不吝惜工本而精雕细琢的建筑面容更是令人赞叹。为此，有些人用手中的相机记录下来，也有些人用文字描述它给人的感受，而我则选择用线条来描绘这些建筑、记录他的历史、留存我的思情。

在每一笔的勾勒、叠加中，这些伟岸的建筑、精妙的构件的细节慢慢地在我面前的图纸中显现，每一幅的描绘就是一次记录于心的旅程，这种体验实在是耐人回味……

彭奕雄 / 天津美术学院　指导教师：赵廼龙、鲁睿

艺术考察课程——英国建筑建写

基础课程类银奖

教师点评：

约克大教堂通过骨架圈很好地为我们展示了“力”的传导过程，其下的立面以装饰丰富的玫瑰窗毫无疑问地汇聚出视觉重心，作品选取仰视角度很好地体现了主体建筑的宏伟气势，与之形成对比的是体量较小的成排座椅，反衬出空间摄人的恢宏。画面细节的刻画需要极强的耐心，而近景尖拱廊以及下部束柱的处理看似画面的收尾却毫不含糊，每一笔都交待严谨工整，体现了作者把控画面的突出能力。就线条运用而言，完全以勾线方式表现空间体量，疏密组织上有个人见解，取得了整体与细部的完美平衡。

色彩构成

一、课程名称：色彩构成

二、主讲教师：

马克辛，男，1959年1月出生，教授、鲁迅美术学院环境艺术设计系主任，1983年毕业于鲁迅美术学院，毕业留校任教至今。

卞宏旭，鲁迅美术学院环境艺术设计系讲师。2006年毕业于鲁迅美术学院，毕业留校任教至今。

三、课程大纲

1. 本门课程的教学目标和要求

通过色彩构成课程专业学习，使学生综合运用色彩的明度、纯度、色相来进行色彩的秩序、空间、冷暖的训练。掌握色彩学的基本理论和色彩构成美的规律。能运用色彩调和的理论与方法，构成组织画面主体的几块颜色对比协调的规律，并运用于设计之中。

要求学生在较短的时间内，进入色彩的本质规律的研究。做到能够独立完成丰富的色彩组织、构成色调，并有秩序，达到对比和谐。并将其规律用于空间环境的色彩气氛的把握，驾驭自如。

2. 课程计划安排

第一单元：色彩构成的基本理论。

第二单元：色彩的调配。

第三单元：色彩的配色方法。

第四单元：色彩构成综合训练。

第五单元：总结。

3. 课程作业内容

（1）色彩小稿训练：按要求画100个小色稿，选30张优秀小稿交作业。

（2）色彩秩序训练：做色彩秩序训练作业，强调画面色彩协调关系。

（3）色彩空间训练：做色彩空间训练作业，强调画面色彩空间关系。

（4）色彩个性训练：做色彩个性化训练作业，强调画面色彩对比关系。

（5）色彩九宫格训练：强调画面色彩的综合关系表现。

4. 考核标准

（1）色彩构成基础理论知识的掌握及运用。

（2）运用色彩构成基础知识再创造的能力。

（3）作业整体完成数量及完成质量情况。

（4）其他可体现课程学习情况的因素。

四、课程阐述

本课程的宗旨就是要揭开色彩奥秘，将紧贴时代，根据科学的认知规律、学习要素及综合国内外教学方法，对色彩科学规律和艺术规律以全新的角度进行全面、系统的阐述。并侧重于推出经过教学实践检验的色彩综合训练法的研究新成果，即新的色彩教学方法。目的在于提高学习艺术设计的学生色彩的审美意识，掌握灵活地运用色彩美的规律，最终达到富有个性化地创造色彩美。

提高学生对色彩学与设计色彩美学的认识，使之从广度与深度上掌握色彩语言，是本课程的宗旨之一。通常我们把色彩学作为从事视觉形象即艺术设计及绘画创作人员必修的一门重要课程。在我国，目前以培养艺术设计、绘画美术类方向为主的院校，基本上已形成了成熟稳定的色彩学教学的两大体系。科学的色彩光学理论体系即色彩构成学，虽然引入我国艺术教学中已近二十年了，对色彩教学的改革、色彩应用及色彩教育的发展起到了推进作用，但也存在某些弊端。最为突出的是形成了极端理性化、概念化、千篇一律的色彩训练模式。形成这种局面的原因，首先是对色彩美学教育普及滞后的问题。在较发达国家的教育体制下，对色彩美学理论体系以及色立体概念，甚至包括艺术院校所教的色彩构成课中的一些基础知识的学习与掌握，已在相当于高中的各类职业艺术学校中完成了。他们对色彩美学教育的普及至少要比我们早几十年。由于环境艺术领域要比其他设计领域所涉及的方面广，在设计中更要求有整体理念，所以艺术设计专业的学生，对色彩美学的掌握更应深入、全面。

本课程的另一个宗旨是使学生能真正掌握综合色彩美的规律。在这方面的教学最容易犯的毛病是：将符合色彩光学规律色彩因素的单项配色实践，与创造色彩的和谐、综合美，两者相混淆。色彩学要解决的是创造个性化的色彩综合美，是将符合艺术规律的色彩组合，应用于我们的设计实践作品中去。而对色彩美学的掌握以及色彩综合创作水平的提高，则需要在实践中，通过正确色彩训练的途径，大胆探索、研究、创新，去不断丰富它、完善它。在实际设计过程中，面临主题的设定、市场的调研、形象色彩、创意组织等诸多因素，平时的单一性的色彩训练方式，很难适应综合创意的高强度的需要，符合自然光学色彩原理的色彩组织并不都是符合美的规律，而符合色彩美的规律的色彩组织却是百分之百地符合自然光学色彩原理。我们所追求的是主旋律色彩与设计主题的统一；色彩选择与形式的统一；色彩空间与构成韵律的统一。这些综合因素，都应作为色彩教学以及创意设计的主导，按照色彩美学与艺术规律进行色彩基础训练，并将明度、纯度、色相、自然光学的色彩原理、配色协调规律等诸多构成色彩美的因素，自然地融入综合色彩和谐美之中。

对于艺术专业的学生来说，真正掌握综合的色彩运用以及创造色彩美的能力，步入社会后，在设计实践中成为一个成功的设计人才，本书的指导意义尤其值得重视。作者积多年的教学经验，针对色彩教学中普遍存在的问题，力求既解决艺术创作的本质问题，又从教学的角度求得基础与设计之间的转换。提高学生创造色彩综合美的能力，应用于设计实践，创造出新的富于个性的色彩美。本书将在色彩教学的后两阶段中，对色彩本质规律，侧重展开讲解，并推出实现色彩调和论的色彩综合训练新方法。

五、课程作业

鲁迅美术学院环艺系 / 鲁迅美术学院　指导教师：马克辛、卞宏旭

环境艺术设计色彩构成综合训练　　基础课程类银奖

没有对比色的色彩构成，是单调而无生命力的，有了对比而不和谐，也是显得十分不舒服，能使色彩达到既有对比又十分和谐，最重要的手段就是将色彩有秩序的组织、排列，我们称为秩序法，也叫色彩的“谱曲”训练。

色彩秩序配色法

色彩个性配色法

一是能避免个人的习惯用色，二是能解决色彩与形象的主题统一。发挥每个人对色彩魅力的无限追求，达到个性训练的真正目的，既是对色彩个性化美的体验，也是创造性极强的训练方法之一。

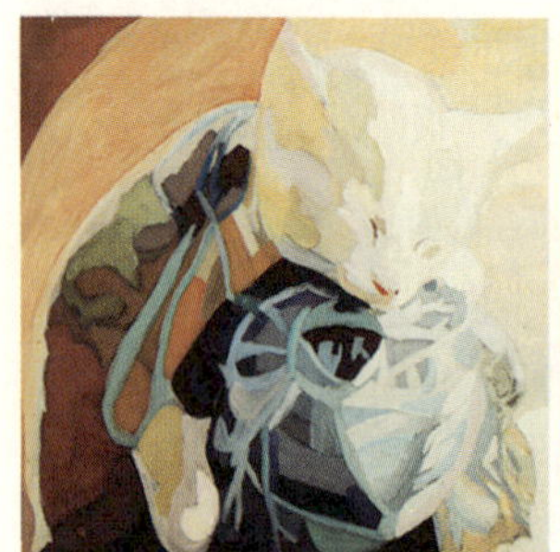

学生作品

色彩个性配色法

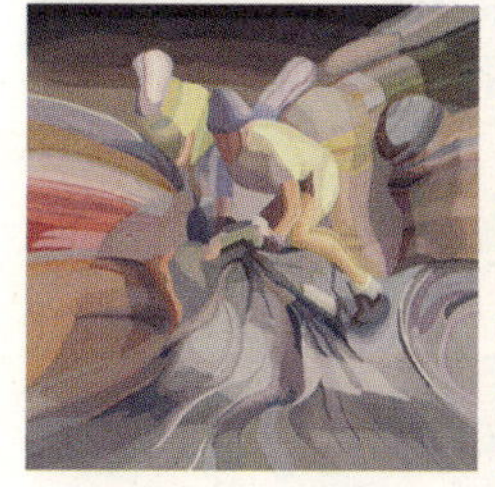

色彩空间配色法

环境艺术是空间形态的美，强化空间的魅力是必不可少的。

其中色彩空间的概念要强化并有主动性，要意识到色彩的冷暖空间感受，能有效把握环境空间的艺术效果。

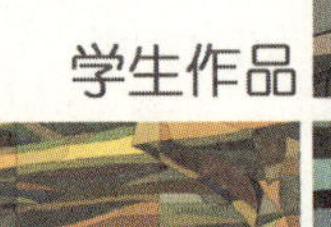

学生作品

九宫格配色法

九宫格配色法是一种高强度配色训练方法。也是色彩深入表现的有效方法，在把握整体色彩的前提下又能深入细部，丰富色彩关系，是色彩综合训练十分必要的程序。

推荐词：

本组作业是我系学生在美术造型基础素描课程中各个阶段的优秀作业，基本上反映了我系建筑美术造型素描基础课的全貌，素描基础造型课程，为他们在今后建筑设计的学习打下了良好的美术造型的基础，拓展了同学们的艺术视野，丰富了其造型的表现手段，在建筑设计的专业课中收到了很好的效果。

结构与形体的转换-饰海山(07届)

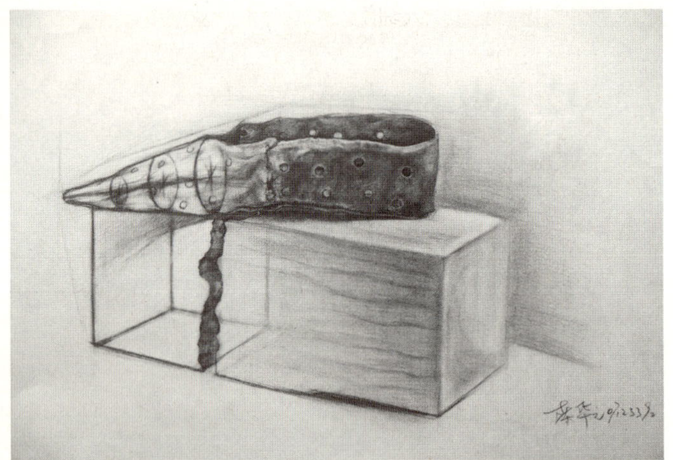

结构与形体的转换-陈华元(07届)

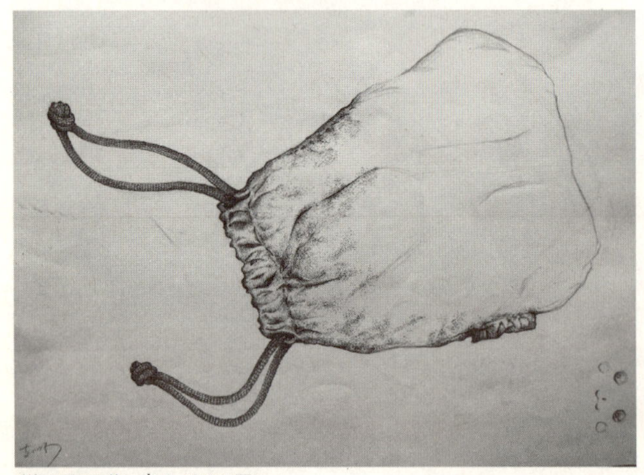

微观宏观化-支小咪(09届)

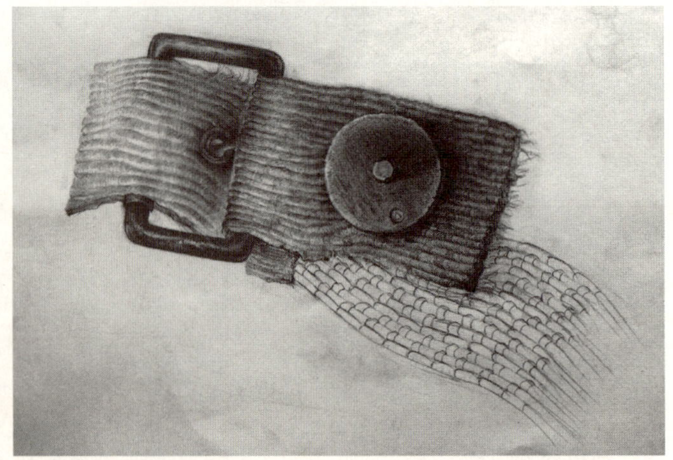

微观宏观化-吴斌(09届)

黄恺妮、陈华元、侍海山、吕思训、蒋 凯、牛 瑛、李嘉漪、吴 斌、支小咪 / 上海大学美术学院　指导教师：王冠英、许宁、李剑

美术造型基础课　　基础课程类银奖

建筑装饰的认知-牛瑛(09届)

古典建筑的摹写-黄恺妮(06届)

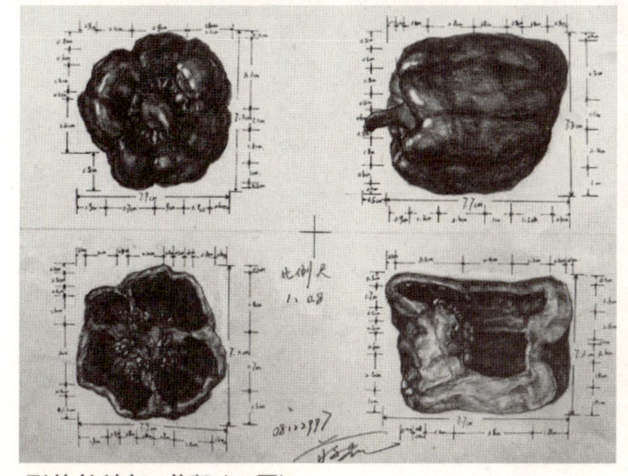

形体的认知-蒋凯(08届)

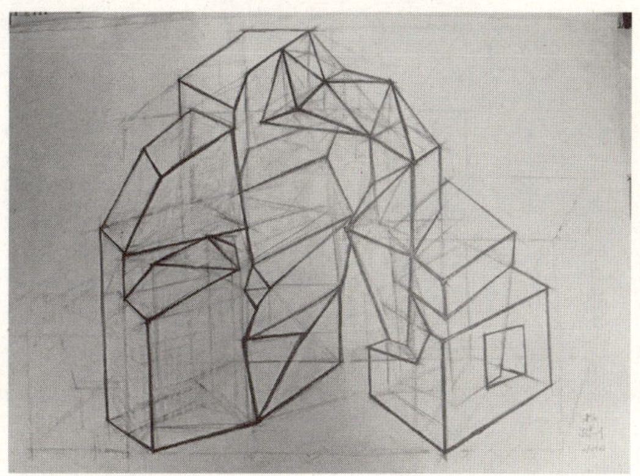

结构联想-吕思训(07届)

微观宏观化-李嘉漪(09届)

杨晓东、韩 野、李正山、孙 霄、王 真、郭 旭、崔家华、唐仕霞、冉 岩、于 茜 / 鲁迅美术学院 指导教师：施济光、李江

建筑通用构造——清代垂花门构造设计模型、山西五台山佛光寺大殿模型、法国里昂国际机场航站楼主体建筑模型、安徽明代民居构造设计模型 设计课程类银奖

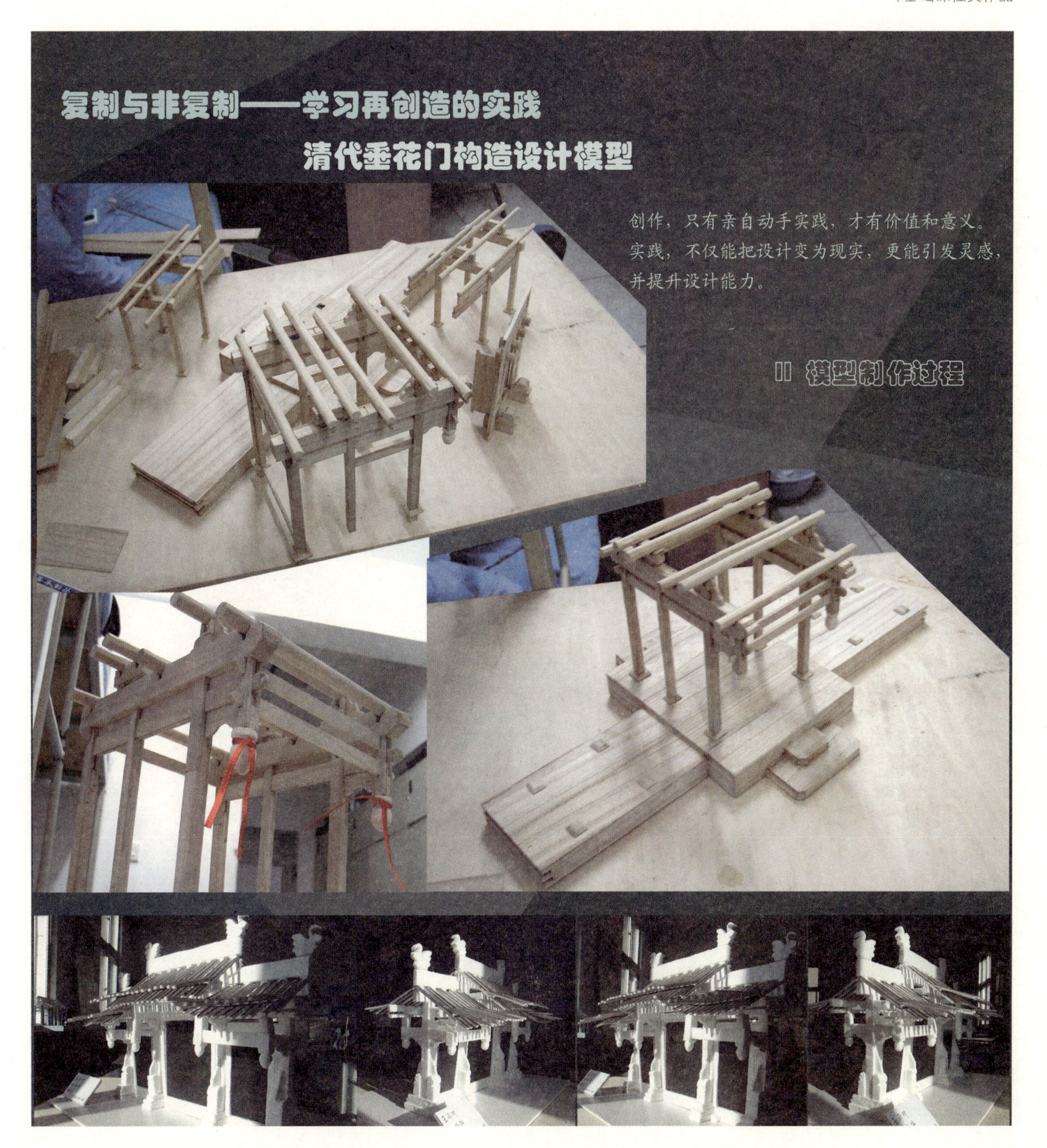
复制与非复制——学习再创造的实践
清代垂花门构造设计模型
创作，只有亲自动手实践，才有价值和意义。实践，不仅能把设计变为现实，更能引发灵感，并提升设计能力。
II 模型制作过程

复制与非复制——学习再创造的实践

清代垂花门构造设计模型

技术 手工 严谨 尺度

空间 系统 意志 态度 素质

模型成果

整体尺度的把握、主框架的形成、构件的穿插是模型制作的关键步骤，而影响这一步骤的则是技术与艺术的创造。

复制与非复制——学习再创造的实践
山西五台山佛光寺大殿模型
模型成果

构件的制作：要求严谨、统一、尽量减小误差——严谨的工作态度、意志的磨练

构件的穿插与组合——模型的制作过程

精致的构件产品

复制与非复制——学习再创造的实践
山西五台山佛光寺大殿模型
Ⅲ 手工模型与电脑模型

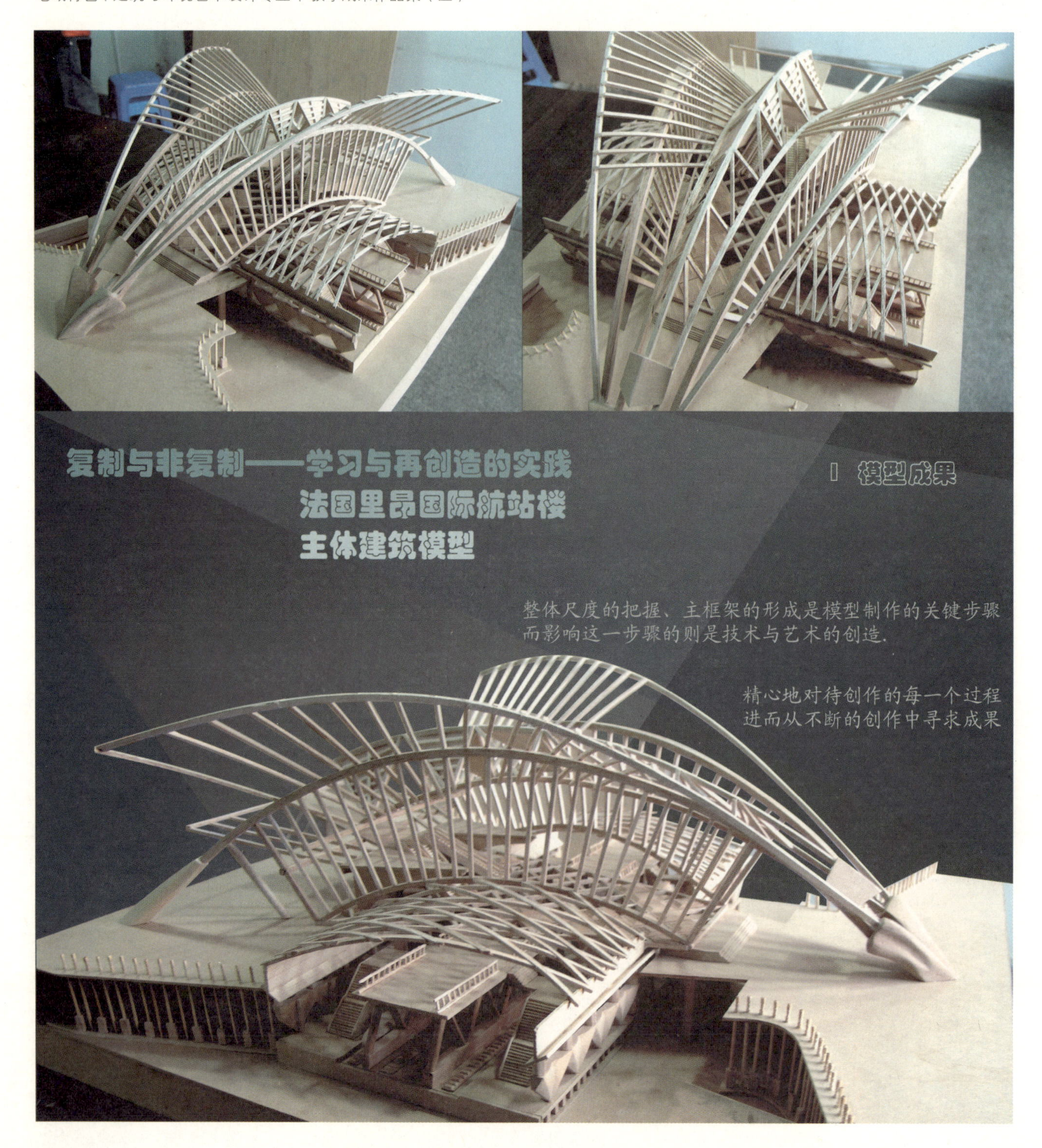
复制与非复制——学习与再创造的实践
法国里昂国际航站楼
主体建筑模型
| 模型成果
整体尺度的把握、主框架的形成是模型制作的关键步骤
而影响这一步骤的则是技术与艺术的创造.
精心地对待创作的每一个过程
进而从不断的创作中寻求成果

复制与非复制——学习与再创造的实践
法国里昂国际航站楼
主体建筑模型

技术 手工 严谨 尺度
空间 系统 意志 态度 素质

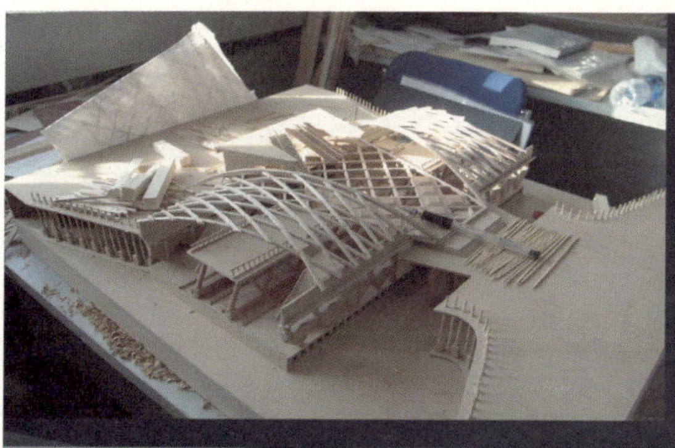

构件的加工与组合　模型的制作过程

II 模型制作过程

过程重于结果

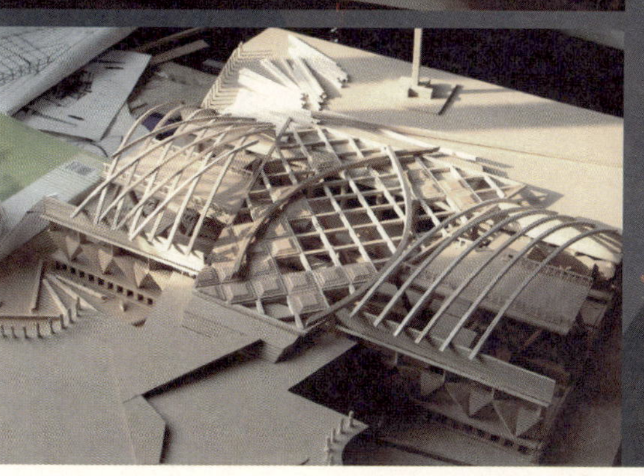

复制与非复制——学习与再创造的实践
安徽明代民居构造设计模型

复制与非复制——学习与再创造的实践
安徽明代民居构造设计模型

II 模型制作过程

整体尺度的把握、主框架的形成、构件的穿插是模型制作的关键步骤，而影响这一步骤的则是技术与艺术的创造。

复制与非复制——学习与再创造的实践
安徽明代民居构造设计模型

Ⅲ 模型制作细节

整体尺度的把握、主框架的形成、构件的穿插是模型制作的关键步骤，而影响这一步骤的则是技术与艺术的创造。

设计基础课程——设计素描

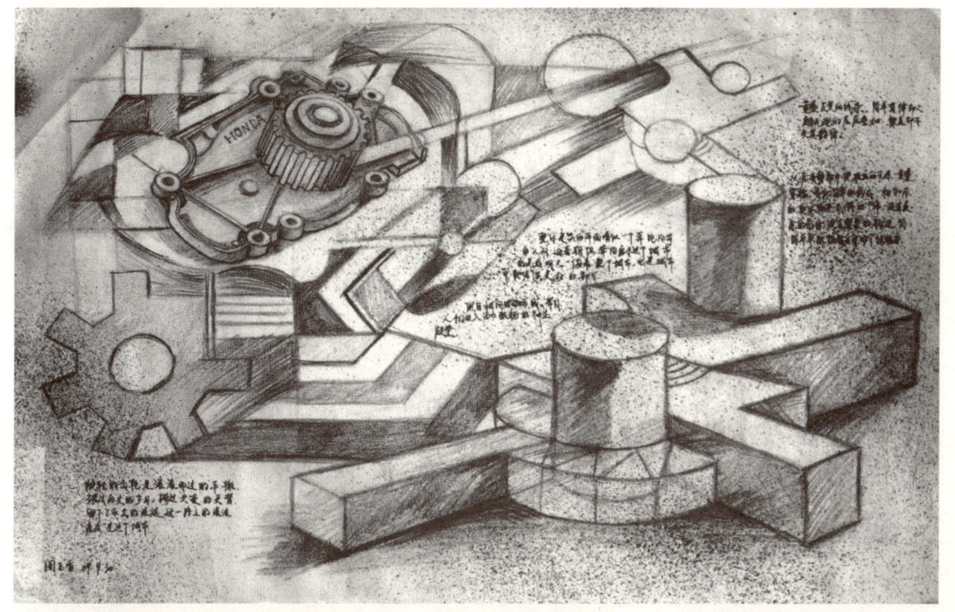

三个步骤完成在一张卡纸上，技法上运用的反复喷漆的效果，炭笔和水笔相结合，制造出斑驳的感觉，在平面构成中画面的黑白灰控制恰当，点线面构成感强。三维拓展方面，圆形和长方形相结合，互相穿插，突出了强烈的体块感。通过作品的欣赏使他们了解了认识与分析最终成为我们表现的能力，不同的表现方法的训练都在强化这种形态的转化过程。从视觉的认知形态过渡到心里的感受形象，最后又达至审美的造型表现，从而将物与精神性的设计完美地结合起来。

利用水彩颜料在画面上的流淌，制造出特殊的水印效果。在写生的基础上发展而来的抽象形态，以及纯粹的抽象形态研究，结合了形式构成的基本原理以及广泛自由语言形式的选择，如线条、空间、平面、光色、节奏、韵律等设计形式语言，表达了自身的审美情感。这位学生很富于个性的创作设计，选择适合的工具与手法创造性地进行了表现。

结构素描、平立面组合、三维拓展三个部分一起表现在画面上，技法上运用了综合材料，在画面上制造特殊效果，烘托出机械的铁锈效果。整个画面展现出独特的视觉冲击力，在三维拓展部分，形态与形态之间的虚实关系处理得恰当。通过这种多种多样的观察和转换方法，发展学生辨别各种形式要素，培养学生敏感的视觉经验，掌握身边事物中不同、特殊、异常的形象能力，提高主动把握造型和灵活运用形式。

周玉香、王 瑞、郭美村 / 苏州大学金螳螂建筑与城市环境学院　指导教师：徐莹

设计素描——机械物形态分析与造型训练2　　基础课程类铜奖

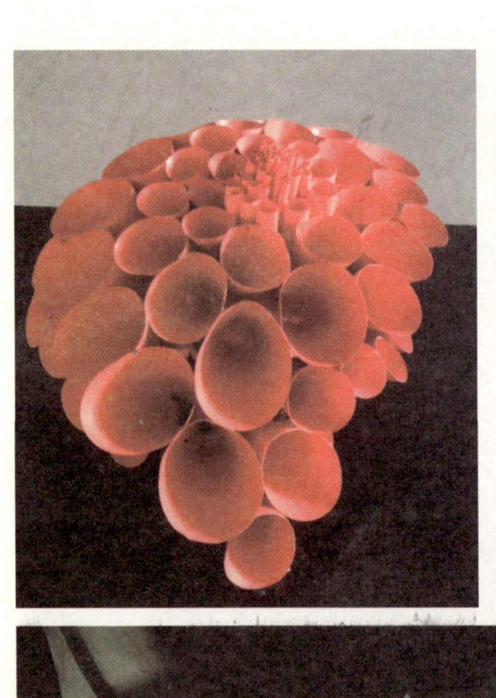

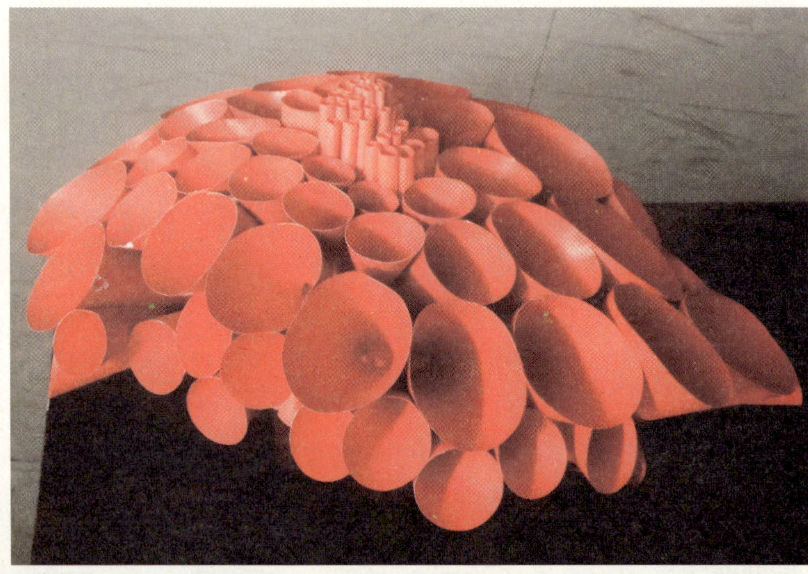

崔雅伦、王小雨、周晨橙、王雨淇、佟赛男、孙婧雯、邵玲惠、鞠晓庆、胡曲咏、朱若源 / 鲁迅美术学院 指导教师：文增著

立体构成——肌理变化课题训练、形式变化课题训练、框架结构课题训练、形态结构课题训练 基础课程类铜奖

迷宫

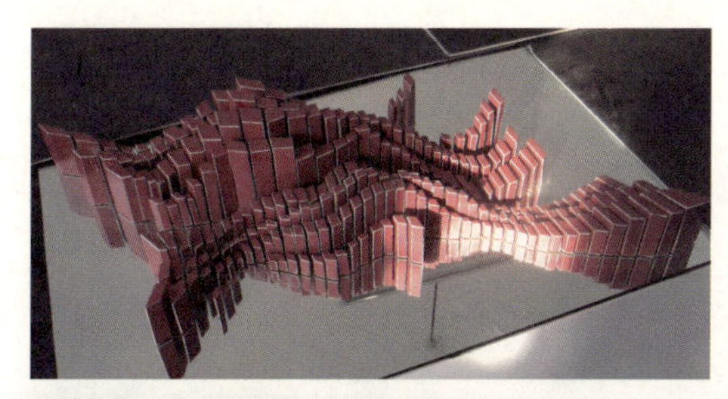

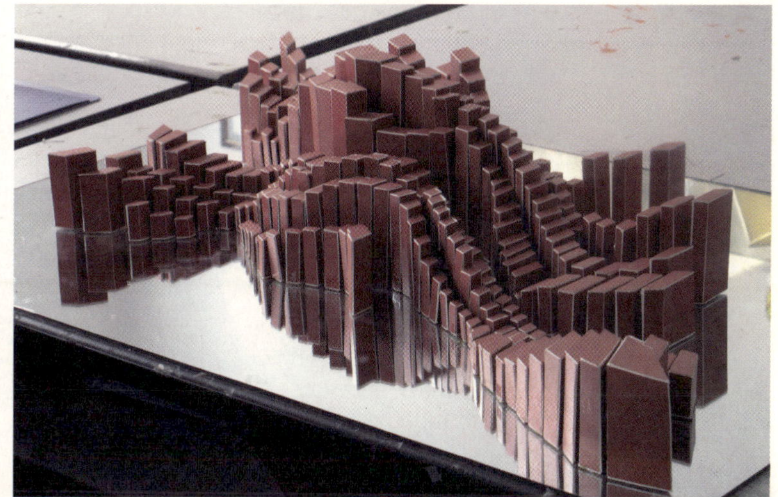

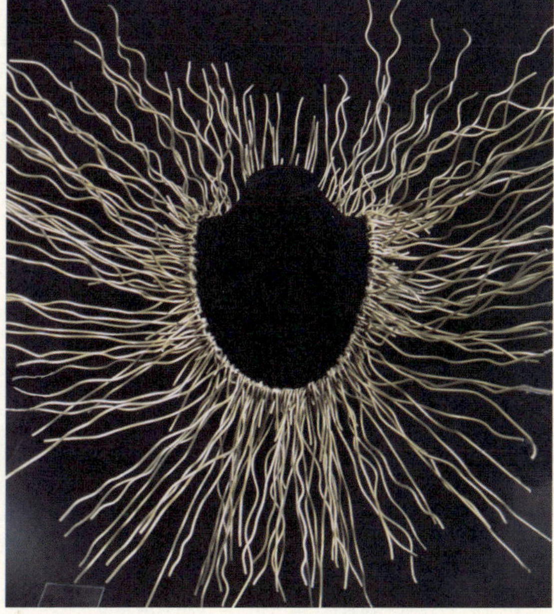

结构素描作业

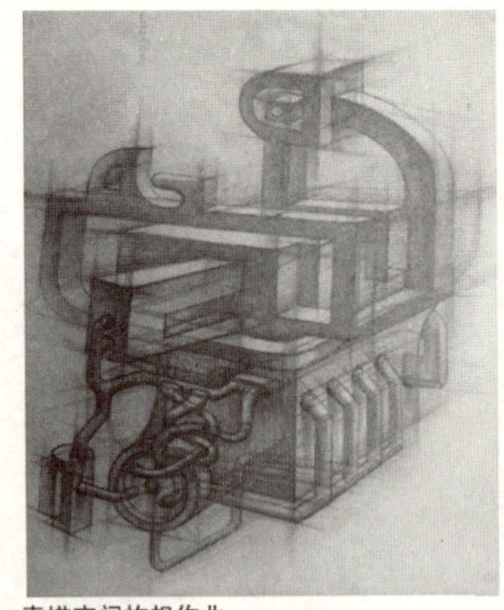
素描空间构想作业

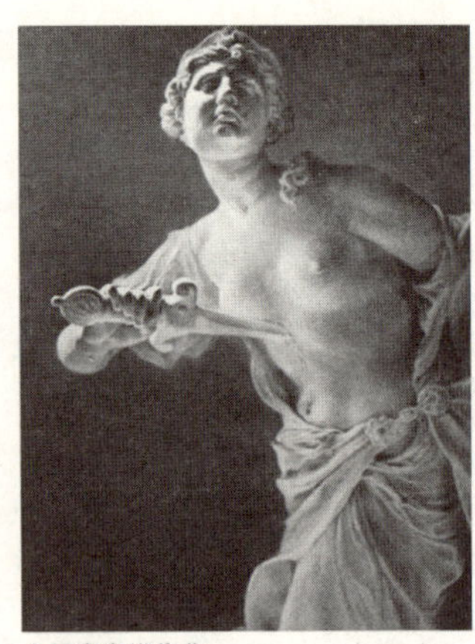
全因素素描作业

素描临摹作业

水彩写生作业

速写

色彩练习作业

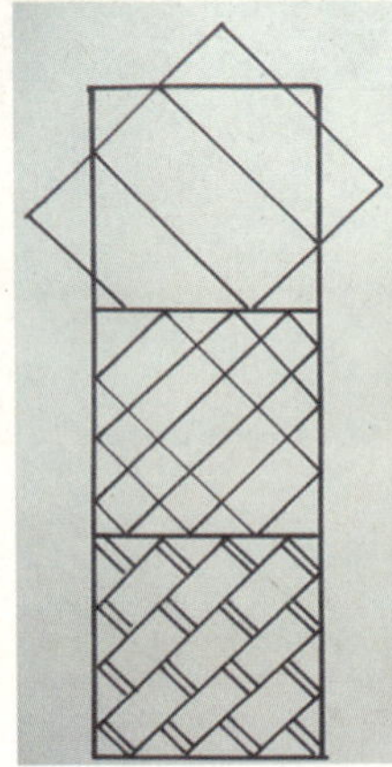
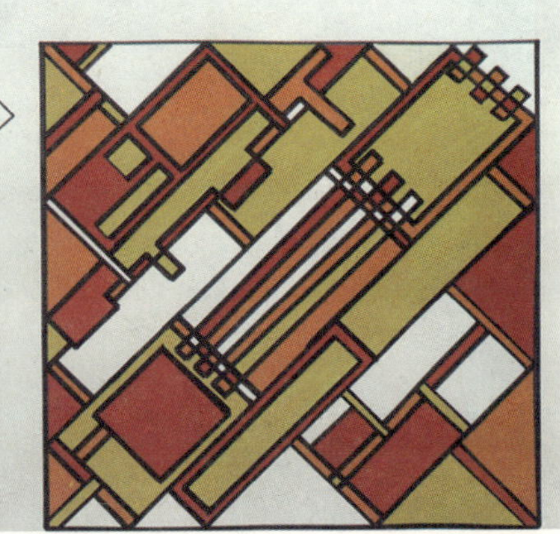
平面构成练习作业

苏圣亮 / 上海大学美术学院　指导教师：王冠英、许宁、李玲

美术造型基础课

基础课程类铜奖

推荐词：

本组作业是我系苏圣亮同学自己在两年美术造型基础课中各个阶段的作业，由于其态度的一贯认真和在学习上勤于思考，其作业全部为优良，这些为其今后的建筑设计学习打下了很好的美术造型的基础，使其在建筑设计的专业课中如虎添翼，取得了很好的效果。为同学们树立了良好的榜样。

速写

速写

图案作业

浮雕作业

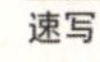

建筑初步作业

渲染作业

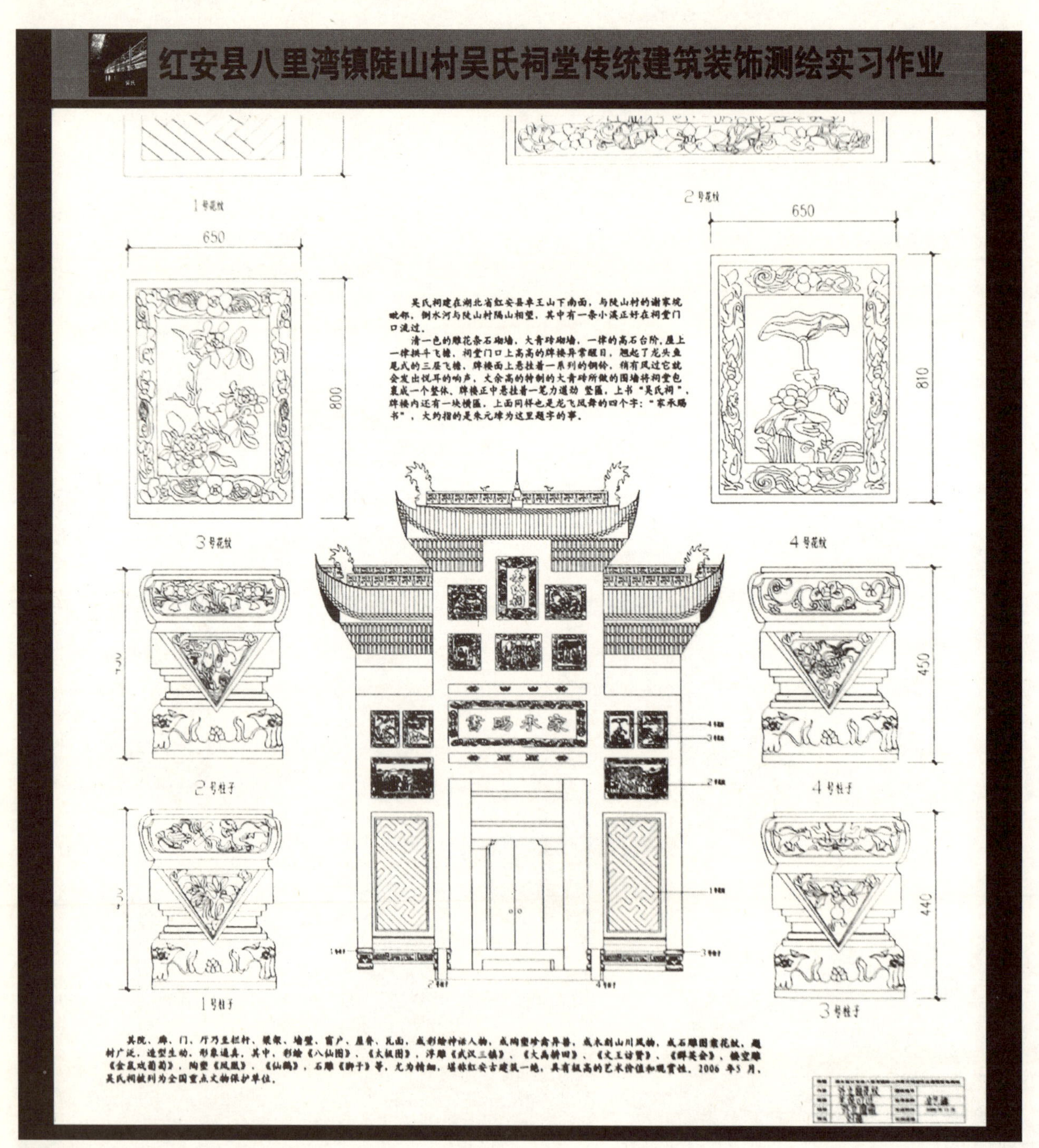

罗子荃 / 华中科技大学建筑与城市规划学院艺术设计系　指导教师：辛艺峰、傅方煜

湖北红安陡山村吴家祠堂传统建筑装饰测绘

基础课程类铜奖

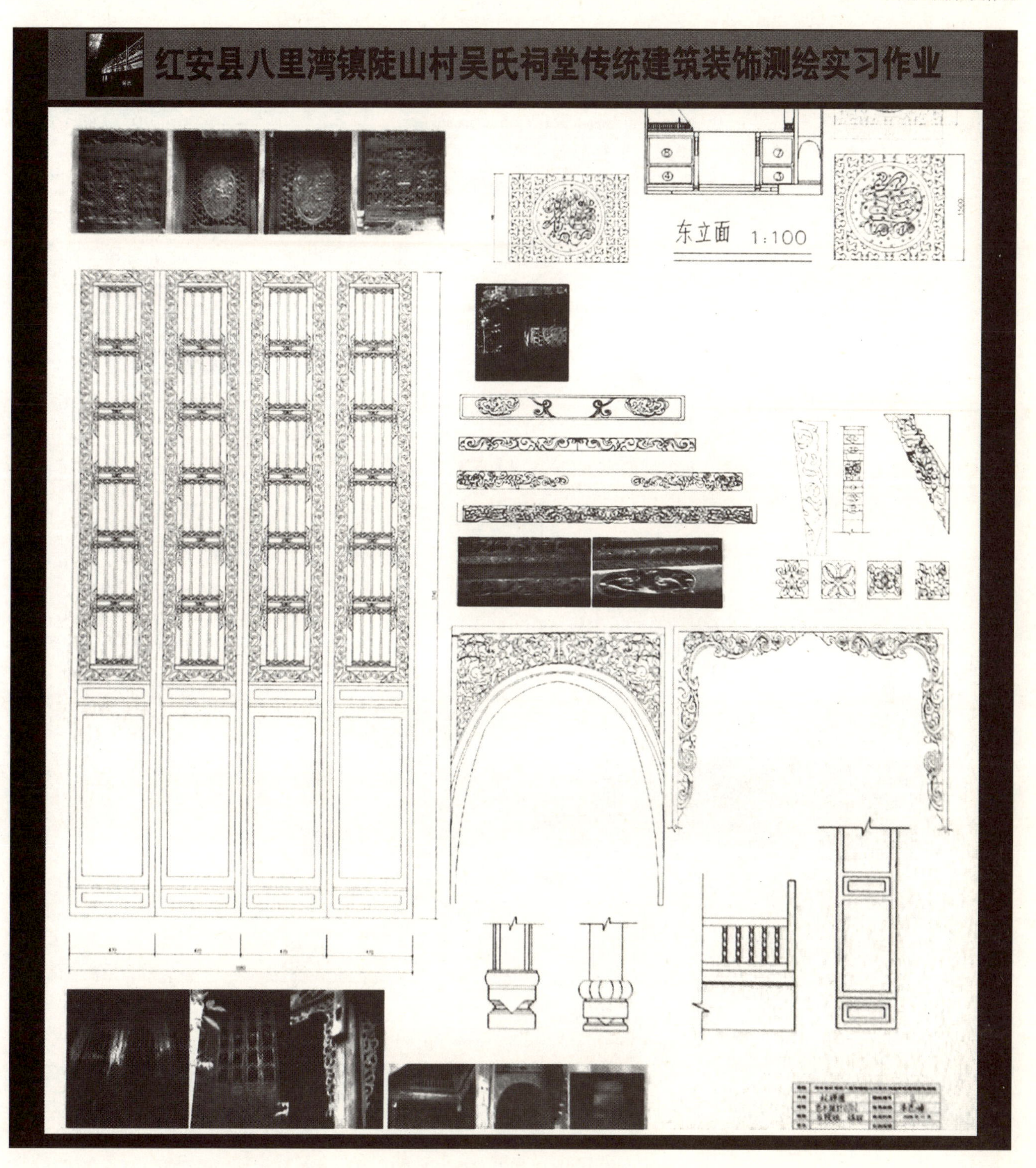
红安县八里湾镇陡山村吴氏祠堂传统建筑装饰测绘实习作业
东立面 1:100

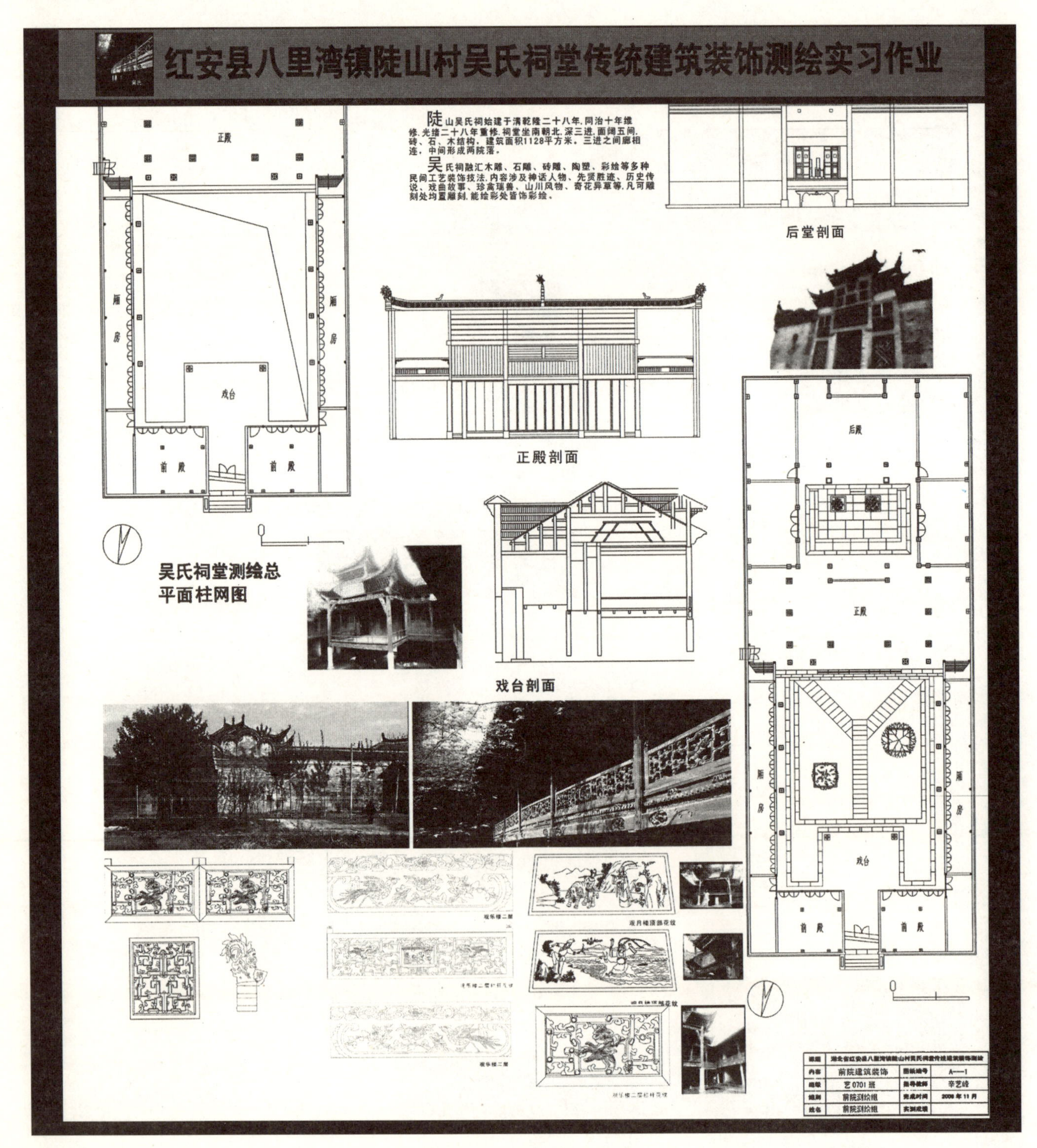
红安县八里湾镇陡山村吴氏祠堂传统建筑装饰测绘实习作业
陡山吴氏祠始建于清乾隆二十八年，同治十年维修，光绪二十八年重修，祠堂坐南朝北，深三进，面阔五间，砖、石、木结构，建筑面积1128平方米。三进之间廊相连，中间形成两院落。
吴氏祠融汇木雕、石雕、砖雕、陶塑、彩绘等多种民间工艺装饰技法，内容涉及神话人物、先贤胜迹、历史传说、戏曲故事、珍禽瑞兽、山川风物、奇花异草等，凡可雕刻处均置雕刻，能绘彩处皆饰彩绘。
正殿
厢房
厢房
戏台
前殿
前殿
吴氏祠堂测绘总
平面柱网图
后堂剖面
正殿剖面
戏台剖面
后殿
正殿
厢房
厢房
戏台
前殿
前殿
前院建筑装饰
A—1
艺0701班
辛艺岭
前院测绘组
2008年11月
前院测绘组

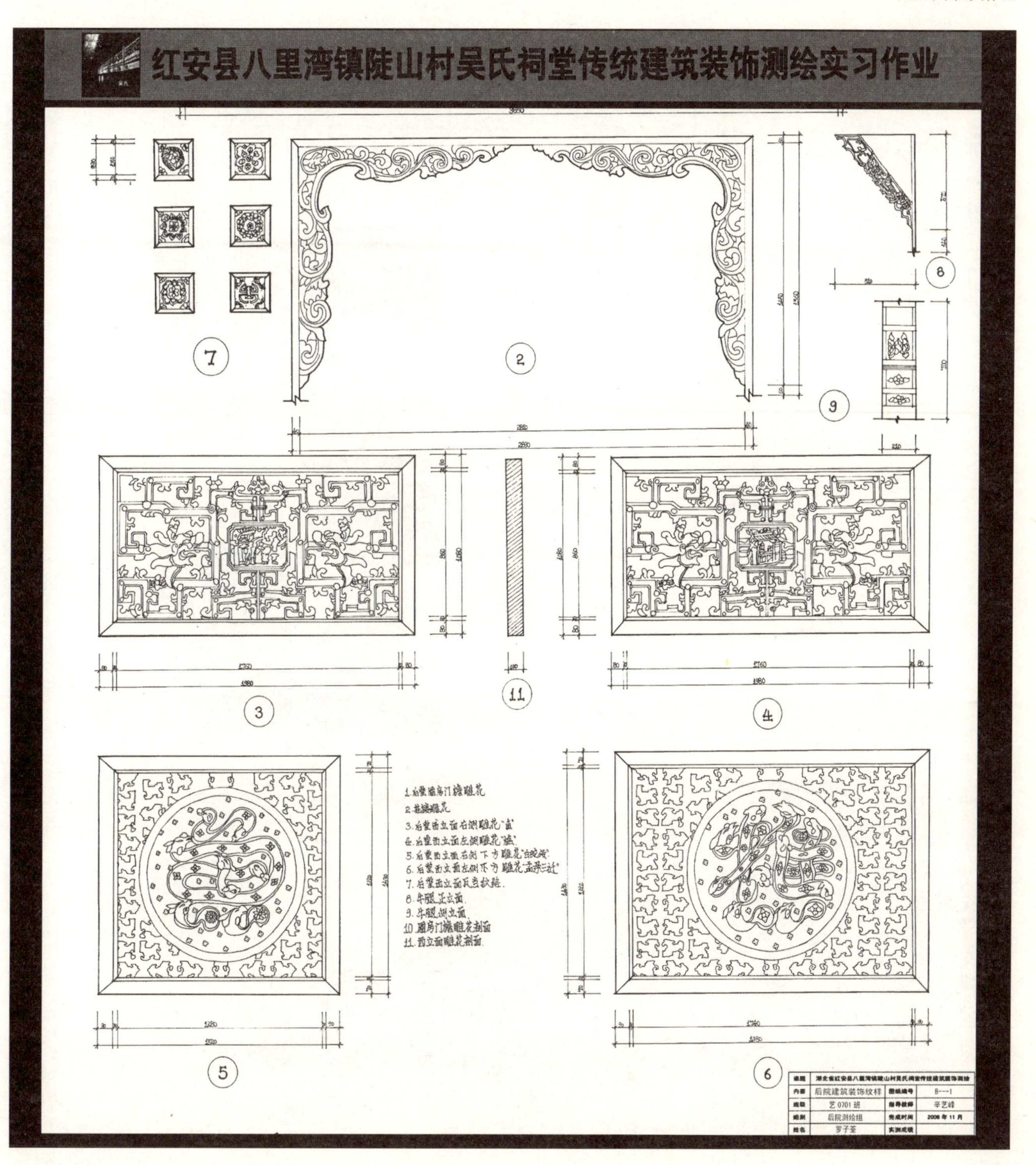
红安县八里湾镇陡山村吴氏祠堂传统建筑装饰测绘实习作业
8. 牛腿正立面
9. 牛腿侧立面
10 厢房门楼雕花剖面
11. 西立面雕花剖面
湖北省红安县八里湾镇陡山村吴氏祠堂传统建筑装饰测绘
后院建筑装饰纹样
B---1
艺 0701 班
辛艺峰
后院测绘组
2008 年 11 月
罗子荃

1 课程概述

立体构成是艺术设计专业重要的基础课程之一，其课程为期四周，共计48学时，主要围绕空间的立体造型展开教学，对造型中各种要素及所出现的问题进行探讨和研习，旨在培养学生了解立体造型的本质规律，掌握立体造型的基本方法，强化对造型要素、材料特性、形式美法则的认知与利用，以及对于立体空间的感受与塑造。

整个课程分为三个阶段：第一阶段，通过理论知识的讲述，增强学生对立体造型、色彩与空间分析的认知；第二阶段，结合本专业方向，进行大量具体实践，以最直接的方式为表现手段，使学生在研习中产生对立体形态空间构成的兴趣，形象直观地表达立体构成的实用价值，通过对基本造型材料的了解以及在运用中施以一定的技术手段来获得立体造型的真实体验；第三阶段，课程结束的总结与汇报，即将学生的优秀作品展示给大家，以供交流经验，互相学习，共同提高。

2 工作日志

日期	内容
11月24日	①导论（理论讲述Ⅰ）（课件编号01） ②课堂交流（资料内容、表达方式、对于课程的认知程度、作品鉴赏能力的水平） ③布置查找资料的任务
11月25日	①资料介绍与共享 ②立体构成知识框架与内容详解（造型要素） （理论讲述Ⅱ）（课件编号02）
11月27日	①立体构成知识框架与内容详解（物质媒介研究/形式美法则） （理论讲述Ⅱ）（课件编号03—04） ②课程作业引导（理论讲述Ⅲ）（课件编号05）
12月1日	①集中观看查找的资料，从构成元素、材质表现、形式美法则角度逐张分析优、缺点 ②进行加宽命题范围的修改 ③作业命题的解析
12月2日	探讨草图，确定方案，推敲材质
12月4日	①探讨草图，确定方案，推敲材质 ②部分学生制作过程中的辅导
12月8日	①播放学生进行中的作品照片，集中点评，相互提醒，扬长避短，及时纠正与提高 ②具象个体与抽象元素在立体构成中应用的利与弊 ③喷漆适用范围
12月9日	①不断查找新资料展示，提示想到的新理念，或从学生制作过程中体会的新思路，过程中穿插学生作业阶段性点评（相同或相似问题） ②石膏造型后，外表的做旧技法
12月11日	①辅导 ②作品底座造型与作品主体的协调性
12月15日	①强调形式美法则 ②抵制漫无目的的随意堆砌的创作方法，再加一条线也行，再减一个面也可；只有达到现有作品再加任何元素都不行，再减任何元素也不可的状态，作品才达到完成的饱满标准
12月16日	将平面构成与色彩构成的特效，结合到现有立体构成作品中，丰富创作手法
12月18日	①作品最后效果的整理 ②宣布课程成果展的相关事宜

阶段性集中点评，从构成元素、材质表现、形式美法则角度逐个作品分析优、缺点，扬长避短，丰富思路，及时纠正与提高。

讨论交流，制作过程，课程结束的汇报展览。

3 过程追踪

对于作品由构思、选材、制作的完整过程，教师给予严格指导把关，学生在实践中，从各个环节中对于不同问题的处理与解决办法，获得知识与经验。为配合对于教学实践过程的把握，课程成绩的分值分配中加入作品制作过程分，即每次下课前拍一张照片，教师记录学生阶段性成果，或材料，或草图，或作业的半成品。

12月1日学生阶段性成果记录与展示

孙莉、辛龙、孙延培、郭永标、康菲、任秉健、曲婷婷、韩雪、李帅、张赫澄 / 东北大学艺术学院 指导教师：张娇

创新造型元素、调配材质表现、规范美学法则相结合的立体构成课程教学研究

基础课程类铜奖

12月16日学生阶段性成果记录与展示

4 作品展示

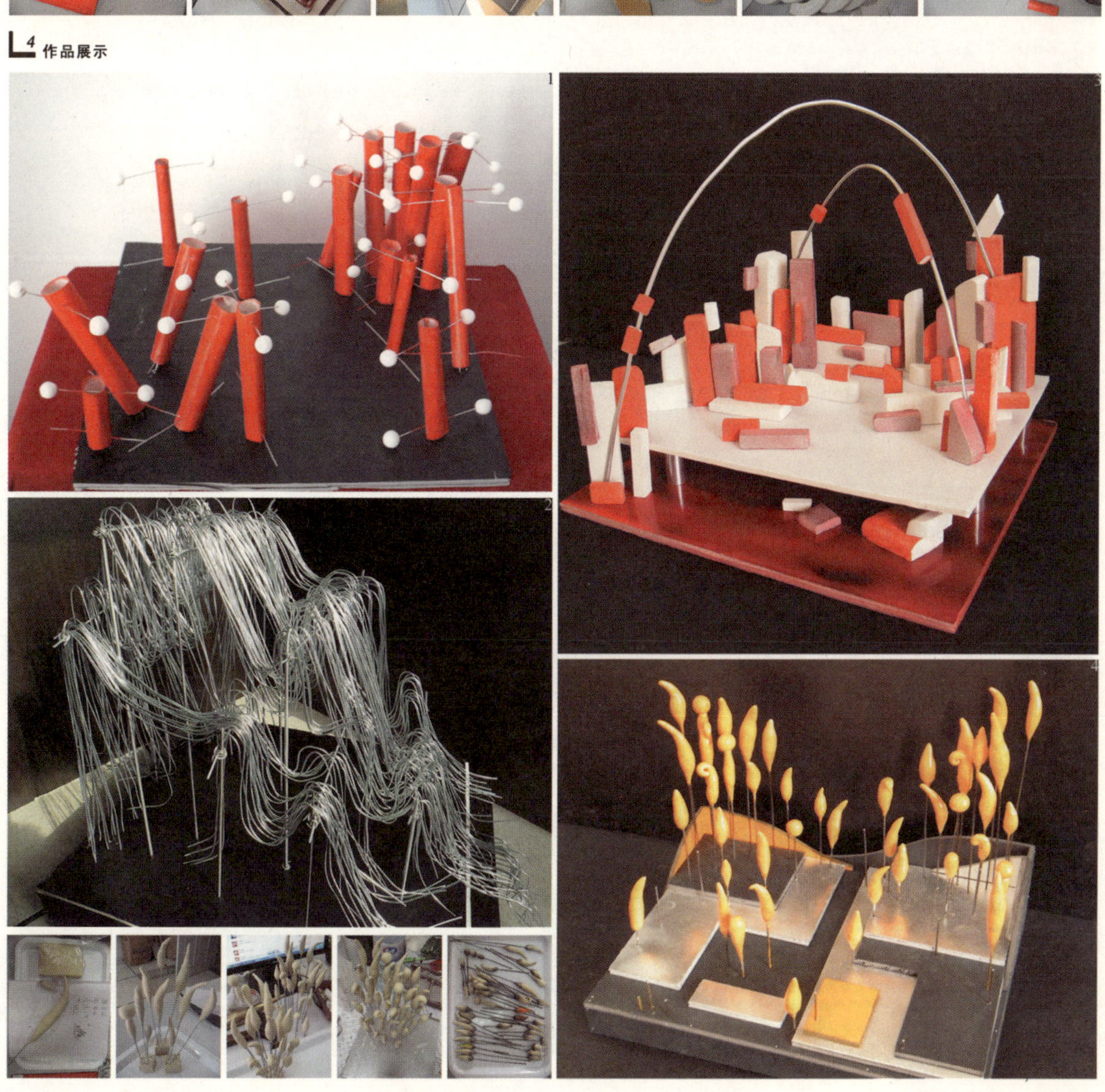

5 逻辑要素

思维的规律性：
思维首先应该是清晰、有计划、有条理和有目的的；绝不应有所谓“下意识”的或漫无目的的构成活动出现。否则，立体构成将会失去自身的价值。

专业的方向性：
立体构成从构思到实现，都需要讲求逻辑性，有明确的目的和价值，不仅仅作为基础训练，更应该强调其专业的引导性或实际应用性。
做设计就是在做构成，设计基础课是通向专业课的桥梁，重视专业方向性，改变几十年如一日的立体构成作业外观。从实用性角度，也许将构成式作业仅仅加以材质与工艺的变化就可以变成实景式的艺术设计作品。

6 解决机制

首先，提出问题的学生自己提供一个他可以想到的解决方案，其次，教师针对问题再提出一个解决方案，折合优点最多的方法实施；也可以扩展到如果一个同学产生不能继续制作下去的问题，相临学号的两位同学必须提供一个解决方案，或者组织小组集体讨论，想法越多，越容易打开思路，从原来的泥潭自拔，有的想法也许不是解决问题的直接方法，但却可能是激发出最优方案的垫脚石。

7 加强改进

将创造思维方法相关内容加入立体构成的理论体系，进一步丰富创作思路，更加系统地指导制作实践。
作品尺寸应该加以范围限制，有的作品尺度太小，只适合拍照片存档，但不适于展览交流。
不断加强课程训练的专业方向性——作业命题的选择；不断加强实践制作过程的计划性——课程间的指导监督；不断加强作品综合表达的目的性——强调作品所体现的形式美法则。
仍然存在太过于随意性的作品，还应进一步抵制制作时“漫无目的的堆砌”（图1～图10）；避免产生太过于单体雕塑式的作品，应强化元素间的关联性（图11～图14）。

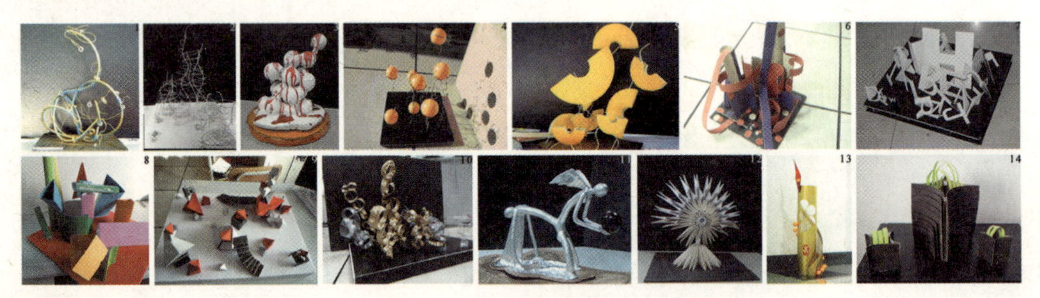

8 展览交流

9 结语

作为艺术设计专业重要的基础课程之一的立体构成，其造型形态就像空气一样渗透在我们生活的各个层面及角落。步行街广场上的抽象雕塑，一栋栋建筑，室内外各种小设施，商场中的各类产品造型以及包装等等。可以说，做设计就是在做构成。

立体构成的组织原理遵循抽象的思维方式，立体构成作品应该是用抽象的视觉语言来表达理性逻辑并赋予其美学价值的一种严谨性、规律性和秩序性的。
通过教学相长的过程，不断总结经验，开拓进取，做到思维与美感相结合，科学与艺术相结合，使学生更深入地理解立体构成的美学价值，提高视觉语言表达的逻辑性，真正使之成为由基础课走向专业课的坚实桥梁。

L10 作品展示

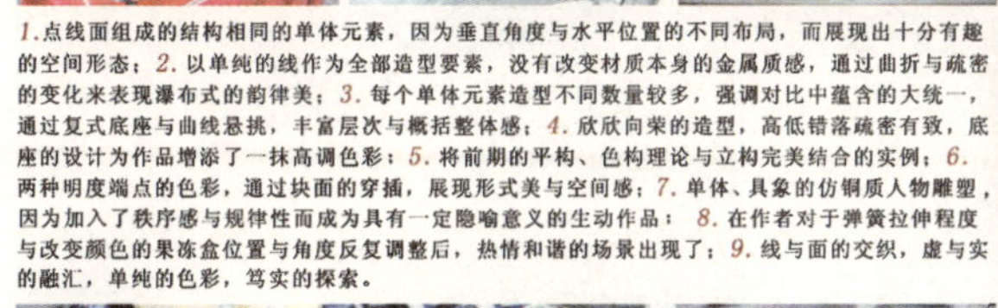

1.点线面组成的结构相同的单体元素，因为垂直角度与水平位置的不同布局，而展现出十分有趣的空间形态；2.以单纯的线作为全部造型要素，没有改变材质本身的金属质感，通过曲折与疏密的变化来表现瀑布式的韵律美；3.每个单体元素造型不同数量较多，强调对比中蕴含的大统一，通过复式底座与曲线悬挑，丰富层次与概括整体感；4.欣欣向荣的造型，高低错落疏密有致，底座的设计为作品增添了一抹高调色彩；5.将前期的平构、色构理论与立构完美结合的实例；6.两种明度端点的色彩，通过块面的穿插，展现形式美与空间感；7.单体、具象的仿铜质人物雕塑，因为加入了秩序感与规律性而成为具有一定隐喻意义的生动作品；8.在作者对于弹簧拉伸程度与改变颜色的果冻盒位置与角度反复调整后，热情和谐的场景出现了；9.线与面的交织，虚与实的融汇，单纯的色彩，笃实的探索。

5

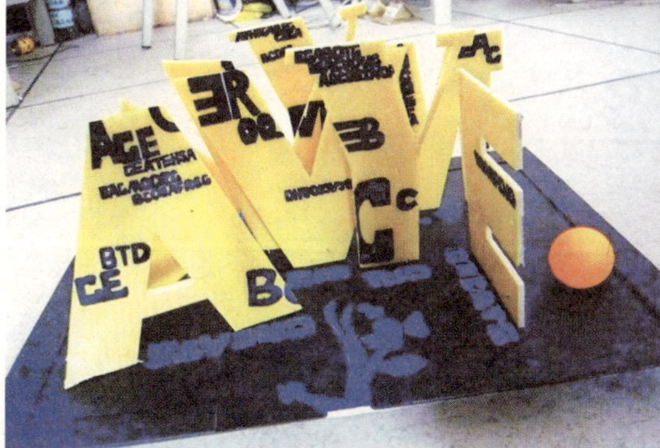

7

6

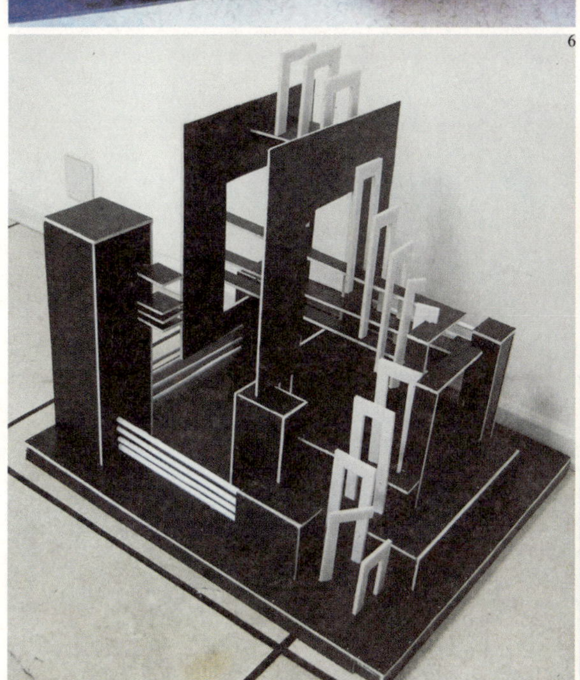

8

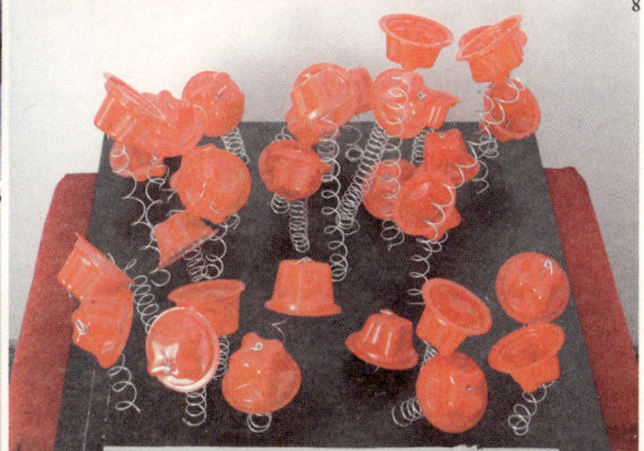

9

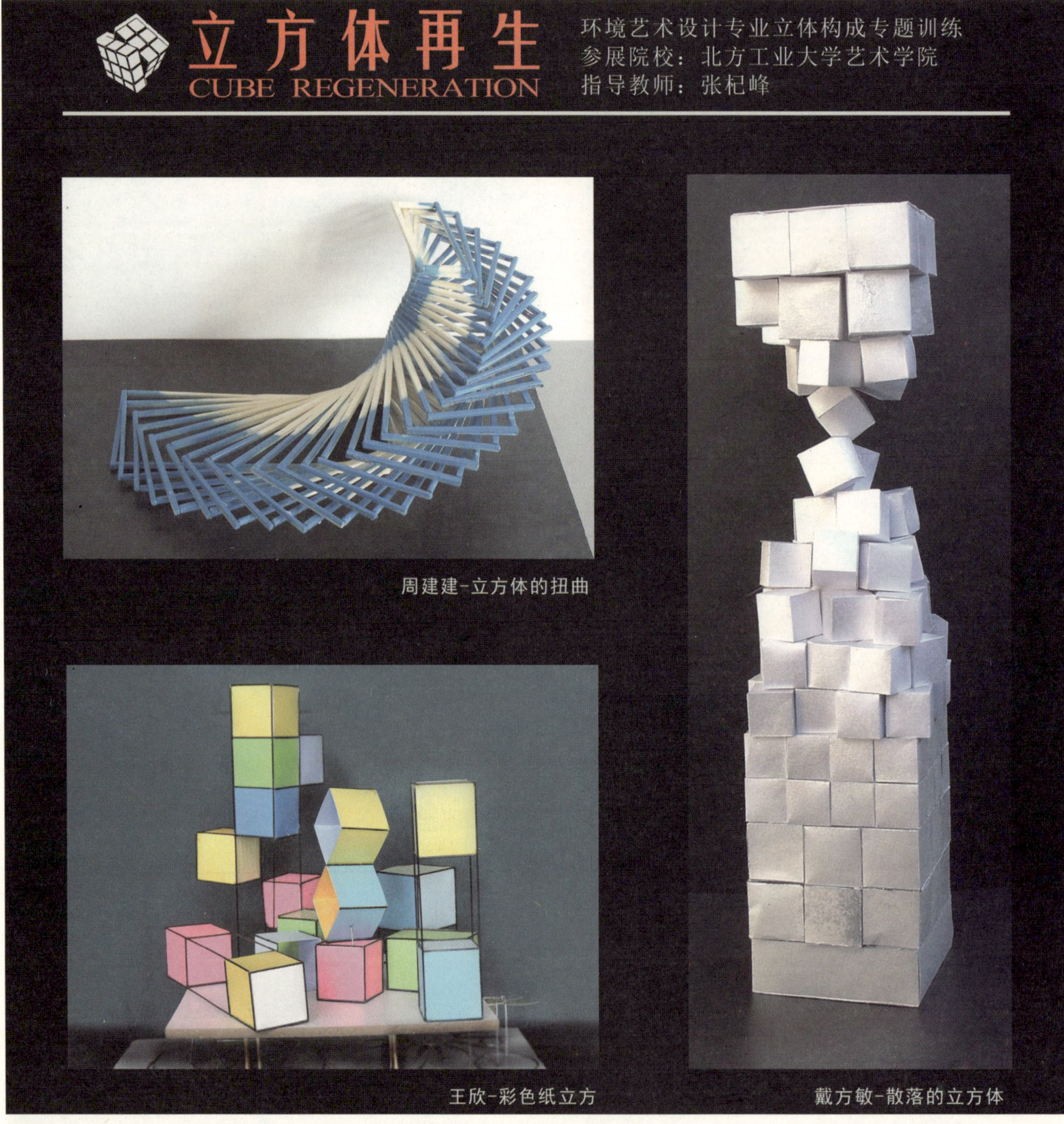

周建建-立方体的扭曲

王欣-彩色纸立方

戴方敏-散落的立方体

何昌邦、张璇哲、戴方敏、龙汇颖、周建建、王 欣、谢玄晖、岳 鑫、谭廷超 / 北方工业大学艺术学院 指导教师：张杞峰

立方体再生——环境艺术设计专业立体构成专题训练

基础课程类优秀奖

立方体再生
CUBE REGENERATION

环境艺术设计专业立体构成专题训练
参展院校：北方工业大学艺术学院
指导教师：张杞峰

谭廷超-块体构成

龙汇颖-品味立方体

谢玄晖-分解后的立方体

张璇哲-构建立方体

立方体再生

CUBE REGENERATION

环境艺术设计专业立体构成专题训练

参展院校：北方工业大学艺术学院

指导教师：张杞峰

岳鑫-立方体的密集

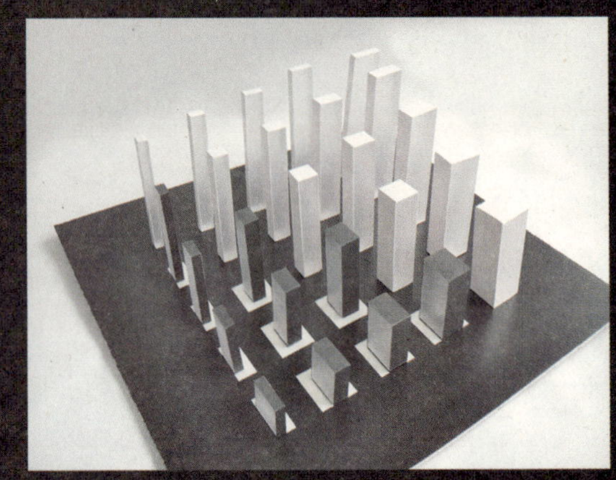

龙汇颖-半透明立方体构成

何昌邦-立方体分解重构

建築構成 園林設計專業“建築空間設計”課程作業

顺德职业技术学院设计学院　指导教师：周彝馨（职称：工程师，讲师）　学生：黄玉琴，陈添华，陈锐青

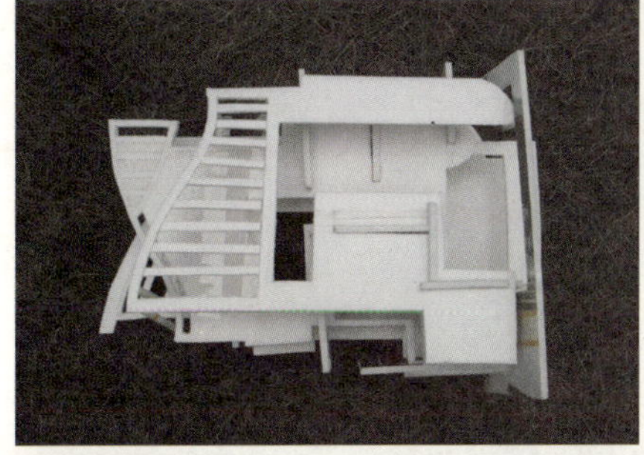

1

黄玉琴、陈添华、陈锐青 / 顺德职业技术学院设计学院　指导教师：周彝馨

建筑构成

基础课程类优秀奖

建築構成 園林設計專業“建築空間設計”課程作業

顺德职业技术学院设计学院 指导教师：周彝馨（职称：工程师，讲师） 学生：黄玉琴，陈添华，陈锐青

2

建築構成

園林設計專業"建築空間設計"課程作業

顺德职业技术学院设计学院

指导教师：周彝馨（职称：工程师，讲师）　学生：黄玉琴，陈添华，陈锐青

教师评语：

本项目是园林设计专业二年级"建筑空间设计"的课程作业，在掌握了构成与建筑的初步知识后，3位同学综合运用了多种建筑设计手法进行建筑空间概念设计，并以详细的模型展示其完整思路。设计的空间流动融合、虚实变换，建筑的光影变化丰富动人。建筑功能布局合理，空间可变，适应性强。作为非建筑设计专业的学习者，其对建筑空间与形体的理解超越了不少专业学生。

3

|FURNITURE DESIGE|

人形高凳

设计|Designer|：胡游柳 荆潇潇
指导老师|Tutor|：于历战　邵帆　苏丹
规格|Spec|：730mm×670mm×480mm
材料|Material|：木材
Ps：此作品参加2010年米兰国际家具展卫星沙龙展

|IDEA|

|作品概念|——

榫卯

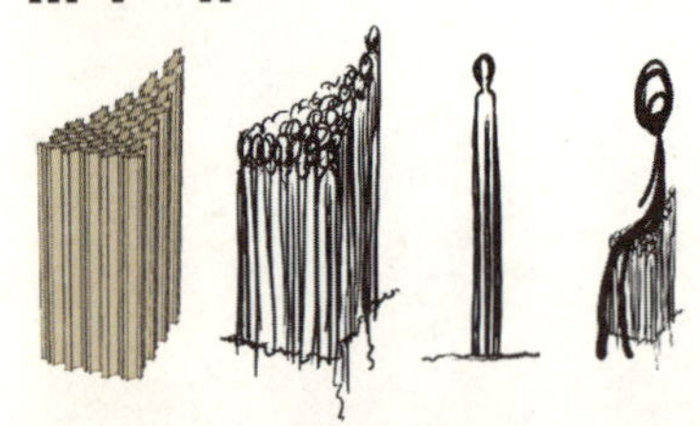

人形高凳——利用燕尾榫（中国传统榫卯结构），将拟人化形态的木构件单体进行拼装，完成使用形态，形容人与人之间的微妙关系。

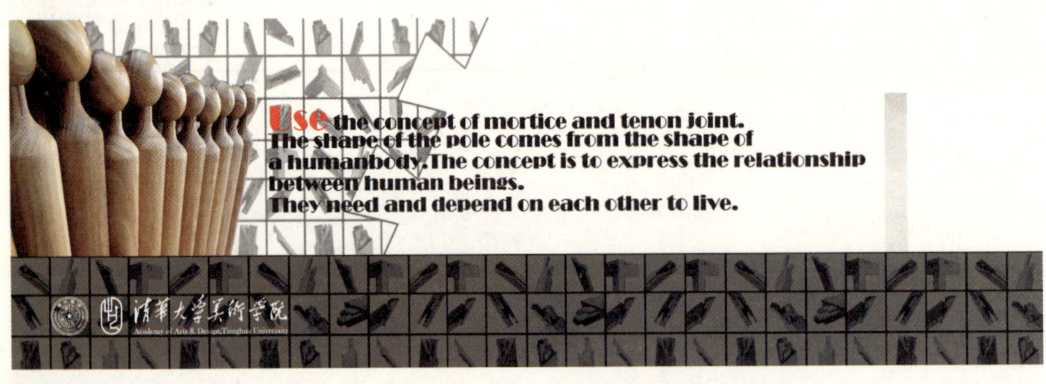

荆潇潇、胡游柳 / 清华大学美术学院　指导教师：苏丹、于历战、邵帆
人形高凳
基础课程类优秀奖

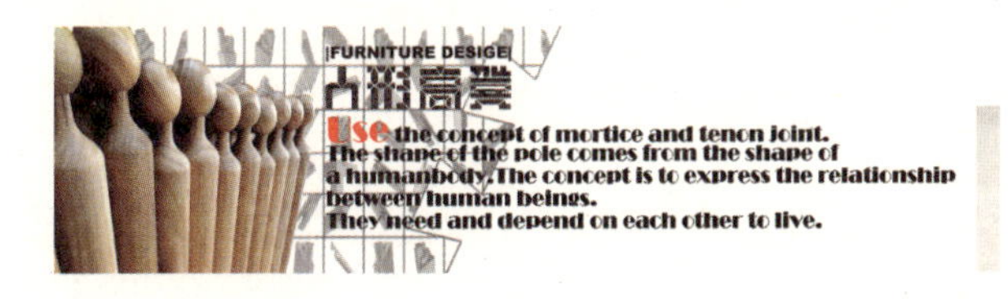
|FURNITURE DESIGE|
人形高凳
Use the concept of mortice and tenon joint.
The shape of the pole comes from the shape of
a humanbody.The concept is to express the relationship
between human beings.
They need and depend on each other to live.

|CAD|

|作品尺寸|

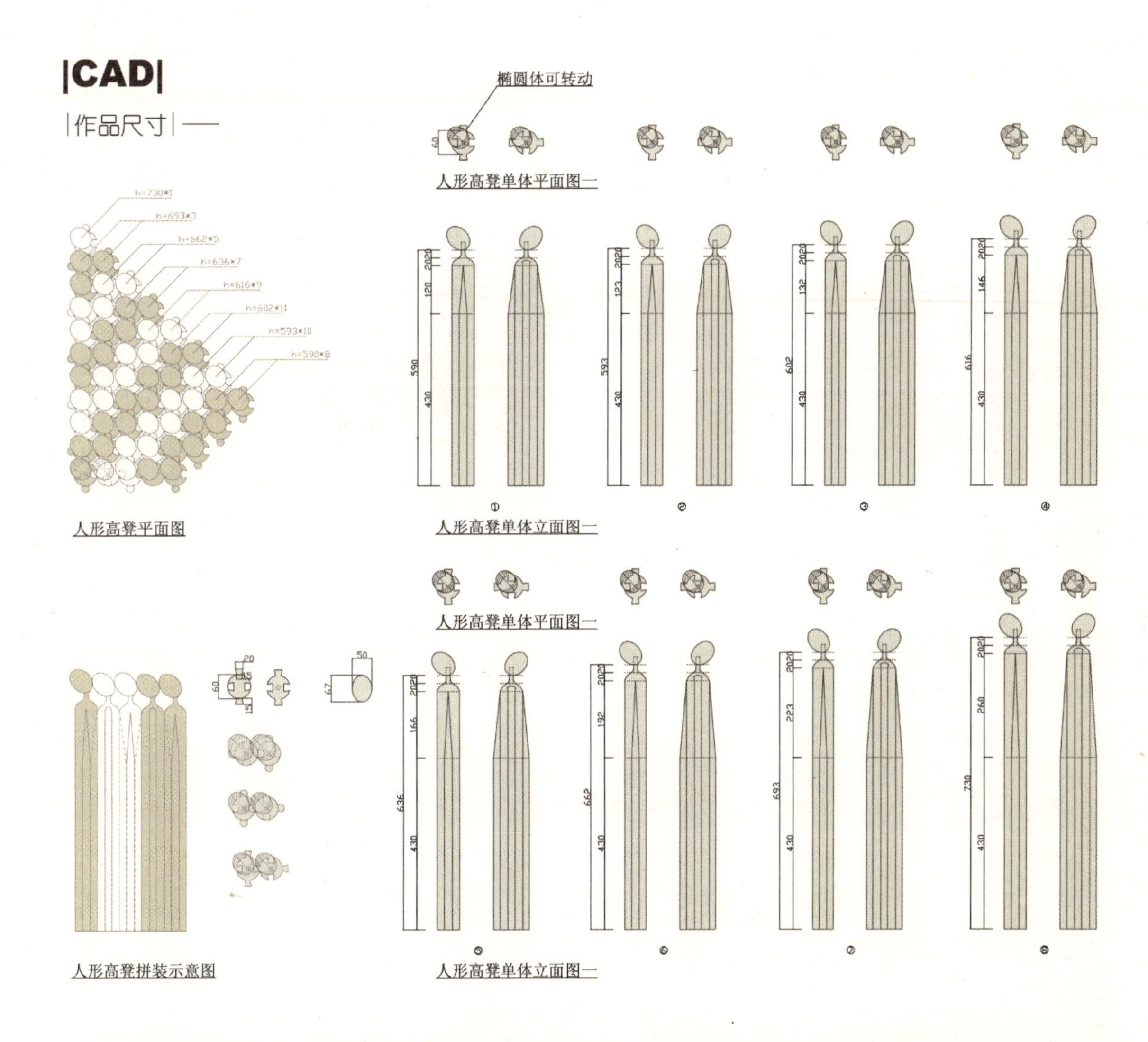
椭圆体可转动
人形高凳单体平面图一
h=730*1
h=693*3
h=662*5
h=636*7
h=616*9
h=602*11
h=593*10
h=590*8
人形高凳平面图
人形高凳单体立面图一
人形高凳单体平面图一
人形高凳拼装示意图
人形高凳单体立面图一

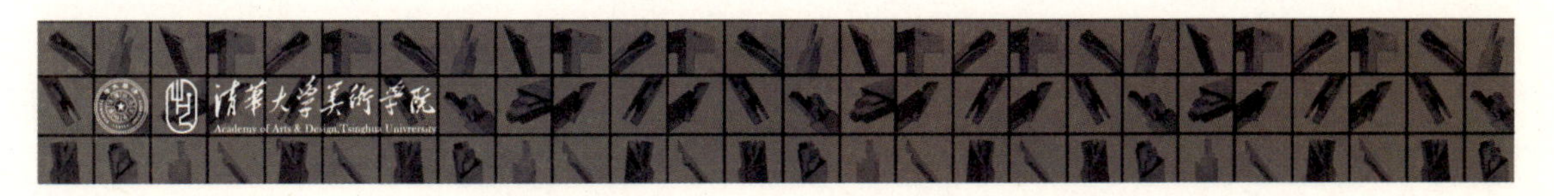
清华大学美术学院
Academy of Arts & Design, Tsinghua University

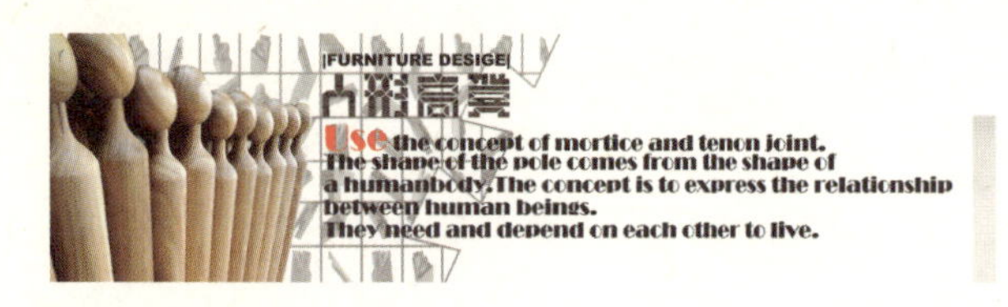

|DETAIL&USE|

|作品细节及使用| ——

|APPRAISE|

|作品点评| ——

作品《人形高凳》传达了两个重点：

一是巧妙地运用中国传统的榫卯结构作为每个单元形之间的拼接媒介，

很好地理解了木材的特性，使得此件家具变得有意思，也有很大的可发展空间；

二是每个单元形被设计成抽象的人体形态，利用燕尾榫相互咬合、相互依存的特点，

表达人与人之间的微妙关系，颇为贴切，值得深思。

|指导教师| ——

于历战|13901168447 yulzz@163.com|　　邵帆　　苏丹|13701023757|

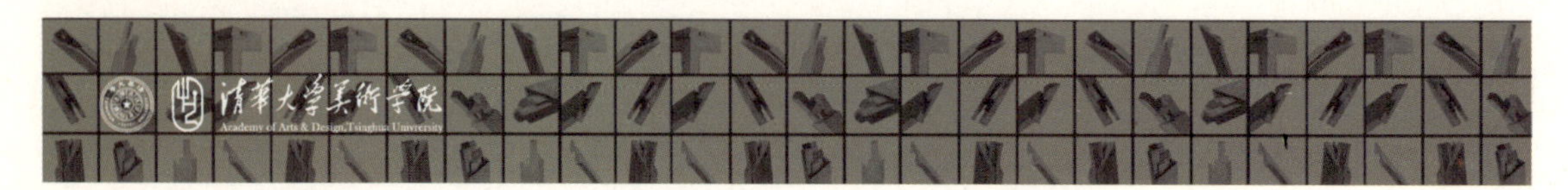

■ 设计理念

建筑中材料的特点是面材多，所以可以以折纸为研究对象，借助折纸的方法通过对材料进行简单的切割，连接产生出造型丰富的三维效果

■ 设计方法

造型在建筑装饰中的重要性

1 强化边缘 2丰富肌理

通过简单的手段，利用单元件的重复和组合生成新的建筑装饰形态。

■ 从二维到三维

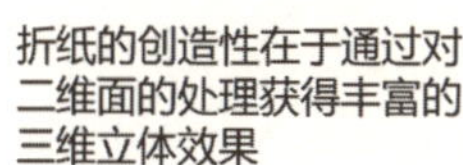

折纸的创造性在于通过对二维面的处理获得丰富的三维立体效果

■ 折纸的基本方法

1.谷折（Valley Fold）
2.峰折（Mountain Fold）
3.折出折痕（Flod and Unfold）

提取 ▶

通过多个折纸案例可以发现：折纸中构成丰富多变的形态中，共有一个菱形的元素。

生成 ▶

四种方式演化为四个基本形态

选取反差最大的两个形态进行组合从而构成单元件，该单元件是构成整个建筑装饰的重要元素，要充分满足其可变性，和组合后的多样性以及可操作性和美观因素。

石俊峰 / 清华大学美术学院 指导教师：梁雯
寻找形态

基础课程类优秀奖

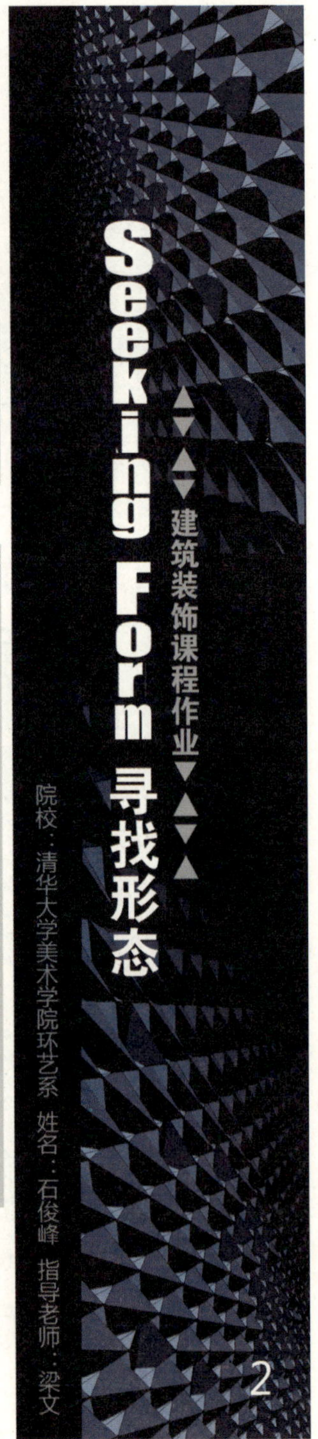

单元形体在各个角度都有不同的变化，并有折纸的艺术效果。

新元素的组合产生更具有变化的形态，方案中选择了反差最大的竖向峰折和横向谷折结合。

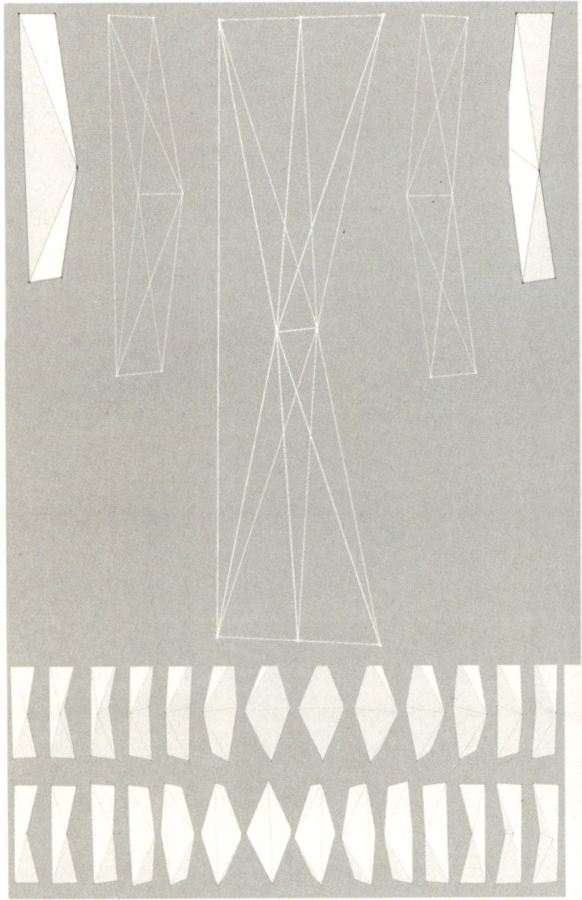

单元 ▶

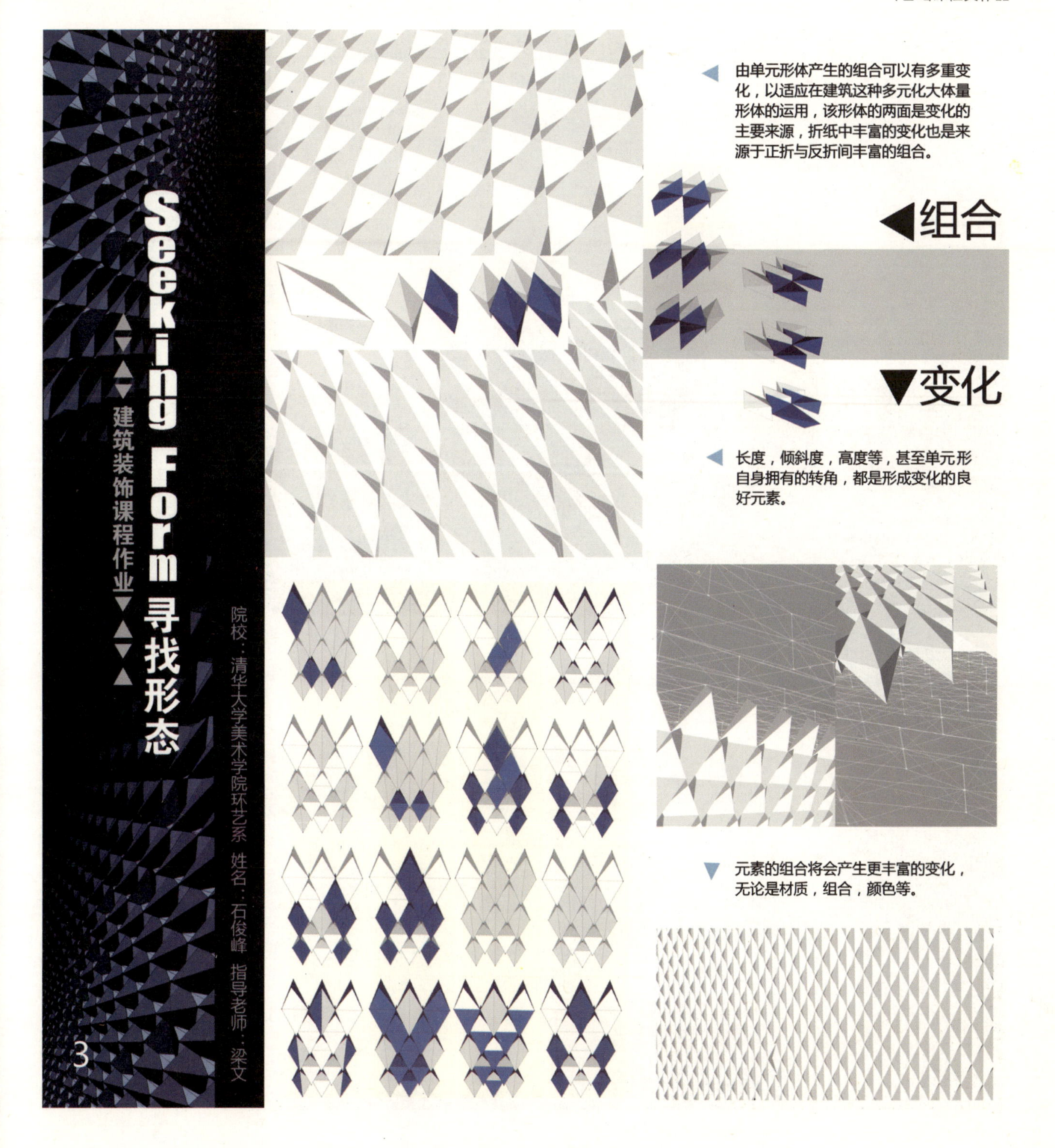
3
Seeking Form 寻找形态
建筑装饰课程作业
院校：清华大学美术学院环艺系 姓名：石俊峰 指导老师：梁文
由单元形体产生的组合可以有多重变化，以适应在建筑这种多元化大体量形体的运用，该形体的两面是变化的主要来源，折纸中丰富的变化也是来源于正折与反折间丰富的组合。
组合
变化
长度，倾斜度，高度等，甚至单元形自身拥有的转角，都是形成变化的良好元素。
元素的组合将会产生更丰富的变化，无论是材质，组合，颜色等。

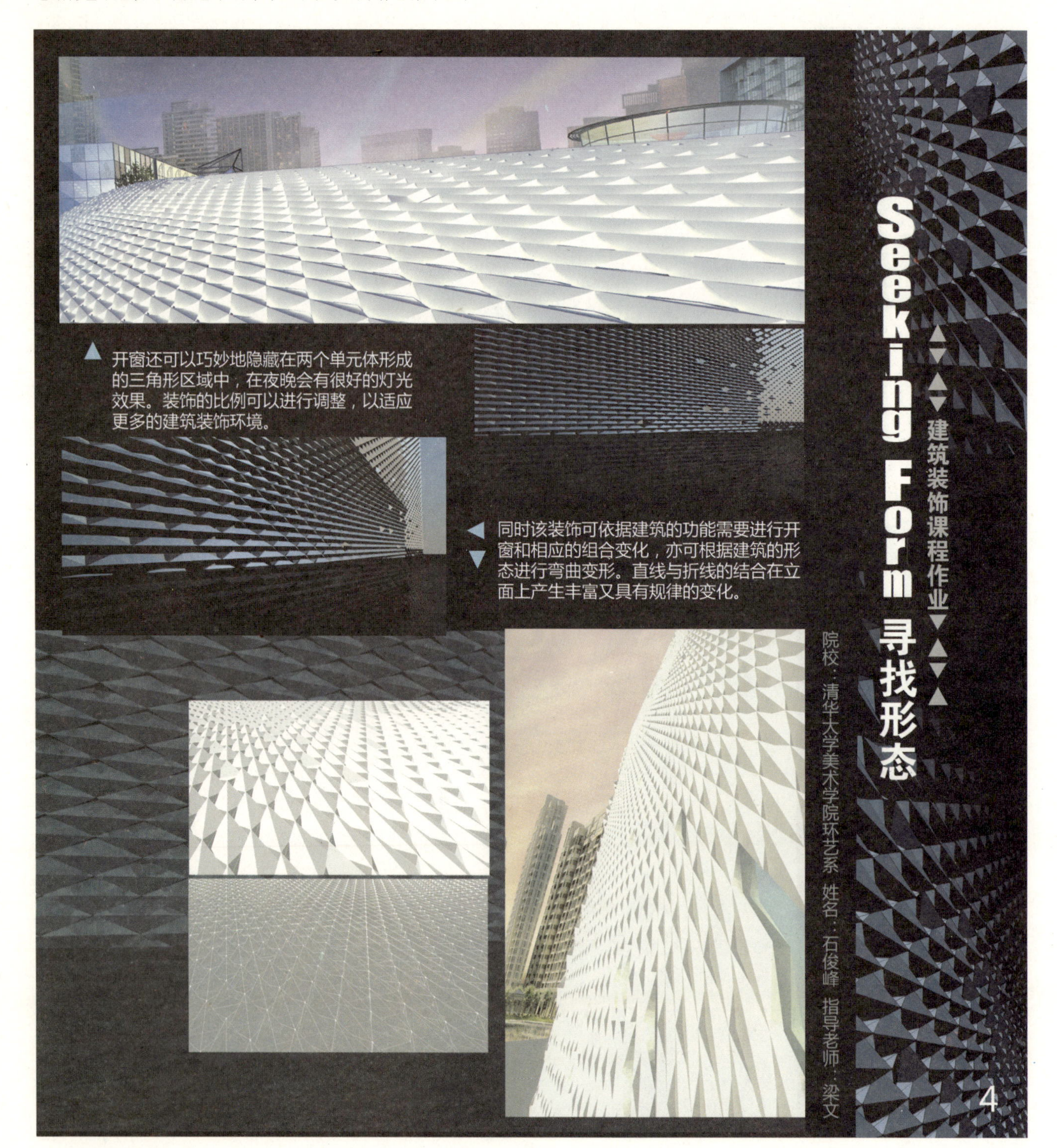

▲ 开窗还可以巧妙地隐藏在两个单元体形成的三角形区域中，在夜晚会有很好的灯光效果。装饰的比例可以进行调整，以适应更多的建筑装饰环境。

◀▼ 同时该装饰可依据建筑的功能需要进行开窗和相应的组合变化，亦可根据建筑的形态进行弯曲变形。直线与折线的结合在立面上产生丰富又具有规律的变化。

Seeking Form 寻找形态
建筑装饰课程作业
院校：清华大学美术学院环艺系 姓名：石俊峰 指导老师：梁文

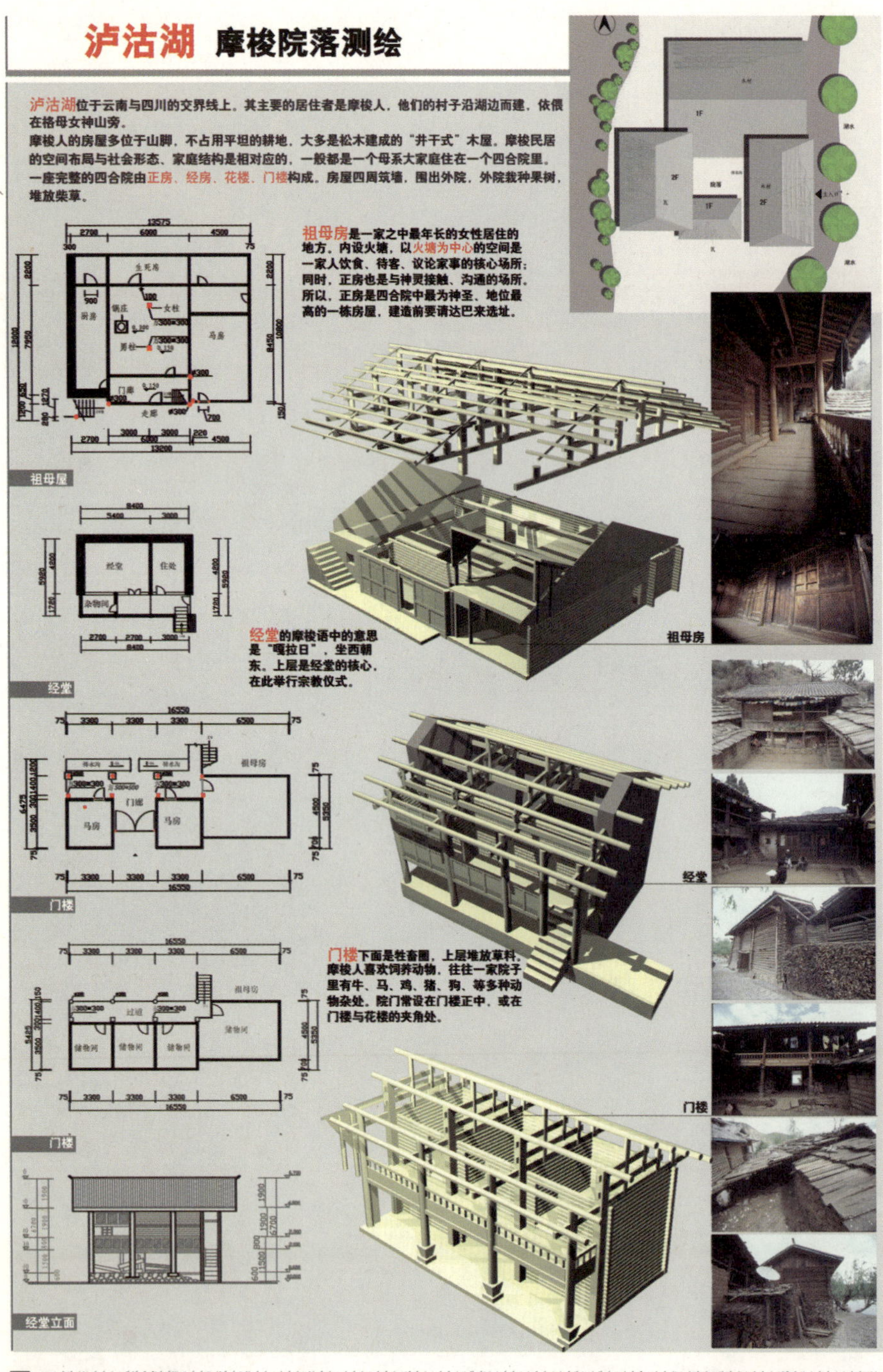

该作品属性为建筑设计专业测绘课程《乡土建筑与民居考察》作业。作品选定一个典型院落进行了测绘，并对其中的单体进行类型学比对。着重分析院落平面特征、建筑朝向、院落的空间序列（祖母房、经堂、女儿房的空间序列）、院的围合分类与形制。对院落中的单体进行解析，则着重于建筑的平面布置、内外空间主从关系，分析建筑与场地的适应性，理解建筑的承重、围护体系、建筑构造和细部、材料和肌理的关系等。

1

吴华银、蒋博雅、刘 伟、冯胜男、吴雪斐、王清相 / 四川美术学院　指导教师：黄耘、周秋行

乡土建筑与民居考察

基础课程类优秀奖

泸沽湖 摩梭院落测绘

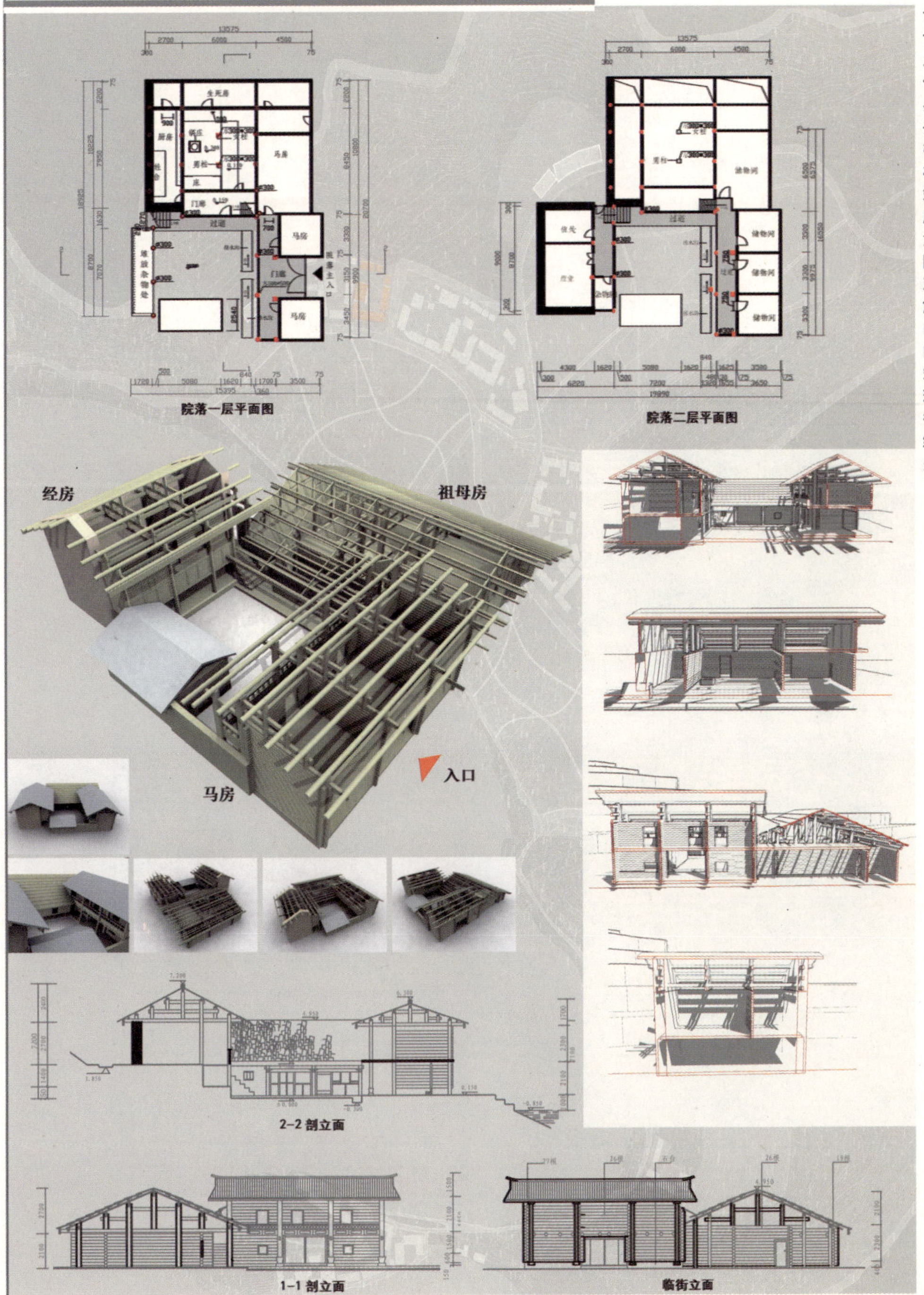

该作品属性为建筑设计专业测绘课程《乡土建筑与民居考察》作业。作品选定一个典型院落进行了测绘，并对其中的单体进行类型学比对。着重分析院落平面特征、建筑朝向、院落的空间序列（祖母房、经堂、女儿房的空间序列）、院的围合分类与形制。对院落中的单体进行解析、则着重于建筑的平面布置、内外空间主从关系，分析建筑与场地的适应性，理解建筑的承重、围护体系、建筑构造和细部、材料和肌理的关系等。

2

对《文化苦旅》——“道士塔”一文的空间阅读

众所周知，十字架是对死者的纪念，本图形文本将莫高窟简化为一个个小小的方格和道士塔产生关系，堆砌成十字架的形式，旨在表现对莫高窟文化被掠夺的哀悼，十字架尾部层层陨落，源于那句“一个开放的伤口在流血”。通过对图形、色彩、文本的反复纠结，形成对余秋雨先生的文章的重新空间阅读，产生新的空间解读。

教师点评：

【对《文化苦旅》——“道士塔”一文的空间阅读】这个作品，很好抓住了余秋雨先生文章的精髓，深入体会了文章的文本和句法，并且通过所学空间设计、文本和色彩等手段对这一文学空间进行了空间的再次阅读，产生了合理的空间实体叙事，并结合着文本叙事，出色地再现了文学作品当中的叙事空间，很好地完成了空间设计课程作业的要求。

权新月 / 苏州大学金螳螂建筑与城市环境学院　指导教师：汤恒亮

对《文化苦旅》——《道士塔》一文的空间阅读

基础课程类优秀奖

室内设计色彩评语

该幅作品整体色调协调，冷暖对比及色彩表达准确，且用色很丰富。
画面空间表达也具有一定的趣味性。

绪杏玲 / 苏州大学金螳螂建筑与城市环境学院　指导教师：许光辉
室内设计色彩

基础课程类优秀奖

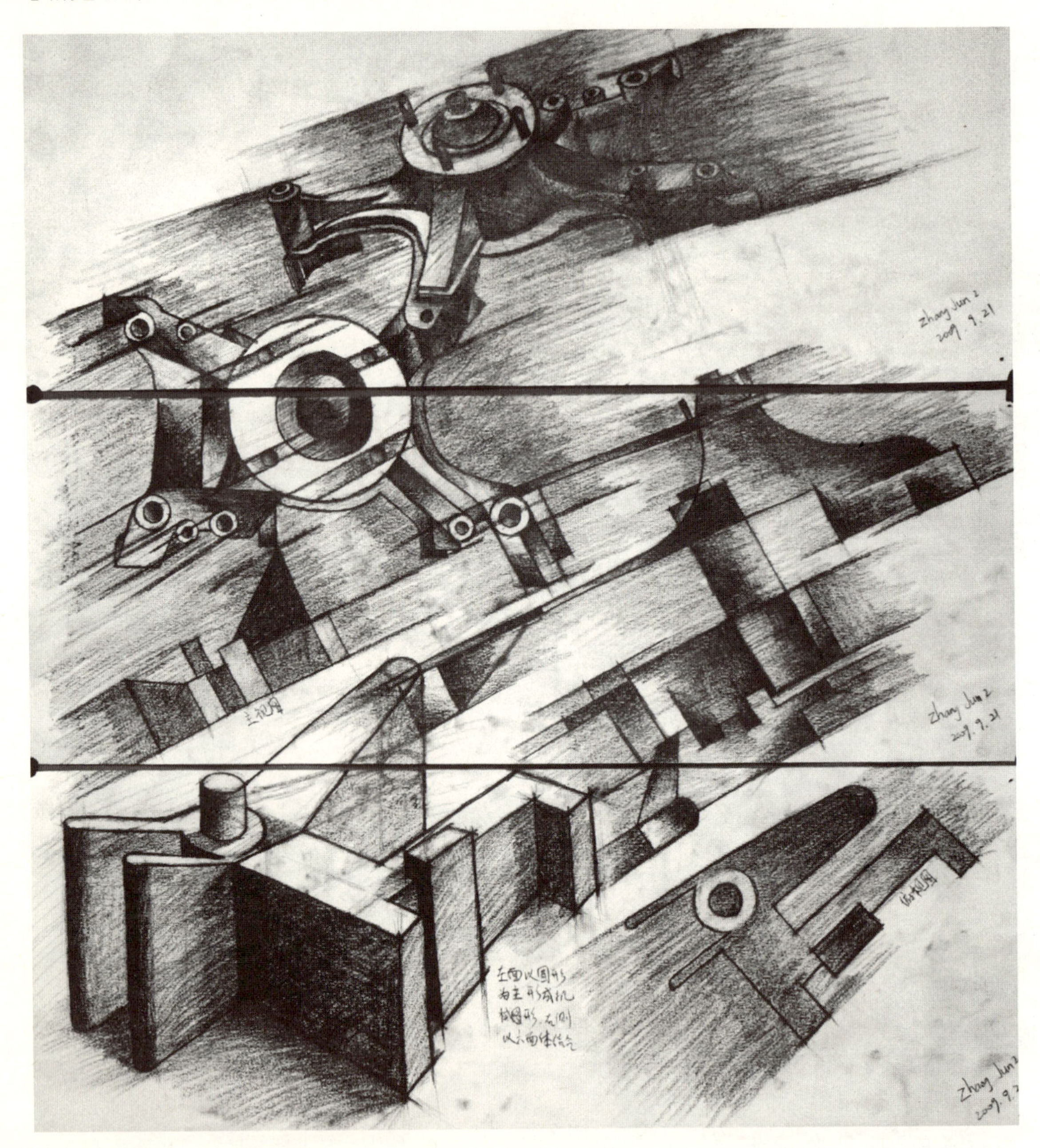

这份作品中学生打破常规，把纸分开来画，三张拼起来又是一张完整的画，结构素描、平立面组合、三维拓展三个部分一起表现在画面上，技法上没有采用太多的肌理效果，用铅笔完成，整个画面由于形体和构图的变化，视觉冲击力还比较强烈。在三维拓展中，从二维到三维形态的转换，线与面所产生的虚实空间、高低错落有致，还是比较有想法的。通过解析，对机械物内部的结构和外部的轮廓进行拆解、变体，通过抽象的再造进行人为秩序的梳理和思想情感的直接抒发。通过欣赏作品，了解自然的启发在设计和艺术变现中的实际运用。

张 俊 / 苏州大学金螳螂建筑与城市环境学院　指导教师：徐莹

设计素描——机械物形态分析与造型训练1

基础课程类优秀奖

设计基础课程——设计素描

这份作品中学生巧妙地运用了颜料和拷贝纸揉搓的方法制作出特有的肌理效果，增强了画面的视觉冲击力。在平面构成中画面的黑白灰控制恰当，点线面构成感强，整体3张延续得比较好。在三维拓展中，从二维到三维形态的转换，线与面的运用还是比较有想法的。现实形态的相互关系及空间的穿插，开放性的结合于局部放大为新形态的构成，二维平面的整体设计介入了原机械物的解析，使显示形态的结构逐渐从表象结构中变化。

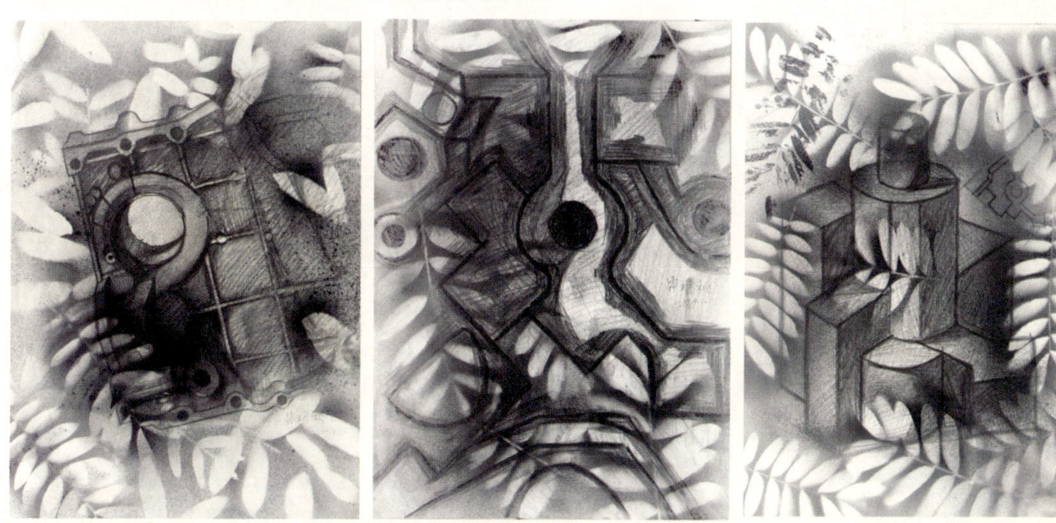

利用黑漆的反复喷制造出特殊的效果，来烘托画面，制造出光影斑驳的感觉，在平面构成中画面的黑白灰控制恰当，点线面构成感强。三维拓展方面，圆形和长方形相结合，互相穿插，突出了强烈的体块感。

郭美村、符明桃 / 苏州大学金螳螂建筑与城市环境学院　指导教师：徐莹

设计素描——机械物形态分析与造型训练4

基础课程类优秀奖

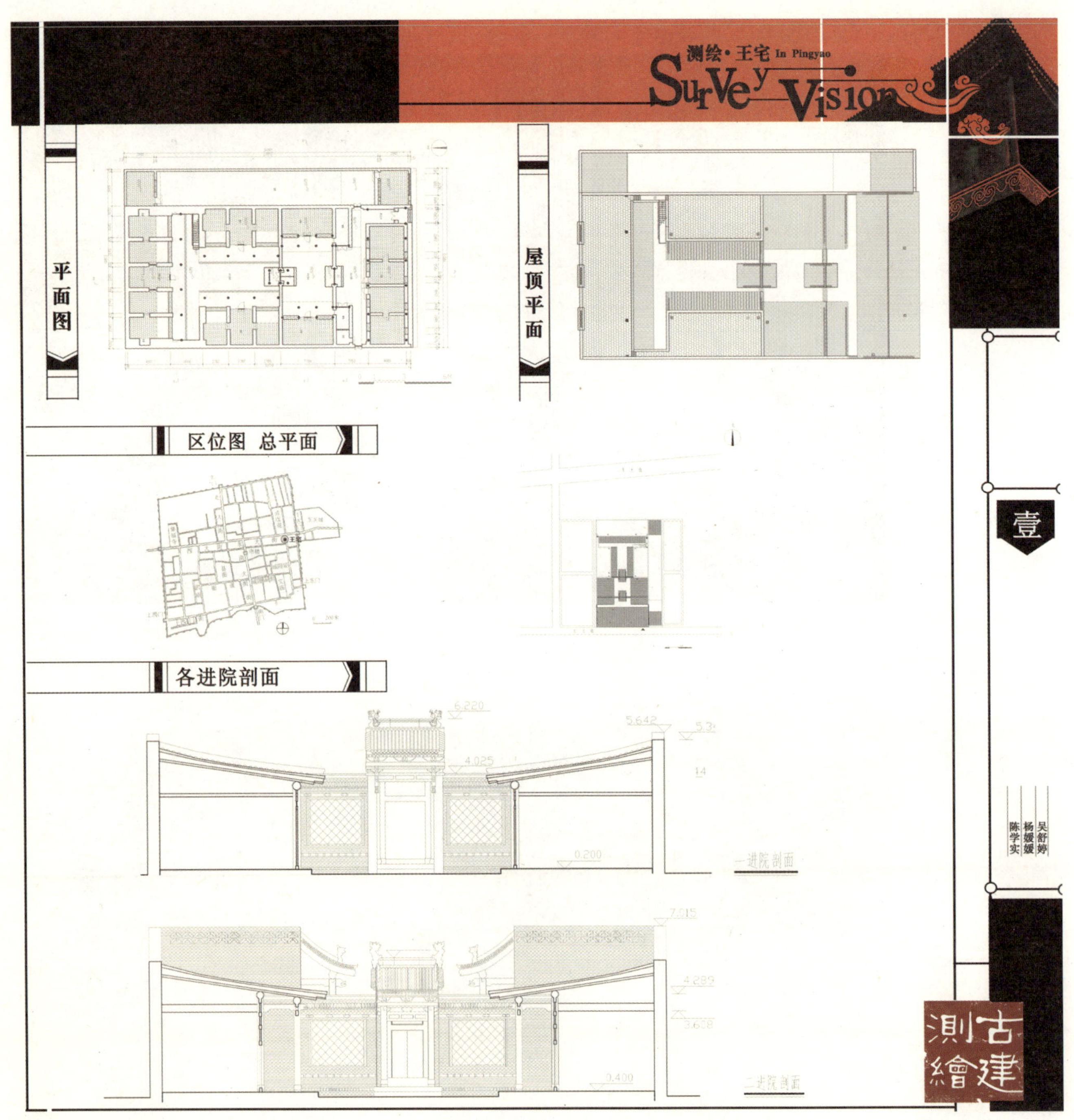

徐晨晨、吴舒婷、刘玮玮、杨媛媛、吕 坤、陈学实、潘雄华 / 江南大学设计学院 指导教师：吕永新

民族艺术考察——测绘——王宅

基础课程类优秀奖

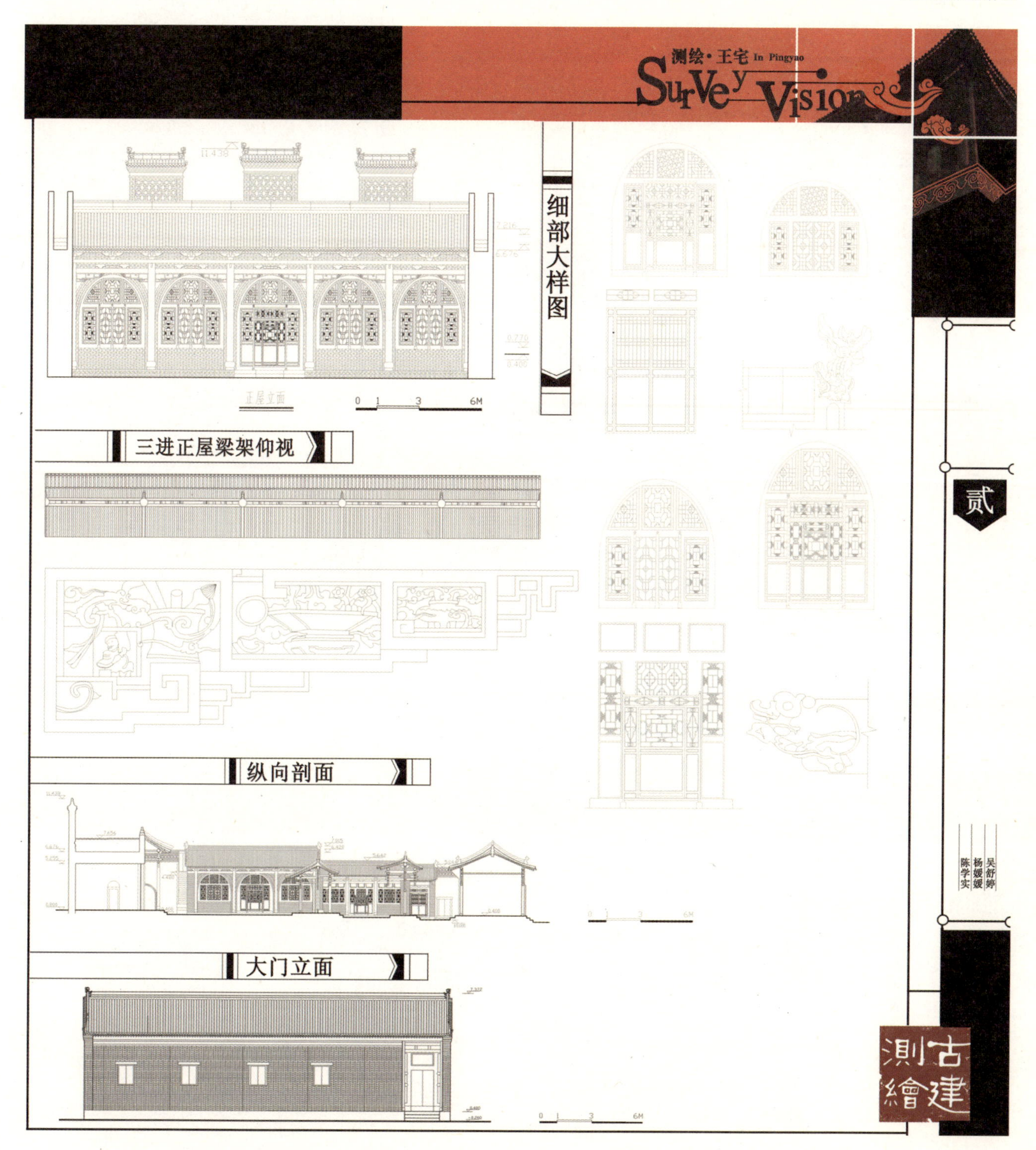
测绘·王宅 In Pingyao
SurVey Vision
细部大样图
正屋立面
0 1 3 6M
三进正屋梁架仰视
纵向剖面
大门立面
贰
吴舒婷
杨媛媛
陈学实
古建
测繪

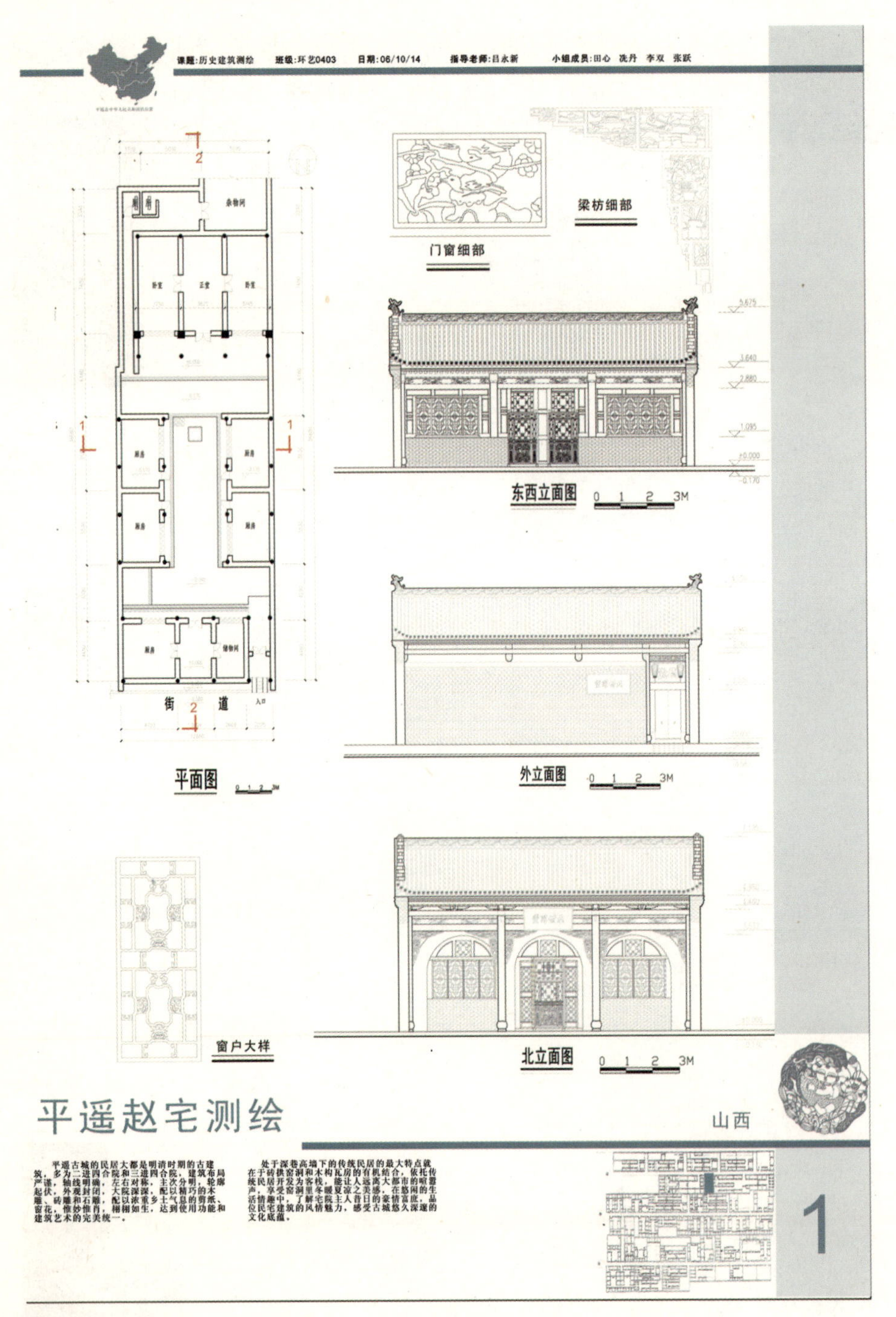

田心、冼丹、李双、张跃 / 江南大学设计学院　指导教师：吕永新

民族艺术考察——测绘——赵宅

基础课程类优秀奖

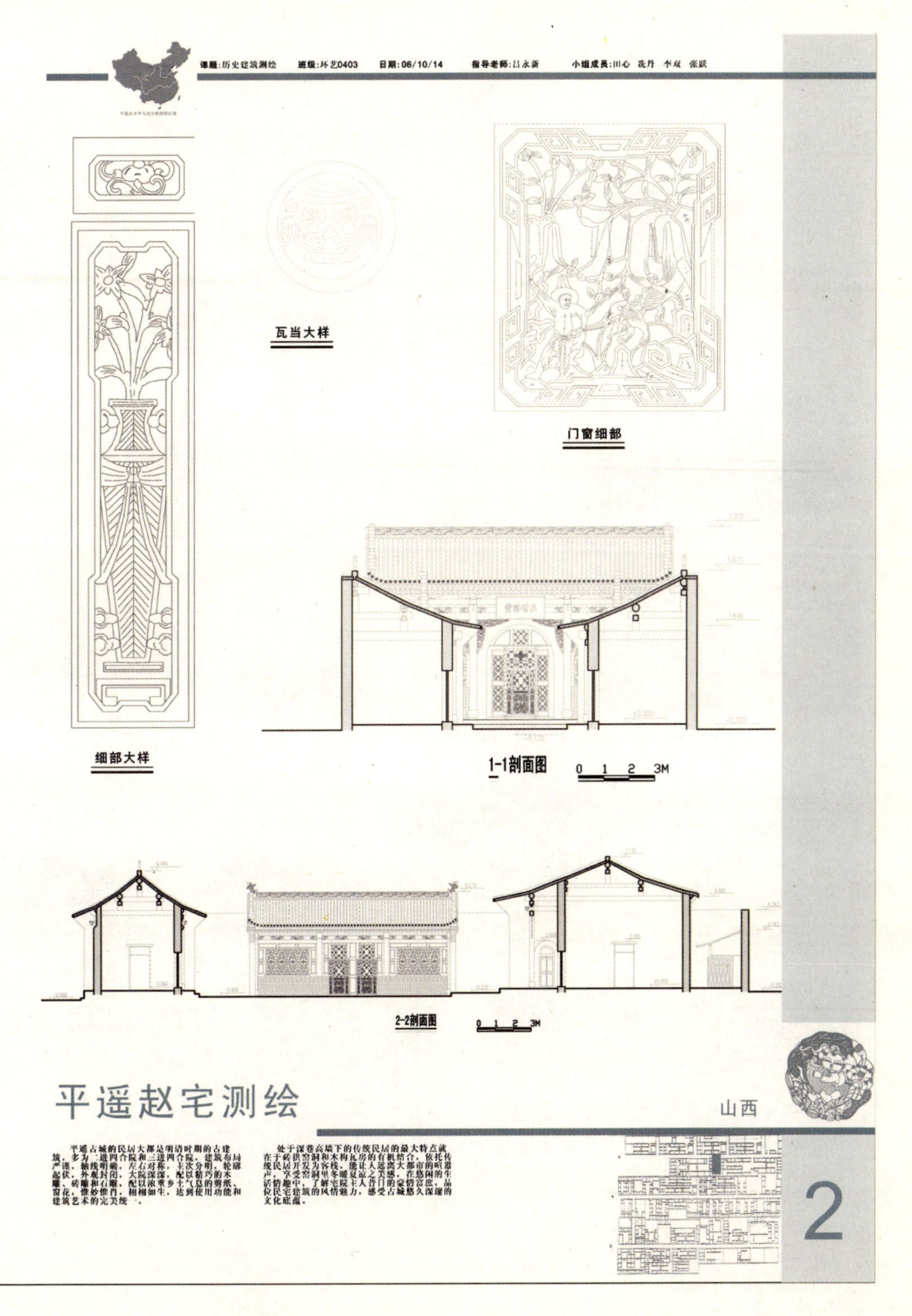
课题:历史建筑测绘
班级:环艺0403
日期:06/10/14
指导老师:吕永新
小组成员:田心 冼丹 李双 张跃
瓦当大样
门窗细部
细部大样
1-1剖面图
0 1 2 3M
2-2剖面图
0 1 2 3M
平遥赵宅测绘
山西
平遥古城的民居大都是明清时期的古建筑，多为二进四合院和三进四合院，建筑布局严谨，轴线明确，左右对称，主次分明，轮廓起伏，外观封闭，大院深深，配以精巧的木雕、砖雕和石雕，配以浓重乡土气息的剪纸、窗花，惟妙惟肖，栩栩如生，达到使用功能和建筑艺术的完美统一。
处于深巷高墙下的传统民居的最大特点就在于砖拱窑洞和木构瓦房的有机结合，依托传统民居开发为客栈，能让人远离大都市的喧嚣声，享受窑洞里冬暖夏凉之美感，在悠闲的生活情趣中，了解宅院主人昔日的豪情富庶，品位民宅建筑的风情魅力，感受古城悠久深邃的文化底蕴。
2

作业二：平遥古城小寺庙遗址保护基础上的延伸设计

小寺庙遗址调研

改建设计效果

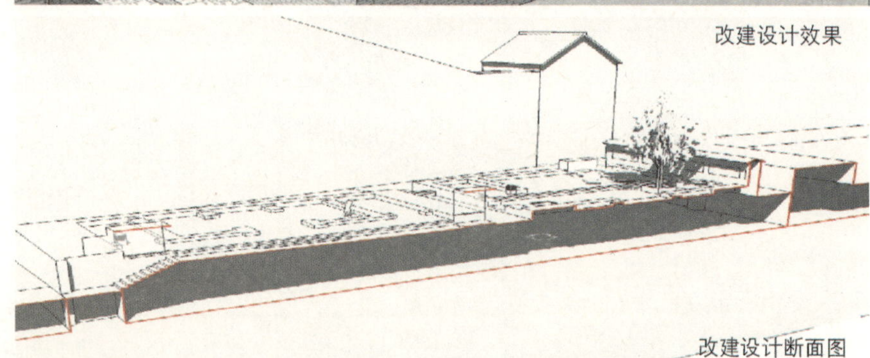

改建设计断面图

设计研究模型

点评：作品在平遥古城兴国寺田野调查及文献研究的基础上，着重研究了古建遗址修复与现代景观设计之间的关系。

改建设计细部

乞丽丽 / 南开大学 指导教师：谢朝

平遥古城小寺庙遗址保护基础上的延伸设计

基础课程类优秀奖

作业二：平遥古城小寺庙遗址保护基础上的延伸设计

改建设计效果

改建设计细部

透視學

課程類別：基礎課程類

課程名稱：透視學

NO.1

01 课程简述

1. 課程簡介

透视学是高等艺术院校绘画、设计等专业的基础课程，透视图法是对静止物体的图像作精确描绘的方法，透视规律是运动物体形状变化的规则，是绘画和设计人员徒手作画应该掌握的技能。要正确理解掌握透视规律，除了不懈地对现实中的景物作观察写生外，还有必要进行严格的图法训练。

本课程共分九周，每周4课时共36课时，通过多媒体、板书、临摹、写生、考试、讲评、展览等不同的教学形式，理论与实际相结合，让学生扎实地掌握透视学地基本原理。用灵活、多样、新颖的方式，把抽象的透视原理、透视规律和图法应用形象直观的阐述，使美术设计专业学生对抽象的透视概念有形象化的认识，对透视规则有具象的把握。

通过对科学的透视方法的学习、掌握、应用，来培养学生对空间的感受和想象，对绘画设计思维的前期训练有着重要作用。

2. 課程定位

透视学是设计专业必修的一门基础课程，运用画法几何、投影理论阐述透视学与阴影学的基本原理与作法技巧，以训练学生用几何的作法来表达三维空间的真实结构。要求学生具备空间想象与抽象能力。

在教学中，根据学生实际情况，应以简明实用为宗旨，简化一些边缘性理论和繁复的透视法，以一点透视和两点透视作为教学重点，并配合大量相关练习，以真正达到教学目的。

3. 教學要求

学习透视学，要理论联系实际。首先在理论上要由浅入深，在书中文字与大量图示中增强识图与理解能力，将写生中常出现的问题集中、归纳，上升到理论高度进行规律性分析认识。其次，依照有关透视规律进行写生实践，以巩固知识，加深理解。第三，为适应教学，在掌握规律准确造型的基础上，根据美术各专业的不同特点有所侧重。可结合构图对一些名作及其他有代表性的作品，从正反两方面透视应用经验进行分析，以验证透视规律在构图中的应用价值。

学生通过自制特殊教具、多媒体、板书、临摹、写生、考试、讲评、展览等不同的教学形式，理论与实际相结合，灵活、多样的方式，把抽象的透视原理，透视规律和图法应用形象直观的阐述使艺术设计专业学生对抽象的透视概念有形象化的认识，对透视规律有具体的把握。

1. 培养把握基本形式变化的造型能力，能通过对个别现象、感性认识进行了解分析，引申到知识性理解、原理性认识；能通过对一般正误性鉴别和具体作图方法的掌握，引申到对普遍视觉规律的理解。

2. 培养灵活运用透视规律，创造性组织画面空间的构图能力。

3. 要理论联系实际。

02 课程作业

1. 丟勒教具寫生對比研究

对比通过取景框单眼描摹、双眼徒手绘制，与相机通过取景框拍摄下图片对比，分析出它们之间的相同与不同.并完成如下作业:1. 从丢勒教具的取景框中完成临摹、徒手画、拍摄照片（三张），2. 温习相关理论知识点，3. 教具与徒手照片结合，4. 500字小结。

通过丢勒教具取景框拍摄的写生景物

单眼通过丢勒教具取景框用透视PVC板描摹作业

通过拷贝机复制取景框中作业

双眼通过丢勒教具取景框徒手绘制写生作业

点评：通过借助丢勒透视教具，透过玻璃所取得的所需静物的描绘，使初学透视的同学深入了解透视，并有助于后期对物体、空间、体积的正确观察与理解。透视玻璃取景框所描绘的主体物看起来与我们用双眼写生的作业并没有什么不同，但通过重叠，分析，“丢勒教具”逐步明朗了学习的目的和观察方法。

2. 找出十種不同的透視方式並命名

从中国美术史、世界美术史、敦煌壁画中找出十种不同的透视类型（可根据自己的观点提出不同的透视图示，并加以文字说明），要求进行透视分类并绘出透视解析图。

深远透视

轴线透视

矛盾透视

均衡透视

高 宇 / 南开大学 指导教师：周青

曲线透视

基础课程类优秀奖

透視學

NO.2

情节透视

线性透视

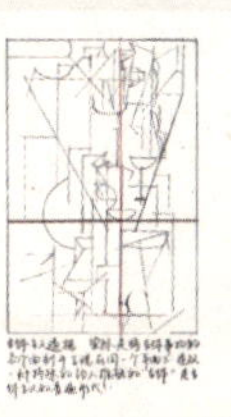
极简透视

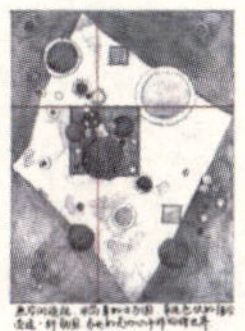
无空间透视

点评：对不同类型的透视进行常识性选择、归类，加深对不同透视样式理解与思考，并能通过此次学习，在今后的设计与创作中随意选择任意一种透视构图的方法表现。

3. 徒手繪製室內與室外三視圖

徒手绘制三视图完成如下作业:1. 准备：画板、相机、16开纸、水笔、铅笔、直尺和橡皮。2. 俯视、正视、侧视、三视图准确。3. 500字小结。

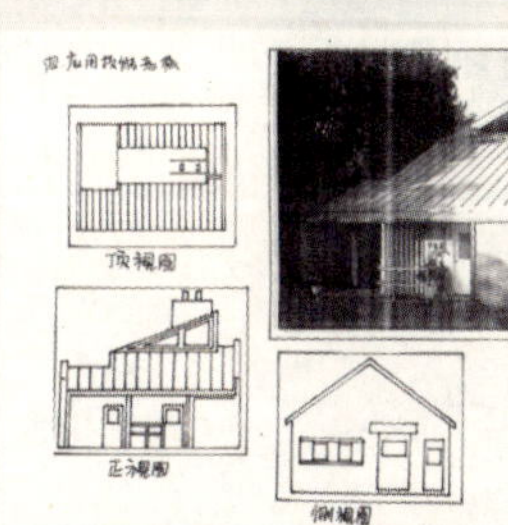

点评：依据室内三视图的要求完成作业练习，这是对设计类学生必需掌握的基本制图方法。室外三视图制图练习是对视觉艺术类学生，空间与环境观察理解制图上必要训练。

4. 徒手繪製室內與室外平行透視圖

1. 在室外实景写生中，完成平行透视的室外制图方法（透视解析图）。2. 任意选择一张室内平行照片，绘出其平行透视室内效果图（透视解析图）。

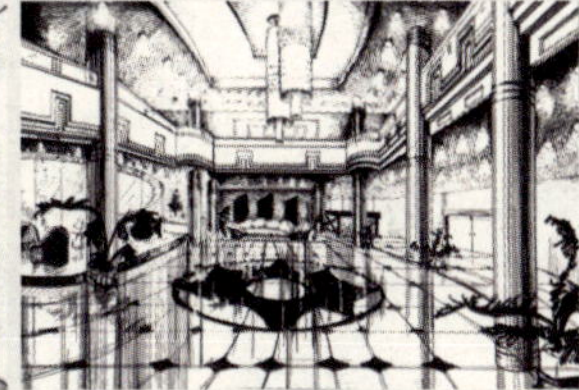

5. 徒手繪製室內與室外成角透視圖

1. 完成室外成角实景写生作业解析图一幅。2. 任意选择一张室内成角照片，并绘制完成室内成角解析图一幅。

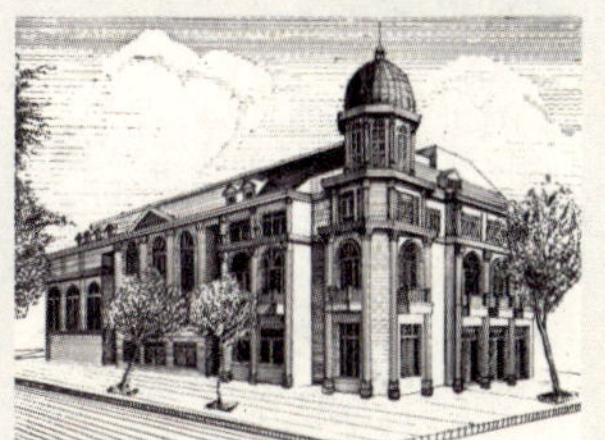

点评：通过徒手绘制用线准确，在较短的时间内完成一幅室内成角效果分析图，用笔流畅轻松。画面构图饱满，体积感强烈，细节的描绘，有助于建立画面的视觉丰富感染力。

透視學

NO.3

6. 徒手繪製室內與室外仰俯透視圖

1.完成俯视实景写生效果分解析图1幅。2. 找一幅室外俯视照片，徒手画一幅室外俯视透视效果解析图，可带人物。

点评：在绘制室内仰视透视图中，能够在准确的制图基础上，通过想象拓展视觉效果，理性与感性相结合。画面中对光影的处理及动态人物的场景，使画面具有一定的趣味性。

7. 創造一：陰影反影透視

通过对阴影与反影透视学习进入空间透视创作训练。1. 图纸尺寸为8开，铅笔制图，页面整洁有序，用线清晰，构图合理，人物比例基本形态透视正确。2. 客观物体选择要能充分展示曲线与直线透视分析。3. 草图三张，16开（带说明文字）。4. 500字小结。

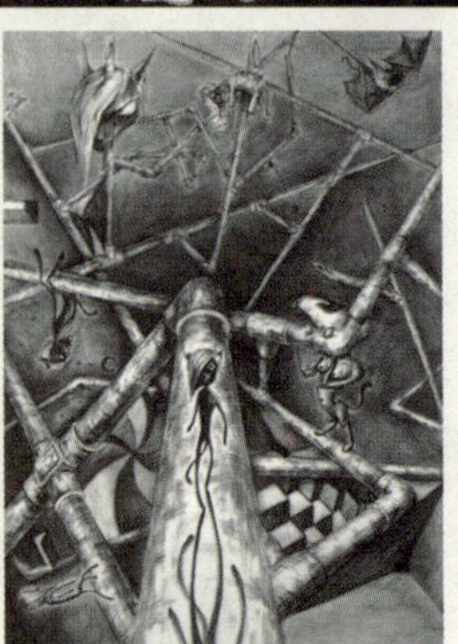

作业的细节部分刻画深入，并利用了黑白灰的关系在画面中的对比处理，有利于空间感的延伸，增添了情节处理，并保持整幅画面的协调性。在掌握了正确的透视关系基础上，画者增加了画面上的细节处理，使画面丰富，空间感强烈。

透視學

NO.4

8. 創作二：曲線透視

通过对曲线透视学习进入人物透视创作训练。1. 熟悉并掌握中国画中的人物身份透视形式。2. 选择不同角度，不同变化进行描绘。3. 掌握人体在物像中的透视变化规律。4. 图纸尺寸为8开，铅笔制图，页面整洁有序，用线清晰，人物头像结构合理，人物比例基本形态准确透视正确。5. 草图二张，16开（带文字说明）。6. 500字小结。

作业一:韩熙载夜宴图---我自己的故事

《韩熙载夜宴图》创作——我自己的故事(1).
皇帝轮流做

在我们宿舍中89年的大哥当之无愧为我们的大哥。近年随他不仅是我们宿舍最大的也是全系人的大哥。

但是论饭量就连体重17斤的大哥也排不进宿舍中的老五，他两顿饭一顿吃，谁也比不了。

我年纪最小，饭量也不大，只有在打球时，才在感觉这“皇帝”终于轮到我了！哈哈哈……

这幅作业真实地再现自己的日常生活感悟，具有人物身份透视的创作的作品，视觉冲击力强，表现形式独具创意，内容也非常具有趣味性，表现力强。

作业二:人物透视创作

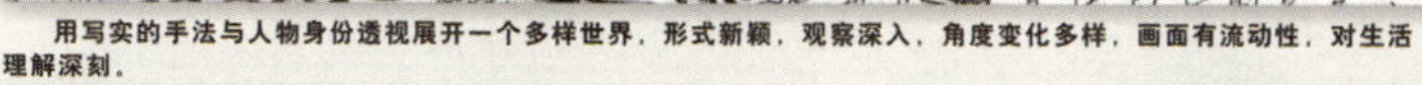
用写实的手法与人物身份透视展开一个多样世界，形式新颖，观察深入，角度变化多样，画面有流动性，对生活理解深刻。

情节性创作室在透视分析准确的基础上，客观场景添加主观的具有个人特色的处理手段，作业注重故事情节意象的完整性。

这幅作业很好地表现了人物身份大小的透视关系，在画面整体效果的处理上，画者将画面与“韩熙载夜宴图”的透视方式准确地再现，画面明快、整洁。

教具写生一瞥

综合媒材研究

課程類別：基礎課程類
課程名稱：綜合媒材研究

NO.1

01 课程简述

综合媒材是艺术设计专业必修课程之一，本课程重点是研究材质与视觉艺术语言表达的关系和作用，综合材料的训练是将视觉艺术基础知识、造型基础技能与创造性思维相结合的方法，对于公共艺术领域具有最直接的针对性，同时，从整体视觉艺术的基本概念出发，对锐化视觉感受力，丰富视觉经验积累，拓展视觉思维空间，提升想象力和综合创造能力等方面的素质培养，具有不可替代的作用。

课程是一门融造型实践、经验联想和创造性发挥于一体的训练课程。其要旨是，通过对“非专业”材料的运用和体验，“活化”对广义材料的视觉感受与表达的思维，引导和训练学生将基础的专业知识和技能与日常生活经验和观察联系起来，从而达到“锐化”观察力和提升创造性思维的能力。

02 课程作业

作业一：“脉”

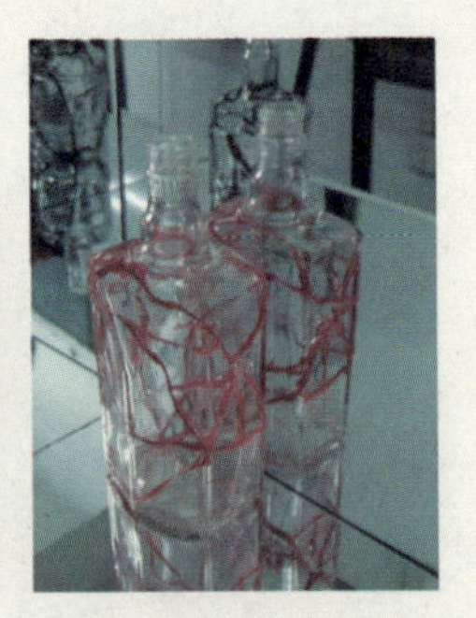

点评：

该作品选择玻璃瓶打碎再粘合的过程注入色彩的因素，从而为经历了破碎到修复过程的玻璃瓶消除“伤痕”给人的不悦，而获得焕然一新的感受，该作品表现出一种辩证思考的智慧，将“破损”视为创造新感受的机遇，充分运用材料物理特性在视觉表现上的潜在可能，

作业二：“异形”

织布机细部结构与工作原理分析

点评：

此作品选择不同颜色的玻璃瓶碎片作为主体材料，作者巧妙利用了玻璃器皿破碎后不易完全恢复原有形态，且无法消除粘接痕迹的特点，索性因势利导，构造一个“异形”，同时，利用粘接线，引入拜占庭彩色玻璃镶嵌的效果，强调器型的手工化，获得了一种形状奇异，色彩斑斓，质感晶莹的视觉效果，该作品表现出随形就势、迁想妙得的机智和将知识有效地运用于创作实践的能力。

李 莹 / 南开大学　指导教师：高迎进
综合媒材“异形”

基础课程类优秀奖

综合媒材研究

作业三: “蚀”

点评:

该作品选择一段有明显的虫蛀蚀痕迹的树端为主体材料，将虫蛀的沟痕清理后，填入金属锡，金属是人类活动的产物，作品利用“金”与“木”在中国传统观念中的对立概念和虫蛀痕迹携带的“蛀蚀”信息，表达对人类“文明活动”与人类生存环境之间关系的另一面作用“蚀”，同时“虫蛀”的现象暗示出人类活动对生态的“侵蚀”缓慢、不易察觉但破坏力惊人的特征。作品巧妙且充分地利用了材料自身携带的“自有信息”与人们的普遍认知经验和文化经验的关联，达成一定深度的交流。

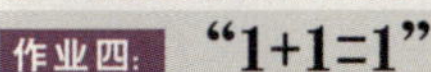

作业四: “1+1=1”

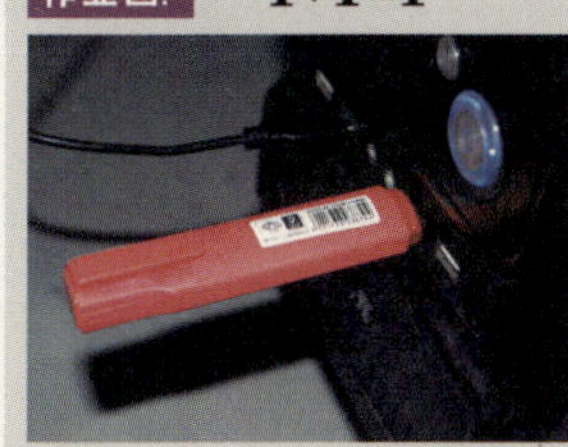

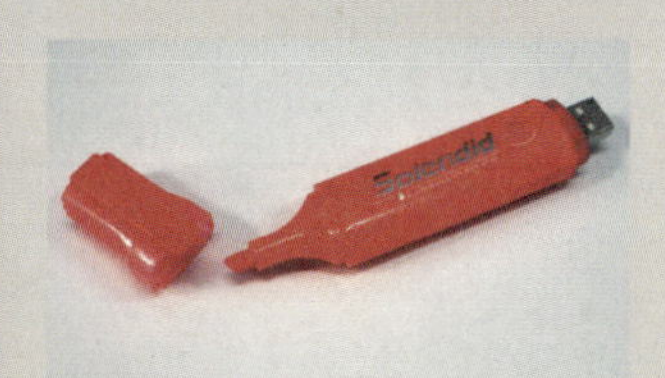

点评:

这是一件在“1+1=1”的作业主题下创作的作品，其构思是将两个现成品，在形体上合二为一的过程中“消除”或“保留”二者各自原有的功能特征，本件作品选择的是“保留”，该生选择了记号笔和U盘，笔和U盘分别代表了古今不同时代的书写记录工具，在概念上具有鲜明的关联性和比较性，但意味深长的是，现代工具在今天并不能完全取代传统工具，事实上，笔和U盘在今天常常同时使用，因此，这一作品的构思具有明确合理的使用性，作品实物的形态也获得完善的整体性。

高 宇 / 南开大学 指导教师：高迎进

综合媒材“蚀”

基础课程类优秀奖

设计课程类 Design Course Category

作品 Works

景观设计

建筑设计

室内设计

建筑初步构筑训练——“竹”的设计

夕阳下的竹球

该方案以生活中常见的竹笼作为形态创造的原型，并利用竹笼编制的结构体系，在施工时通过圆环的切线制作了竹球的主要支撑结构，较好地解决了形态放大与结构施工之间面临的问题，并与周边校园环境充分协调，创造了“通过”路径中的亮点。

在校园中的位置

黄礼刚 / 四川美术学院　指导教师：王平好

遂圆绿竹

设计课程类景观设计银奖

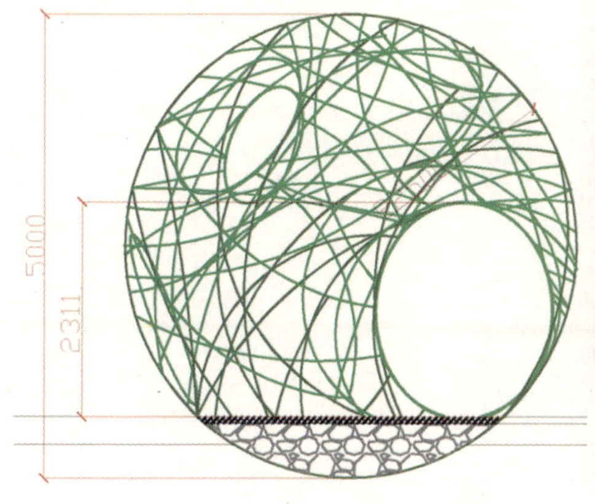

从模型到施工完成

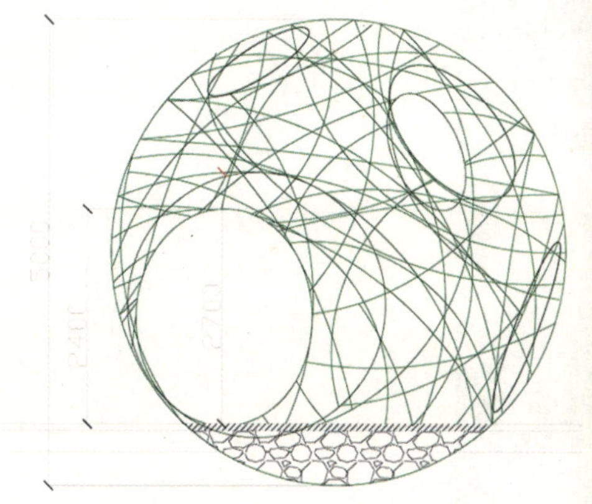

孙磊明、孙慧妍、孟岩军 / 海南师范大学美术学院　指导教师：张引、凌秋月

海口骑楼老街中山路改造方案

设计课程类景观设计银奖

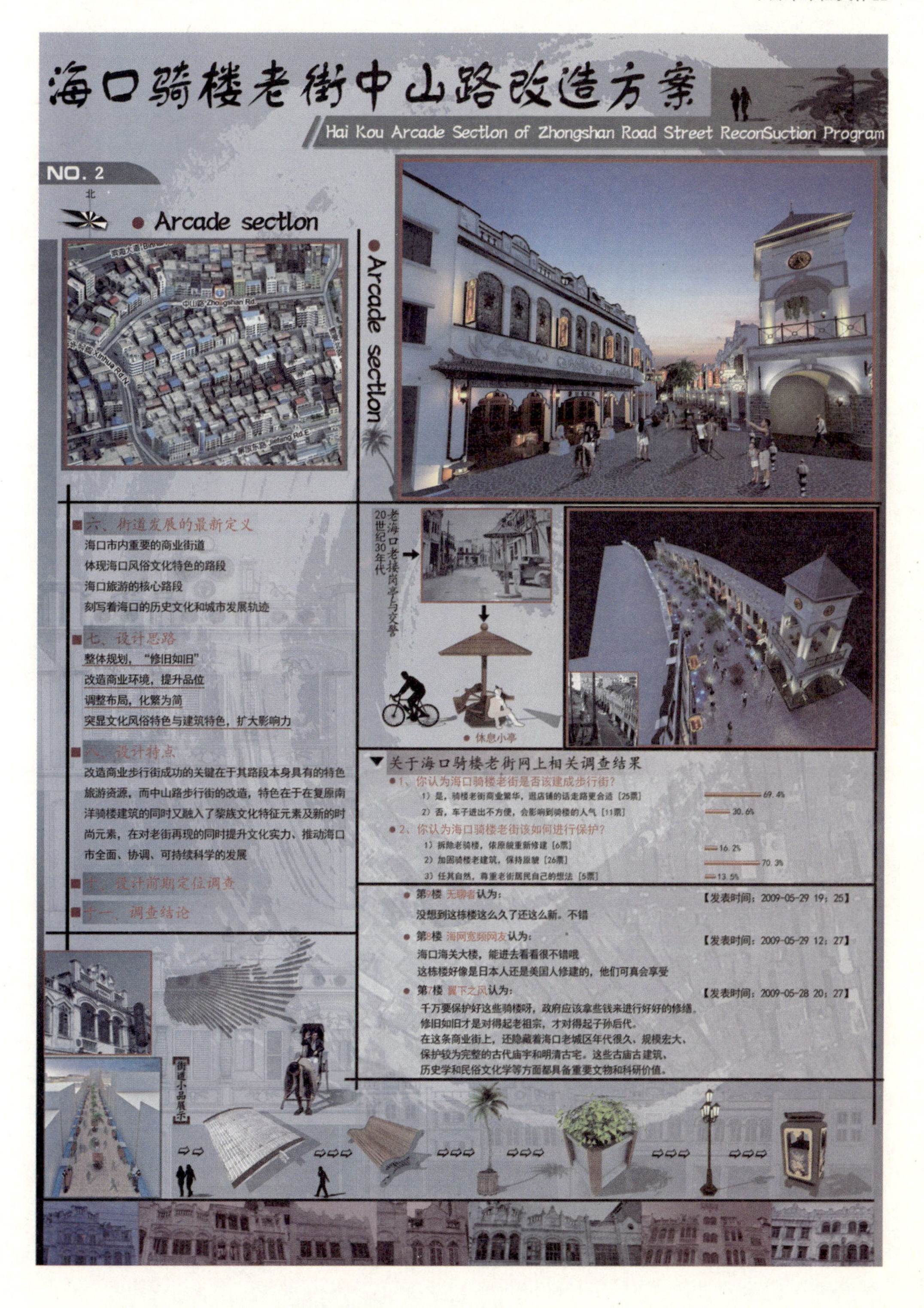

海口骑楼老街中山路改造方案
Hai Kou Arcade Sectlon of Zhongshan Road Street ReconSuction Program
NO. 2
北
Arcade sectlon
Arcade sectlon
老海口老楼凉亭与文擎
20世纪30年代
休息小亭
六、街道发展的最新定义
海口市内重要的商业街道
体现海口风俗文化特色的路段
海口旅游的核心路段
刻写着海口的历史文化和城市发展轨迹
七、设计思路
整体规划，“修旧如旧”
改造商业环境，提升品位
调整布局，化繁为简
突显文化风俗特色与建筑特色，扩大影响力
八、设计特点
改造商业步行街成功的关键在于其路段本身具有的特色旅游资源，而中山路步行街的改造，特色在于在复原南洋骑楼建筑的同时又融入了黎族文化特征元素及新的时尚元素，在对老街再现的同时提升文化实力、推动海口市全面、协调、可持续科学的发展
十、设计前期定位调查
十一、调查结论
关于海口骑楼老街网上相关调查结果
1、你认为海口骑楼老街是否该建成步行街？
1）是，骑楼老街商业繁华，逛店铺的话走路更合适［25票］ 69.4%
2）否，车子进出不方便，会影响到骑楼的人气［11票］ 30.6%
2、你认为海口骑楼老街该如何进行保护？
1）拆除老骑楼，依原貌重新修建［6票］ 16.2%
2）加固骑楼老建筑，保持原貌［26票］ 70.3%
3）任其自然，尊重老街居民自己的想法［5票］ 13.5%
第9楼 无聊者认为：【发表时间：2009-05-29 19：25】
没想到这栋楼这么久了还这么新。不错
第8楼 海网宽频网友认为：【发表时间：2009-05-29 12：27】
海口海关大楼，能进去看看很不错哦
这栋楼好像是日本人还是美国人修建的，他们可真会享受
第7楼 翼下之风认为：【发表时间：2009-05-28 20：27】
千万要保护好这些骑楼呀，政府应该拿些钱来进行好好的修缮。
修旧如旧才是对得起老祖宗，才对得起子孙后代。
在这条商业街上，还隐藏着海口老城区年代很久、规模宏大、
保护较为完整的古代庙宇和明清古宅。这些古庙古建筑，
历史学和民俗文化学等方面都具备重要文物和科研价值。
街道小品展示

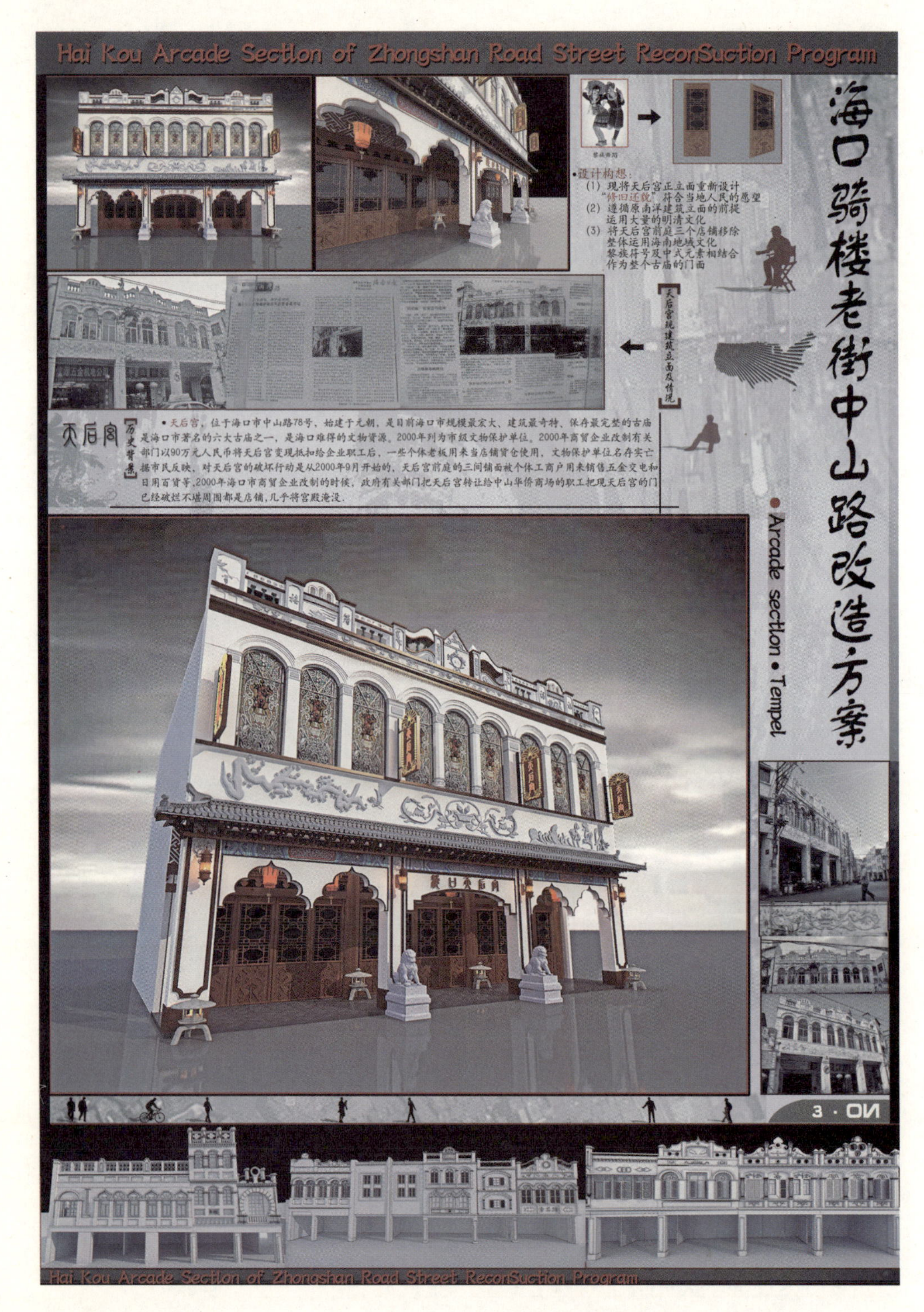
Hai Kou Arcade Section of Zhongshan Road Street ReconSuction Program
海口骑楼老街中山路改造方案
•Arcade section • Tempel
黎族舞蹈
•设计构想：
(1) 现将天后宫正立面重新设计“修旧还貌”符合当地人民的愿望
(2) 遵循原南洋建筑立面的前提运用大量的明清文化
(3) 将天后宫前庭三个店铺移除整体运用海南地域文化黎族符号及中式元素相结合作为整个古庙的门面
天后宫现建筑立面及情况
天后宫
历史背景
•天后宫，位于海口市中山路78号，始建于元朝，是目前海口市规模最宏大、建筑最奇特、保存最完整的古庙是海口市著名的六大古庙之一，是海口难得的文物资源。2000年列为市级文物保护单位。2000年商贸企业改制有关部门以90万元人民币将天后宫变现抵扣给企业职工后，一些个体老板用来当店铺货仓使用，文物保护单位名存实亡据市民反映，对天后宫的破坏行动是从2000年9月开始的，天后宫前庭的三间铺面被个体工商户用来销售五金交电和日用百货等，2000年海口市商贸企业改制的时候，政府有关部门把天后宫转让给中山华侨商场的职工把现天后宫的门已经破烂不堪周围都是店铺，几乎将宫殿淹没。
3 · ON
Hai Kou Arcade Section of Zhongshan Road Street ReconSuction Program

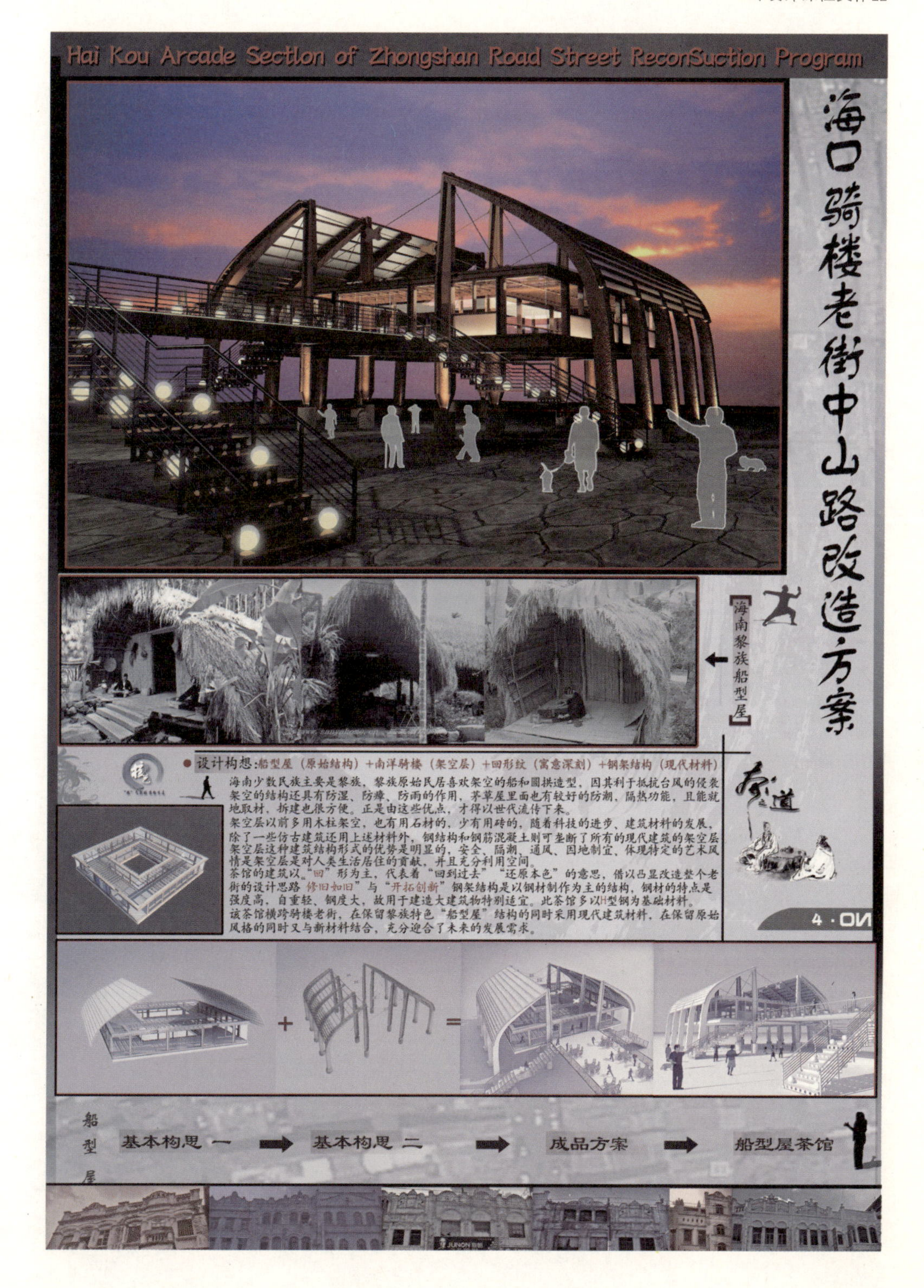
Hai Kou Arcade Sectlon of Zhongshan Road Street ReconSuction Program
海口骑楼老街中山路改造方案
海南黎族船型屋
设计构想:船型屋（原始结构）+南洋骑楼（架空层）+回形纹（寓意深刻）+钢架结构（现代材料）
海南少数民族主要是黎族，黎族原始民居喜欢架空的船和圆拱造型，因其利于抵抗台风的侵袭架空的结构还具有防湿、防瘴、防雨的作用，茅草屋里面也有较好的防潮，隔热功能，且能就地取材，拆建也很方便。正是由这些优点，才得以世代流传下来。
架空层以前多用木柱架空，也有用石材的，少有用砖的，随着科技的进步、建筑材料的发展，除了一些仿古建筑还用上述材料外，钢结构和钢筋混凝土则可垄断了所有的现代建筑的架空层架空层这种建筑结构形式的优势是明显的，安全、隔潮、通风、因地制宜、体现特定的艺术风情是架空层是对人类生活居住的贡献，并且充分利用空间。
茶馆的建筑以。“回”形为主，代表着“回到过去”“还原本色”的意思，借以凸显改造整个老街的设计思路 修旧如旧”与“开拓创新”钢架结构是以钢材制作为主的结构，钢材的特点是强度高，自重轻、钢度大，故用于建造大建筑物特别适宜。此茶馆多以H型钢为基础材料。
该茶馆横跨骑楼老街，在保留黎族特色“船型屋”结构的同时采用现代建筑材料，在保留原始风格的同时又与新材料结合，充分迎合了未来的发展需求。
4·01
船型屋
基本构思 一
基本构思 二
成品方案
船型屋茶馆

Public Art 校园公共艺术 TOMORROW

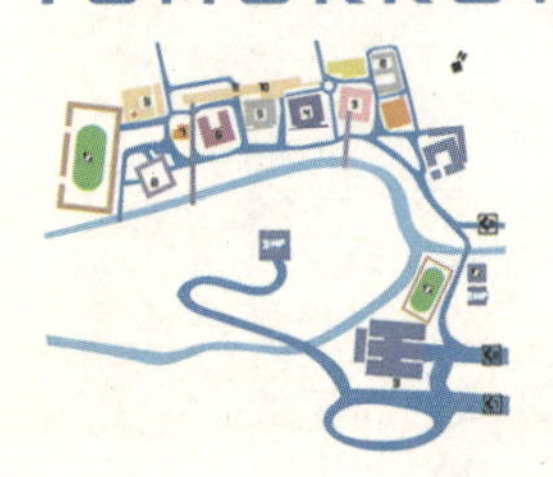

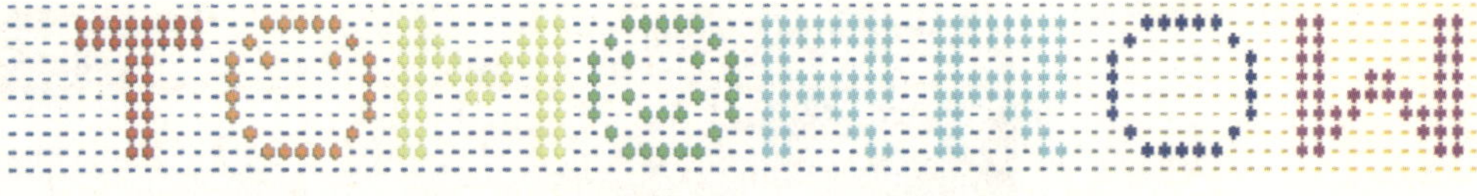

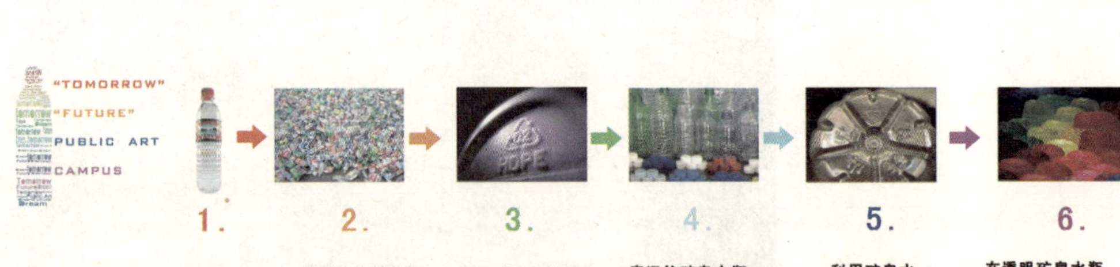

1. 矿泉水
2. 用过的矿泉水瓶变成废旧的垃圾
3. 绿色 环保 低碳 回收的理念
4. 废旧的矿泉水瓶变成公共艺术品的原材料
5. 利用矿泉水瓶透明度的瓶底
6. 在透明矿泉水瓶里灌满各种颜色的水

课程要求

公共艺术课程的要求是在校园内环境中，选择一块合适的场地，来制作公共艺术作品。

设计说明

在寻找场地的过程中，
促使我们用观察的眼光去注视周遭的事物。
我们希望找到一个合适的场所，用公共艺术的语言表达我们内心所关注的东西。于是，我们发现了校园中15号楼（建筑系馆）由青砖构建的外墙立面。这面墙本身 就具有很强的视觉特征，统一又富有变化。
由青砖搭建的立面形成了许多镂空的墙面，同时具有进深感。这一特点为我们的发挥提供了重要的条件。与此同时，这款场地汇集了周边好几幢教学楼的出入口，人流较多，也符合公共艺术的公共属性。

我们的初衷就是希望利用回收的环保材料来制作这个公共艺术。我们想到过很多材料，最终我们选择了矿泉水瓶。它比较容易收集，也拥有透明材质本身所具有视觉可塑性，符合我们的立意。
最终就是我们怎么组织这些现有条件，来进行创作了。我们不约而同地想到了"TOMORROW"（明天）这个主题，因为我们即将毕业，未来的发展牵动着我们每个人的心。最后我们想到了用各种颜料加上水灌到这些透明的矿泉水瓶里，由此 构建成一个"巨大"的公共艺术作品。
我们希望"TOMORROW"这个意向能形成一个与墙体立面肌理相互共生，相互滋养的视觉童话。

告别过去，
我们面对的永远是"TOMORROW"（明天）.
明天会怎样？
碰巧的是我们正好运用"TOMORROW"中的三个0字母做了三个不同的表情。
我们希望唤起每个人心中对未来的美好期望。

"tomorrow" 与"表情"

TOmorrow TOMO

1 第1个表情：

第 1 个表情是一张脸庞。隐喻对于即将毕业的青年学子，关于"明天"，关于"未来"就像是一张白纸，需要他们用自己的眼睛去观察，去发现，去体会。也暗示，青年学子们更应该以从容，淡定的态度去迎接未来的种种挑战。

TomOrrow TOMO

2 第2个表情：

第 2 个表情是一个笑脸。隐喻着当我们走向社会时，我们应该以微笑的表情，乐观的心态去面对未来成长中的各种烦恼和困扰. 迎难而上，用奋斗开创属于自己的美好明天.

TomorrOw TOMO

3 第3个表情：

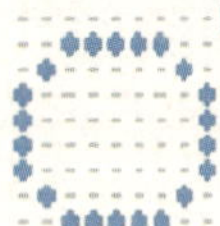

第 3 个表情是一个空的圆圈，隐喻我们走在未来的道路上，不管境遇如何，是成功，是喜悦，还是失败亦或失落，我们都应用更 成熟的心态和表情去面对，未来是一个又一个明天组成的，每一个明天对于我们来说都是新空白，等待着我们去描绘和规划。

我们在校园中度过青春荡漾的四年，青春本身就意味着用于无数的"未来"、"明天"。
关于为了和明天的猜想拨动着生命的悸动。真正青春中的我们怀着对未来的激情和对公共艺术的畅想，设计了这个作品。
我们收购了数以千计的废旧矿泉水瓶，本着绿色低碳环保的理念，把它们从废旧的垃圾堆里捡回来了。

李金蔚 / 中国美术学院 指导教师：吴嘉振
公共艺术

设计课程类景观设计银奖

■ 制作过程

■ 实景照片

机械迷城

——金田精密仪器厂废弃空间景观再生设计方案

关于机械迷城：

机械迷城是大四实习时玩的一款游戏，虽然这款游戏09年就已经出来了，但是平时不爱游戏的我还是不知道。被这款游戏吸引是因为她的纯手绘图面，整个游戏所有场景皆为手绘制作完成，也因为此捷克游戏开发小组Amanita Design在2009年独立游戏节上获得了视觉艺术奖。

对于我来说这款游戏之所以吸引我并不仅仅是因为它的美丽而逼真的画面，而是游戏背后的更多。

在实习期间，我发现办公室人们的生活习惯：一大早到达办公室的第一件事情就是打开电脑，然后登陆一些小游戏诸如“开心农场”进行偷菜畜牧，或者先来一场反恐对抗赛，这就是一天的开始。人们得不到缓解的方法只得通过电脑进行系列缓和，方能更好的开始一天的工作。

人们的生活发生着翻天覆地的变化，而人们的需求变化也越来越多。生活如幻想家，科学家，思想家，而将幻想家的思想搬入现实的舞台就成为了我此次毕业设计感性一面的出发点。

但是机械迷城给我的更多的可能也就是这个设计方案的开始，而设计本身更多的理性认识也是来自对绵阳本身工业文化的认识和对高科技下人们生活中另一面的需求出发，机械迷城就像是一群迷失在现代机械中的人努力寻早另一片天地一般。

区位概况分析：

绵阳是中国唯一的科技城，四川省区域中心城市、四川省副省会、四川省第二大城市，素有“富乐之乡”、“西部硅谷”美誉的绵阳，是我国重要的国防科研和电子工业生产基地，先后获得过联合国改善人居环境最佳范例奖(迪拜奖)、国家环境保护模范城市、国家园林城市、国家卫生城市、国家文明卫生城市、中国人居环境奖、中国最佳宜居城市等诸多荣誉，是国务院批准建设中国唯一的科技城。

基地调查分析

1、历史环境分析

绵阳建城已有2205年的历史，是座名副其实的历史文化名城。绵阳，古名“涪城”、“绵州”，从西晋怀帝时起，历来为郡、州治地。清雍正五年（1727），升绵州为直隶州，领县旧时的绵阳市区增多，辖区扩大。1913年改绵州为绵阳县，取“绵山南面之城”意。自汉高祖六年（公元前201年）设置涪县以来，已有2100多年历史，拥有悠久的历史文化根蕴。

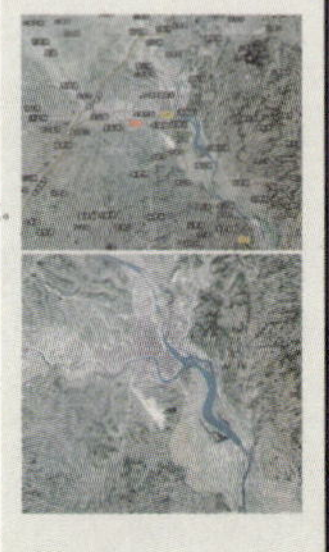

2、生态环境分析

绵阳市受地貌影响，绵阳市境降水丰沛，径流量大，江河纵横，水系发达。全市境内有大小河流及溪沟3000余条。所有河流、溪沟都分别注入嘉陵江支流涪江、白龙江与西河，全属嘉陵江水系。涪江对市境的自然地理环境形成和经济发展产生着重大影响。涪江支流较多，市境内的主要一级支流有涪江右岸的平通河、通口河（湔江）、安昌河、凯江；涪江左岸有火溪河、芙蓉溪、梓江等，构成不对称的羽状水系。上游地处高山峡谷，植被较好、暴雨洪水汇流时间短，具有典型的山溪性河流暴涨暴落的特点。

3、交通环境分析

绵阳位于四川盆地西北部涪江、安昌河、芙蓉溪三江交汇处。距省会成都98公里，距重庆500公里，是川西北的交通枢纽。自古被誉为“蜀道咽喉”和“川西北第一重镇”，是成都平原北上的重要枢纽。绵阳市正加快推进集高速公路、铁路、水路、航空为一体的多节点、立体化交通运输体系，进一步提升绵阳的区位优势和核心竞争力。绵阳是国家公路运输枢纽城市之一，在国家综合运输体系及四川、川北等区域经济发展中具有重要地位。绵阳市打造川西北交通枢纽的总体构架是加快实施一个机场、两条铁路、六条高速公路和绵阳科技城综合交通网络的大手笔工程，构建绵阳大交通格局。

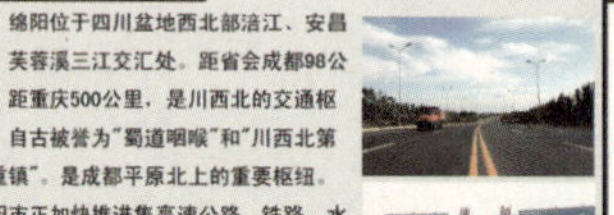

4、人文环境分析

有着2200余年悠久历史的绵阳城是一座闪耀着人类思想光芒的智慧之城。绵阳是人文荟萃的地方，黄帝元妃、栽桑养蚕缫丝织绸发明家嫘祖，治水英雄、先贤大禹，文昌帝君，诗仙李白，文豪欧阳修，文学家沙汀，武林奇人海灯，均为绵阳人氏；刘备、诸葛亮、唐明皇、司马相如、杜甫、苏轼、陆游都曾在这里留下过不朽诗文或精彩故事；当代的核科学家邓稼先更是功勋卓著。此外还有：著名国画家龚学渊、青年歌唱家马薇、书画家杨铭仪、80后著名作家廖宇靖、美术家林山、白马人组合。

设计面临问题

方案基地坐落于绵阳市涪城区工业园东南部，是工业园的一部分，由于经营等诸多原因导致厂房废弃已久，又因其地理位置处在角落比较偏僻，而其原来周边景观范围也成为荒地，环境污染问题异常严重，垃圾遍地。基地一侧是原本小山丘，植被丰富。另一侧临城市建筑，成为城市和自然之间的过渡。作为工业园的一部分，同时又有其独特的功能要求和景观特征。因为介于高密度的城市和工业园区拟自然的景观之间，为场地的设计提出了诸多挑战：

怎样可使景观与当地的水和土壤条件互相协调？怎样可以使城市与自然结合，让居民能通过这一带状景观，获得自然的生态服务？怎样令凹凸不平的场地和地域中平板无味的景观变得丰富而有吸引力？

项目概况分析

方案基地坐落于绵阳市涪城区工业园东南部。 涪城古称“涪县”具有2100年建制历史。 绵阳.古称“涪城”、“绵州”。位于中国四川西北部，距省会成都98公里。涪城是全国文明卫生绿化先进城市、中国西部科学电子城、四川省第二大城市——绵阳市政府所在地，是绵阳市经济、文化、科技中心和川西北交通枢纽。幅员面积597平方公里，总人口50余万人。

绵阳美丽的城市景观

绵阳辉煌的工业

设计来由

设计的目的在为城市定义了一个公共的开放空间，为什么想要做这么一个以工业文化为主却又充满游戏味道的休闲公共空间呢？根据绵阳这样一个科技城的特征和它的工业文化为背景，结合绵阳这个节奏也不算慢的城市人们的需要，给予大空间范围的休闲场地，一切都不过是合情合理的规划设计。对于打造一个怎么样的空间这个问题上我也思考了很久。最后发现现在越来越流行的开心农场牧场，CS对抗赛等游戏在人们业余时间越来越受欢迎，有人甚至为了这样虚拟的游戏废寝忘食，足见人们的心理已经空虚到如此地步。为何不将这些室内的足以让人封闭自己的游戏带到现实生活中。人们可以不必只留恋于网上的菜地，在机械迷城我们可以亲手给蔬菜浇水施肥，还可以品尝到自家菜地的新鲜蔬果，最重要的是不必面对只有辐射和死板的显示器，在这里可以近距离接触大自然，这里也是一个新型的交友场所。

01

赵娟、张彤彤 / 攀枝花学院艺术学院　指导教师：姜龙、蒲培勇

金田精密仪器厂废弃空间景观再生设计方案

设计课程类景观设计铜奖

机械迷城

——金田精密仪器厂废弃空间景观再生设计方案

设计背景:

目前，随着大规模的城市建设，国内外的许多城市已经达到了相当的规模，而一些发达城市普遍存在着结构布局混乱、交通堵塞、居住环境恶劣、城市特色逐渐消失等问题，仅仅依靠继续扩展城市规模和新建建筑，已经不能够解决这些问题。人们开始逐渐把目光转向了城市更新，提出了生态城市，绿色城市等理想城市模型。对城市旧建筑进行必要的改造，是城市更新具体方式之一。用景观更新的方式对城市工业废弃地进行改造将为因城市发展带来的社与环境问题寻找到一条新的出路。这种更新带来了洁净的水、新鲜的空气和良好的户外空间，为城市居民提供良好的休憩、娱乐场所，对其中的一些建筑旧址改造利用一方面承袭了历史上辉煌的工业文明，另一方面又将工业遗迹融入现代生活之中。揭示了城市发展中深刻的历史内涵，为城市居民提供了了解城市窗口，这种改造还将被工业隔离的城市区域联系起来满足人们对绿色的需求，改善城市生态系统的功能。中国目前城市工业废弃地的更新改造只是必然大趋势下的偶然，它出现的各个层面条件都还不算成熟。随着人们对历史回归的愿望与日俱增，人们清楚的认识到，以前通常被我们忽略的失去原有用途的工业、仓储、交通运输类建筑及其地段的保护性改造再利用对我们具有重要的意义。工业时代的文明遗存——“工业遗产”，已经被认作是城市的一种特殊景观——“工业景观”。

设计目的:

通过对工业遗产价值的深度挖掘，唤醒人们的工业遗产意识，在对其保护的前提下，分析和总结工业遗产旅游开发的可行性及开发价值，了解我国工业遗产旅游开发的现状和问题，并分析国内外在这方面已有的成功开发模式，寻找工业遗产旅游开发的途径，并试着结合相关理论进行分析和探讨对策，从达到保护工业遗产的多方面价值以及合理再开发目的，使当代人充分获取工业遗产带来的旅游功能，陶冶情操。

现场环境状况:

现场原有植被丰富，不仅品种多样而且植物长势也都非常好，密林成荫。因此在方案设计时，植被这块将采取大量保留，不至破坏其原来生态结构。且原来的山丘诸多高大的树木正好是CS丛林对抗赛的天然基地。

整体设计在植物上主要采取大部分保留的方式。由于原来为厂区绿化，故整个绿化较为呆板严谨，为达到设计时野境的效果所以会增加些不加修剪的乡土植物。

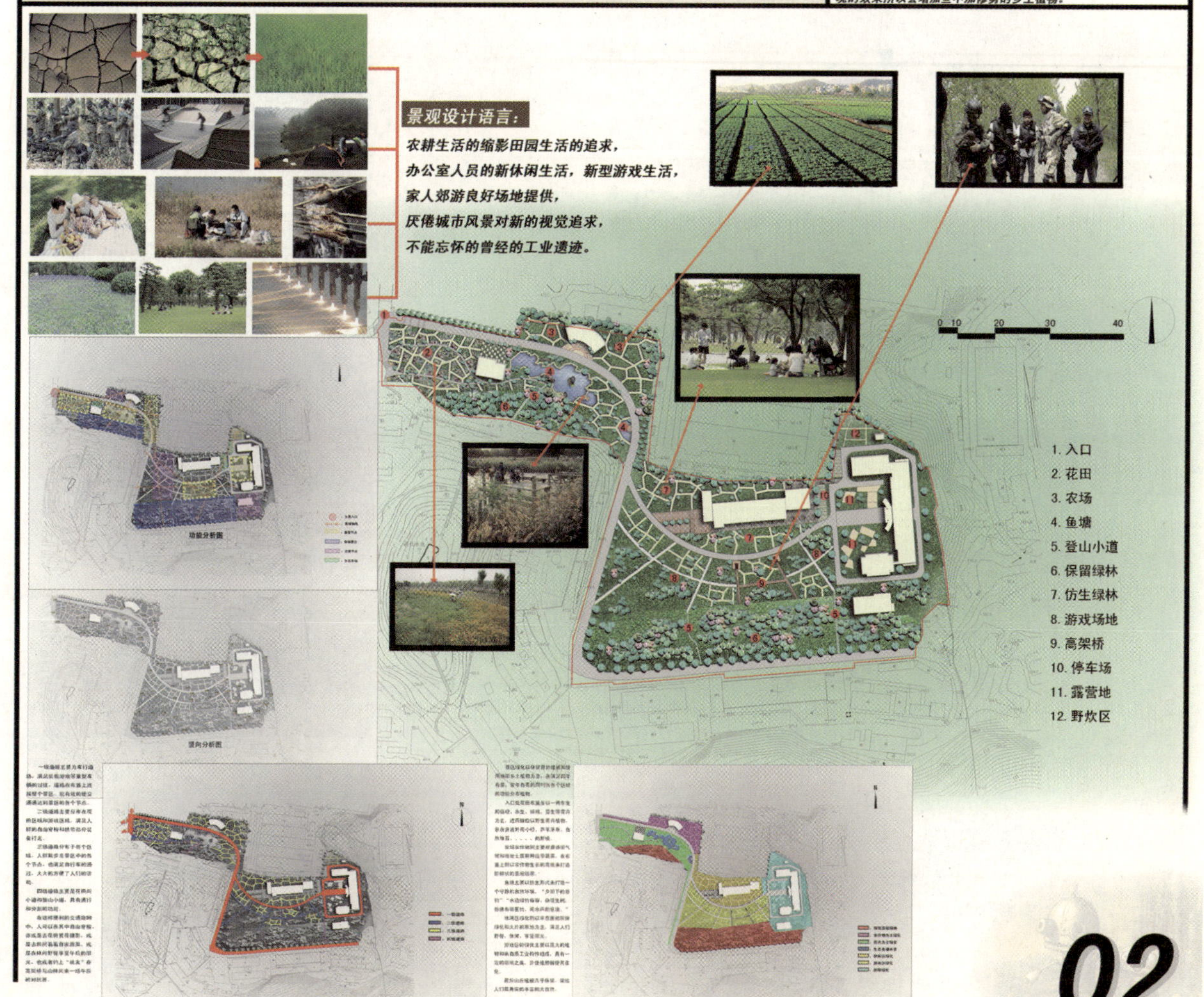

机械迷城

——金田精密仪器厂废弃空间景观再生设计方案

机械迷城鸟瞰效果图

设计概述：

面对设计提出的诸多挑战，从人们日益发展的生活需求出发，从功能与生态的角度出发，我的对策是游戏休闲空间。这一对策由七个景观元素组合而成：生态花田、体验农场、休闲渔场、可居式草坪深林、对抗性游戏基地、野营露宿区、烧烤野炊区。通过这些景观元素，建立一条城市与人造自然之间的游憩廊道，充满了生态性，提供了大量的游憩机会，并使景观充满美感。

这个项目为城市定义了一个公共的开放空间。通过开辟高低不同的场地及多种类游戏休闲体验空间，为城市提供生态保育，游憩游戏及文化为一体的城市风景。此体验园的造价低廉，管理成本很低。更重要的是，这一生态恢复型的园区向城市居民展示了一种新的美学——建立在环境伦理与生态意识之上的美学。它是对传统奇花异卉式观赏园林的批判和背叛，并向人们展示了生态城市主义的光明前景；这一生态恢复型园林同时也是对所谓高科技生态恢复技术的批判，告诉人们，自然是有很强的自我恢复能力的，它并不需要人们用所谓“高科技”的手段和高投入的精致管理，而只需要人们尊重地域景观，开启自然过程，自然便可以自己做工，为人们提供无尽的生态系统服务，同时彰显城市的独特景观。

农场效果图一

花田效果图

花田氛围的营造：

花田的设计意在野境的营造，打破原来僵硬死板的办公区绿化。花田是整个园区的入口，设计显得随意，让人在进入园区的第一时间就更感受到大自然的气息，忘却办公室的烦恼。

为了野境的营造，在花卉选择的时候也是“别有用心”，并没有选择过分富贵和气派的花卉，而是选择了许多偏向于低调的花卉，诸如大金鸡菊、堆心菊、横斑芒、花菖蒲、．．．．．．多为一年两年生的当地乡土植物。

花园的方块田划分并不是刻意造景而为之，而是为了解决问题。为解决盐碱和地下水过高，故而使用了当地农民发明的台田技术。通过台田技术，减轻土壤盐碱，使之适宜于某些树木的生长，方便游客对花田的进入体验，没大尺度方块田之间由诸多小道划分开来，由更多小的模块组成，游客可以通过这些连接小道直接进入到花田中央，

03

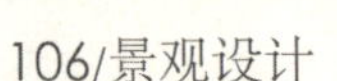

机械迷城
——金田精密仪器厂废弃空间景观再生设计方案

机械迷城

——金田精密仪器厂废弃空间景观再生设计方案

游戏休闲区效果图一

对抗性游戏基地：

此区域通过一条高架桥的连接，将诸多景观元素有机联系在一起，它既是一个重要的连接元素，同时是一个线性的瞭望台，把人们置于自然和城市中间。天桥由两组组成，且两组桥面间的竖向高差为三米左右，并有一横向斜面桥连接，可以相互通过，高架桥的另一端通往原始山丘中部。因此高架桥不仅仅是极为理想的观景廊，同时是丛林CS联赛开始的纷争路径。人们可以看到入口至野营区域以及山上景象。

野营露宿区：

美丽的星空下可以裹着被子躺在草地上和朋友谈话赏月看星星，谁还记得昨天工作的烦恼呢。露营区域的地理位置位于整个园区离停车位和野炊区域最近的地方，方便人们的取水取物和风的遮挡，而视野却良好。

野炊烧烤区：

提供便利的取水交通位置和安全的篝火石头灶炉。可能户外活动最精彩的部分就是在夜幕降下之时，一堆人围聚在篝火周围，谈笑风生直至夜深人静。或仅仅是某个周末的记忆。

高架桥东西立面

高架桥南北立面

游戏休闲区效果图二

野营露宿区效果图

生态停车场效果图

05

海纳百川·有“榕”乃大

福州市茶亭公园重建景观规划设计

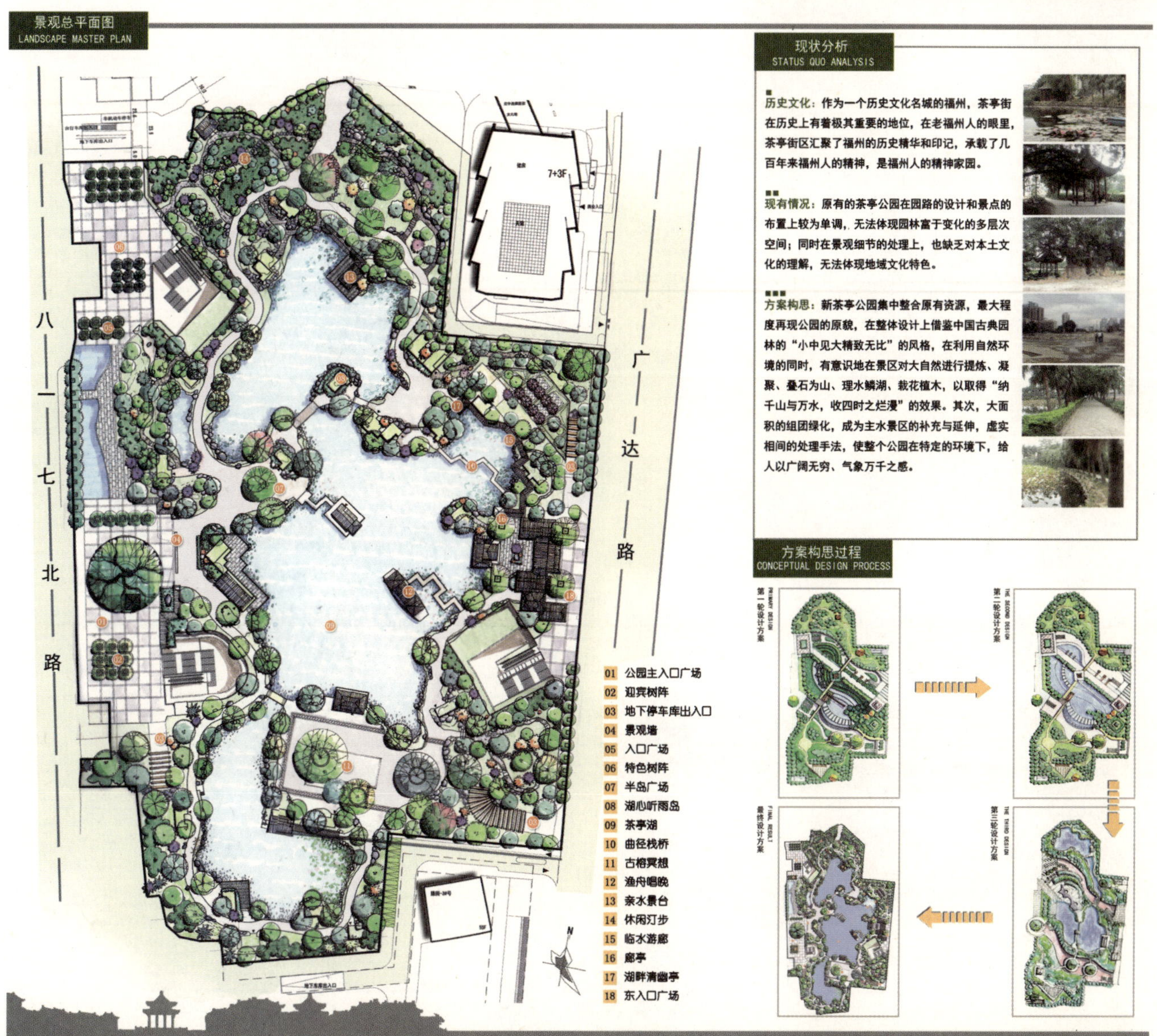

陈晶 / 福建师范大学美术学院　指导教师：毛文正、张斌、郭希彦

福州茶亭公园景观设计

设计课程类景观设计铜奖

海纳百川·有"榕"乃大

2

福州市茶亭公园重建景观规划设计

景观分析图 LANDSCAPE ANALYSIS CHART

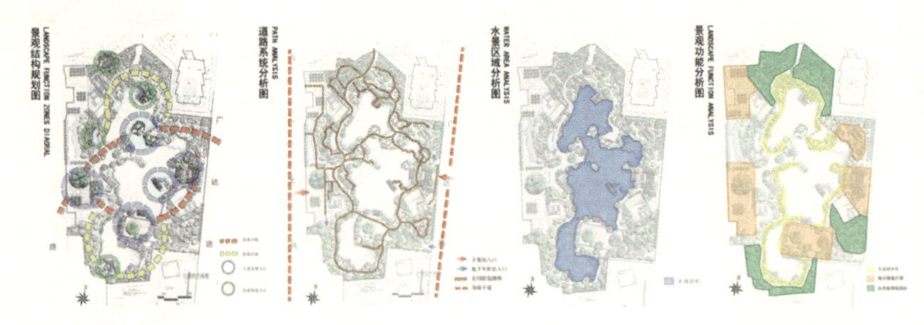

设计说明 DESIGN NOTES

项目概况

"茶亭公园"项目地块一、二间地下商业项目选址位于广达路与八一七路之间。始建于1986年。是茶亭街设计中"一轴三核心"总体商业布局的重要节点。公园北门通群众路，东门抵广达中路，园内3株古榕，覆荫数亩，占地3公顷。

设计原则

从重建景观规划上分析，将整个茶亭公园划分为生态景观、自然景观、家园景观三大区域，试图在喧嚣的城市脚步中重塑家园精神，探寻在城市中嫣然绽开的一片绿洲，让心灵回归纯净。地下商业街借用茶亭公园的生态环境，与其产生优势互补，把静态的公园与动态的商业街有机对接，使其充满生机。在保护公园原有风貌的同时，融入现代景观风格，打造浓郁的商业氛围与地域文化并重的现代商业景观。新的茶亭公园将是一个集旅游、购物、娱乐、观景、休闲于一体的"动感生态"公园。

设计说明 DESIGN NOTES

"重•塑"——福州人的精神家园

"茶亭"名字由来：据清代王应山《闽都记》中的记载，地处福州市中心地段的茶亭街，从古至今都是福州城的一个交通枢纽，这里是由台江进入福州的重要道口。当时。有一位僧人化缘为南来北往的行人建立一座凉亭。整日烹茶施舍行人。久而久之，在此地免费煮茶水给行人喝的习惯被延续下来，以后这里茶肆林立，逐渐成了街市。到清咸丰年间，这里还建成乐善好施牌坊和茶亭庵．内设戏台。这就是茶亭名字的由来。

原茶亭公园：茶亭公园的水域经过几百年来的沧海桑田，演变成现在的三口波平如镜般的湖泊，池湖相同，并跨湖建有2座桥，一为石拱桥，名"醉月桥"，一为仿木结构钢筋混凝土平桥，北岸建造100多平方米石坪台，花坛内鲜花盛开，长椅错落有致；10多张南安青石雕做的石桌石凳风雅别致；新建的花艺园内种植着南国的珍贵花卉，赏心悦目。颐乐园内主体建筑物为木结构二进大厅，现为书画根雕和摄影展览厅。天井中置一座以斧劈石造成的大假山．其势伟岸而又自然成态。园中种植具有南国特色的树木1000多株．铺设各种草坪4600多平方米。

立面图 ELEVATION DRAWING

护岸设计 BANK PROTECTION DESIGN

护岸处理得当，是决定水面与陆地形态的重要因素。它本身的作用不仅仅是用于保护河岸的，同时它也作为一种设施，为广大人们提供开展丰富多彩的水边活动舞台。

河流是与人类社会有着千丝万缕联系的自然造物。高速发展的社会现代化，将河流作为与大自然亲密交流的空间的呼声越来越高，使得护岸空间日益成为我们日常生活中伸手可及的客观存在。人们在与大自然零界面的接触当中，一边乘船一遍观赏不断变换的水上景观的景物类型。由于是从近处仰望堤防和护岸形成的景物，因此可以轻易地观察到护岸形态的细微之处。

在原有建筑顶板防水基础上，增加"膨润土防水毯"，有利于自然驳岸的造型塑造。

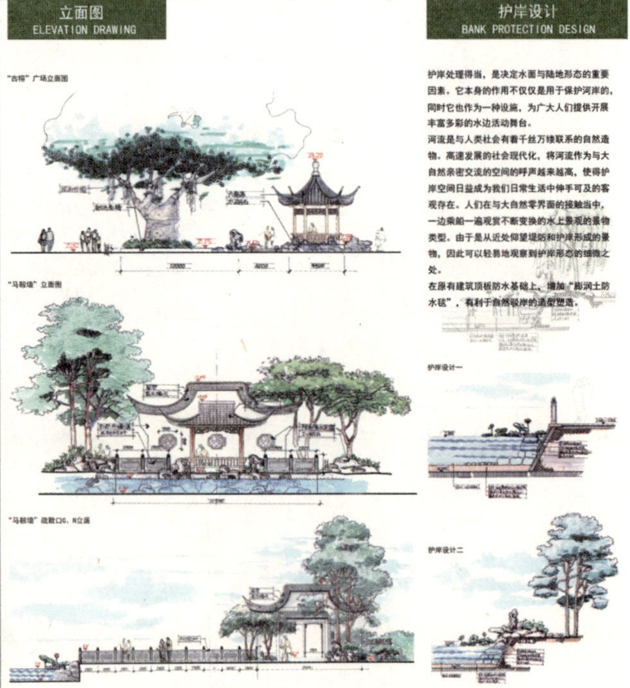

海纳百川·有“榕”乃大

福州市茶亭公园重建景观规划设计

鸟瞰图
LANDSCAPE AIRSCAPE

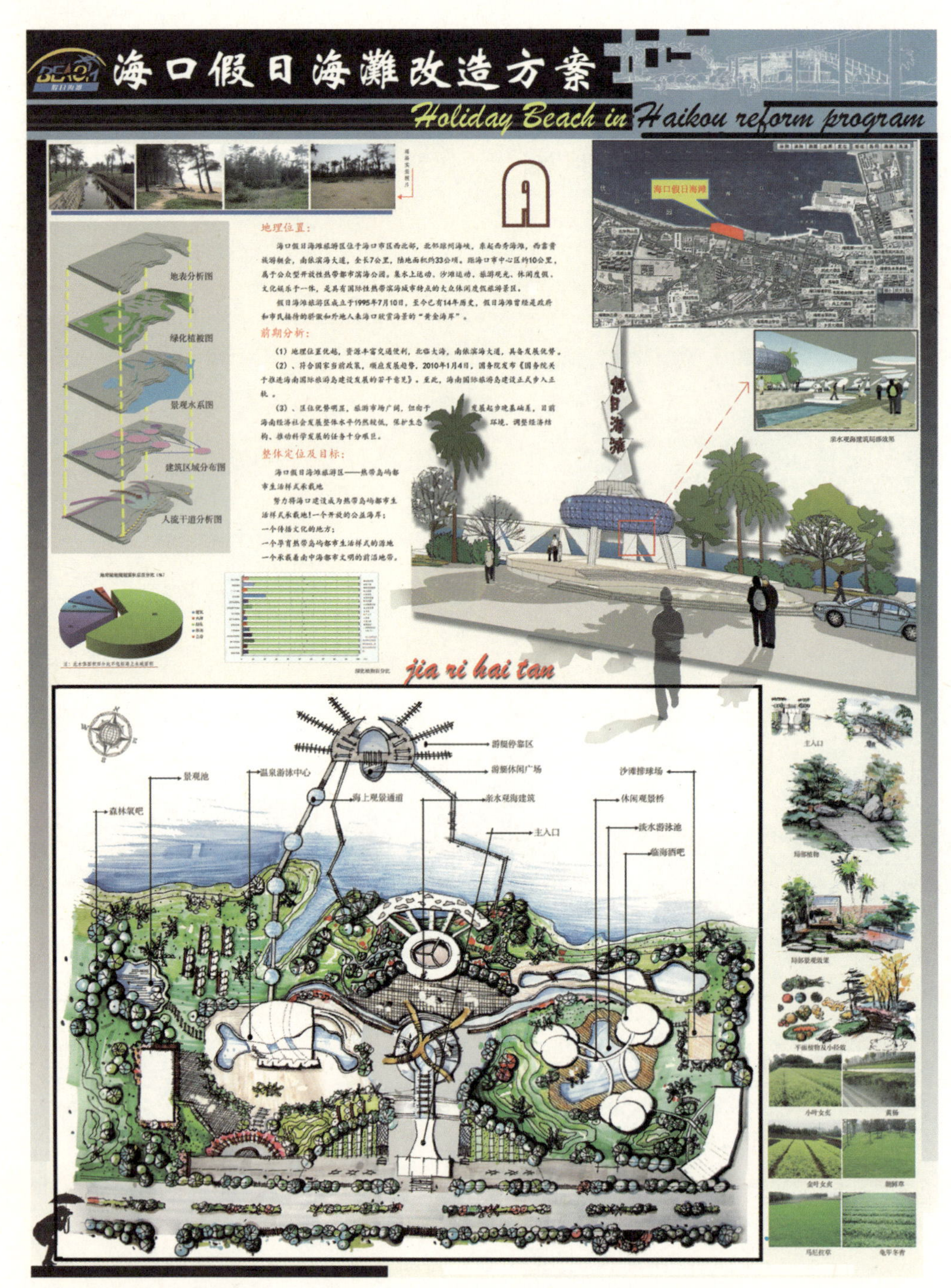

孙建兵、陈振山、杜洪波 / 海南师范大学美术学院　指导教师：张引、凌秋月

海口假日海滩改造方案——概念创意

设计课程类景观设计铜奖

海口假日海灘改造方案
Holiday Beach in Haikou reform program
Holiday Beach
A轴线
B轴线
建筑物
海景最佳观光区
A——主入口
B——淡水游泳池
C——中心广场
D——温泉游泳中心
E——亲水观海建筑
F——亲水桥景
G——海上观景通道
H——游艇休闲广场
景观区域功能分析：
海口假日海滩位于海口市滨海大道西延线疏港大道北部，东起西秀海滩，西至五源河口，长约6.2公里，距海口市中心区11公里。集水上运动、沙滩运动、旅游观光、休闲度假、文化娱乐于一体，是具有国际性热带滨海城市特点的大众休闲度假旅游景区。
周边有便捷的交通，有大量的人流，有丰富的海景资源，是旅游观光、休闲娱乐的重要场所，通过对景区的改造，打破目前建筑及休闲设施的单一性，通过改造更新来注入新活力，创造多样性。
主入口效果图
滨海大道
主入口
温泉游泳中心
中心广场
中心广场雕塑
海上观景通道
A轴线剖面图
B轴线剖面图
jia ri hai tan

海口假日海滩改造方案
Holiday Beach in Haikou reform program
Haliday Beach
中心广场：
中心广场是主要的人流集散地，着重体现“以人为本”的建筑景观。着重营造一个合理、通畅的空间，优美的绿化及人文景观，
以中心点的喷泉为基准，加之高低错落的弧形木桥，以及两旁的跌水和错落的台阶，形成具有层次的错落美感。空中木桥的加入极大地增强流通性，人工自然相得益彰，补充和完善了中广场的景观，形成完整统一的空间形态。
jia re hai tan
主入口：
主入口是一个广场主要的人流流通地，考虑到人的流通性至关重要。
本方案最初的构想是采用龙虾为元素，进一步变形得出这一概念设想，考虑到通透性和美观性，主体采用钢骨架结构，透明玻璃饰面，既达到了流通功能，也增强了美感。走过入口是U形石门，中间以跌水点缀，两侧为人流区。
在主道两侧，种植绿篱、花、灌木及树姿优美的常绿乔木，使入口主道四季常青。

海口假日海灘改造方案
Holiday Beach in Haikou reform program
Haliday Beach
E
温泉游泳中心局部图
温泉游泳中心：
温泉游泳中心的目标是与周边海域彼此形成默契，相得益彰，形成完整统一的空间形态，强调为海滩旅游做贡献泳池不单纯是嬉水玩乐的场所，更是游人释放心身疲惫，缓解精神压力的休闲娱乐空间。
F
渔网剖面图
最初思路
最初思路
游艇休闲广场局部图
游艇休闲广场：
游艇休闲广场是一个具有休闲、娱乐、餐饮、游艇停靠休整的综合性场所。最初的设计构思是根据海南的一种蜘蛛，广场中心是由两个钢骨架结构的高大玻璃建筑的概念性空间，内部云集餐饮、娱乐，休闲，游艇休整等多项功能。由于此建筑在海上，为了更好地观赏海景，外部结构全部采用透明玻璃，广场上有多个临时游泳池，给游客一种亲临大海的感觉。
广场是由两个亲水桥和一个空中浮桥与陆地相连，方便人流疏通，也能更好地亲临水景。
jia ri hai tan
G
淡水泳池局部图
临海酒吧（淡水泳池）：
圆形饼状的建筑外形，利用气势给人以震撼的感觉，独特浓郁的热带植物环抱池中，再加上大海轻吟的天籁之音，带给人们回归大自然的感觉，自然景观、人文景观和休闲娱乐场所和谐地结合，正是本区域设计的一大亮点。

孟璠磊、赖钰辰、苏冲 / 北京交通大学建筑与艺术系　指导教师：高巍、姜忆南

杭州西溪湿地低碳技术展览馆设计

设计课程类建筑设计金奖

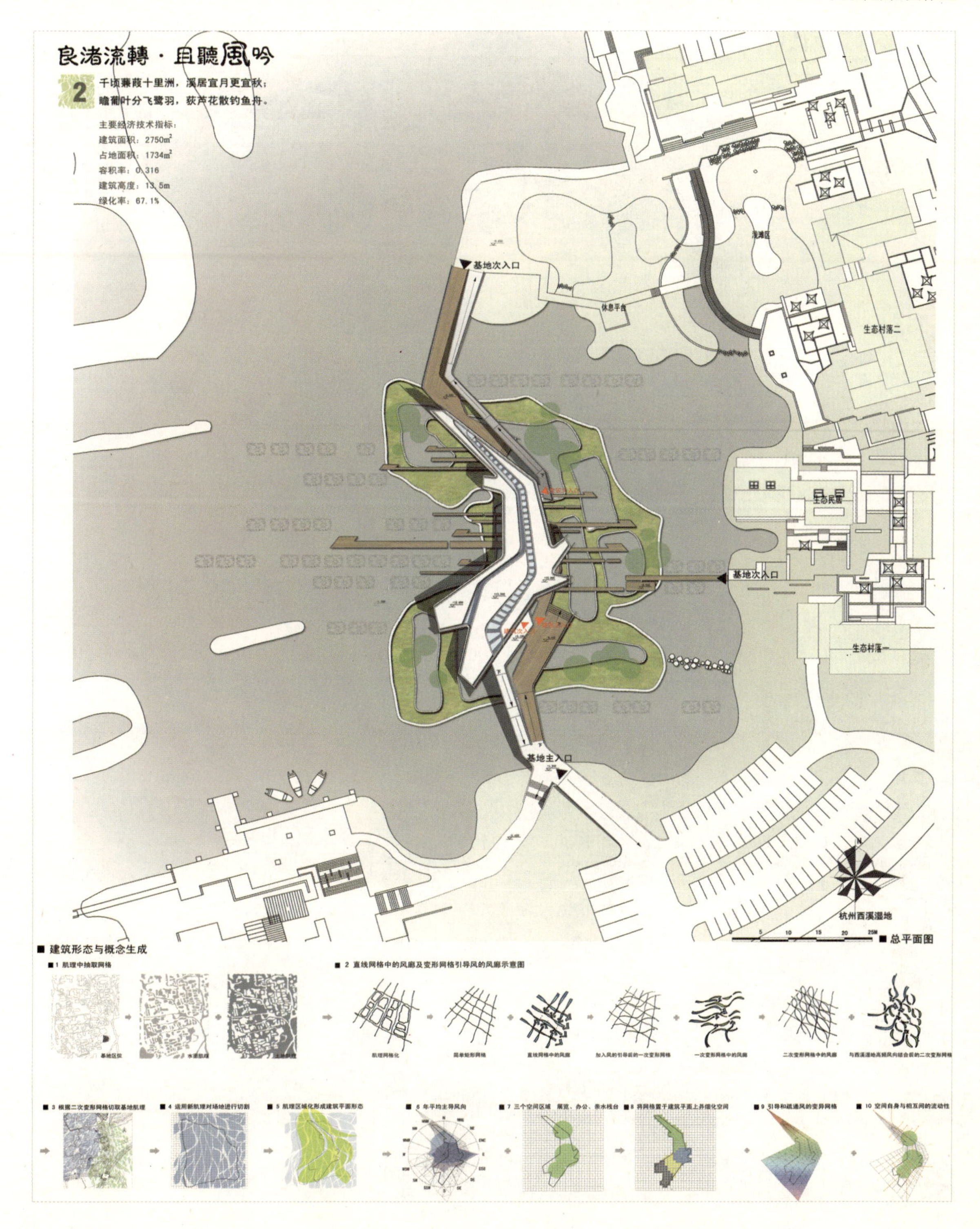
良渚流轉·且聽風吟
2
千顷蒹葭十里洲，溪居宜月更宜秋；
蟾葡叶分飞鹭羽，荻芦花散钓鱼舟。
主要经济技术指标：
建筑面积：2750m²
占地面积：1734m²
容积率：0.316
建筑高度：13.5m
绿化率：67.1%
基地次入口
休息平台
生态村落二
生态民居
基地次入口
生态村落一
基地主入口
杭州西溪湿地
0 5 10 15 20 25M
■ 总平面图
■ 建筑形态与概念生成
■ 1 肌理中抽取网格
基地区位
■ 2 直线网格中的风廊及变形网格引导风的风廊示意图
肌理网格化
简单矩形网格
直线网格中的风廊
加入风的引导后的一次变形网格
一次变形网格中的风廊
二次变形网格中的风廊
与西溪湿地高频风向结合后的二次变形网格
■ 3 根据二次变形网格切取基地肌理
■ 4 运用新肌理对场地进行切割
■ 5 肌理区域化形成建筑平面形态
■ 6 年平均主导风向
■ 7 三个空间区域 展览、办公、亲水栈台
■ 8 将网格置于建筑平面上并细化空间
■ 9 引导和疏通风的变异网格
■ 10 空间自身与相互间的流动性

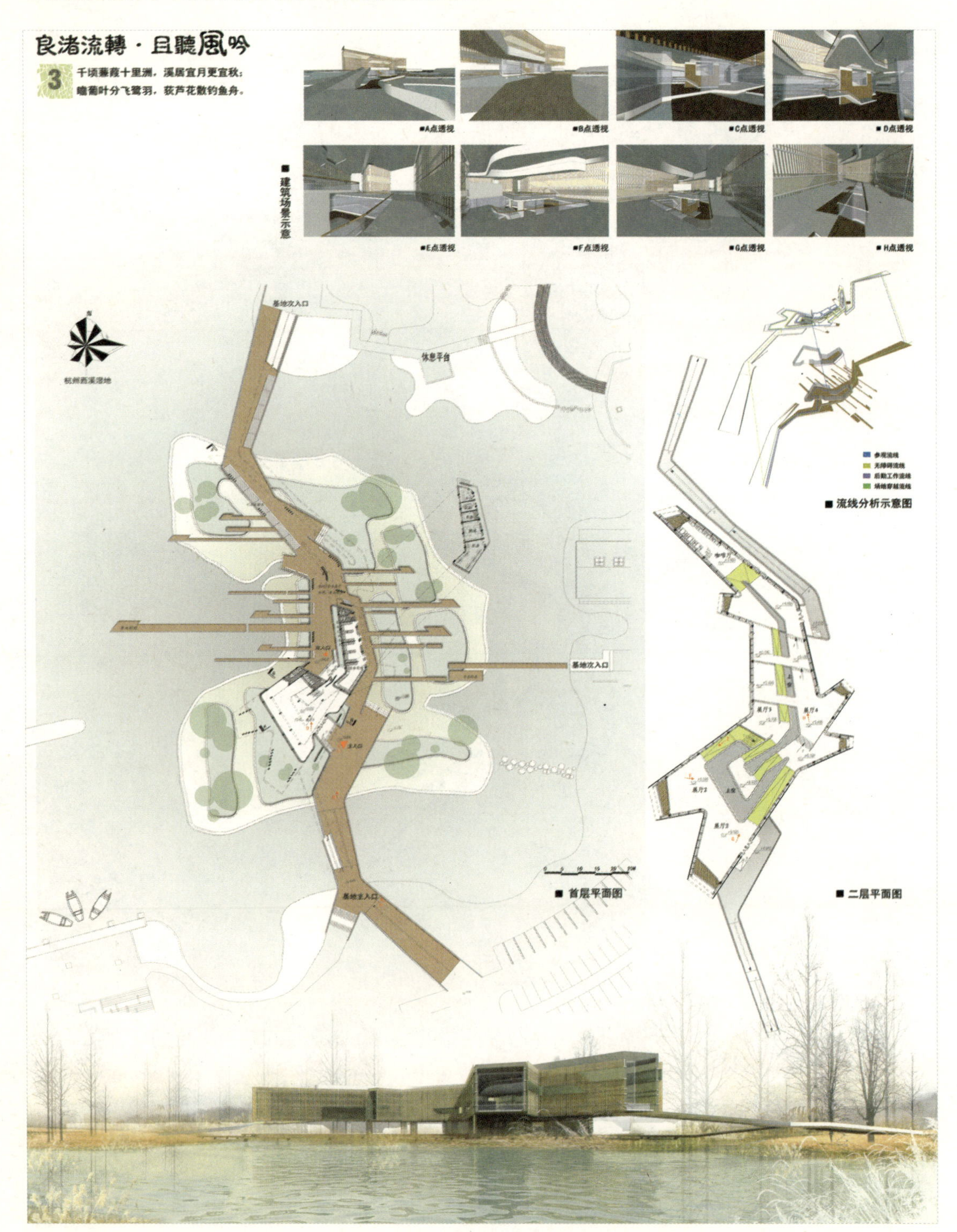

良渚流轉·且聽風吟
3
千顷蒹葭十里洲，溪居宜月更宜秋；
蟾葡叶分飞鹭羽，荻芦花散钓鱼舟。
■建筑场景示意
■A点透视
■B点透视
■C点透视
■D点透视
■E点透视
■F点透视
■G点透视
■H点透视
杭州西溪湿地
基地次入口
休息平台
基地次入口
基地主入口
■ 首层平面图
参观流线
无障碍流线
后勤工作流线
场地穿越流线
■ 流线分析示意图
展厅1
展厅2
展厅3
展厅4
展厅5
■ 二层平面图

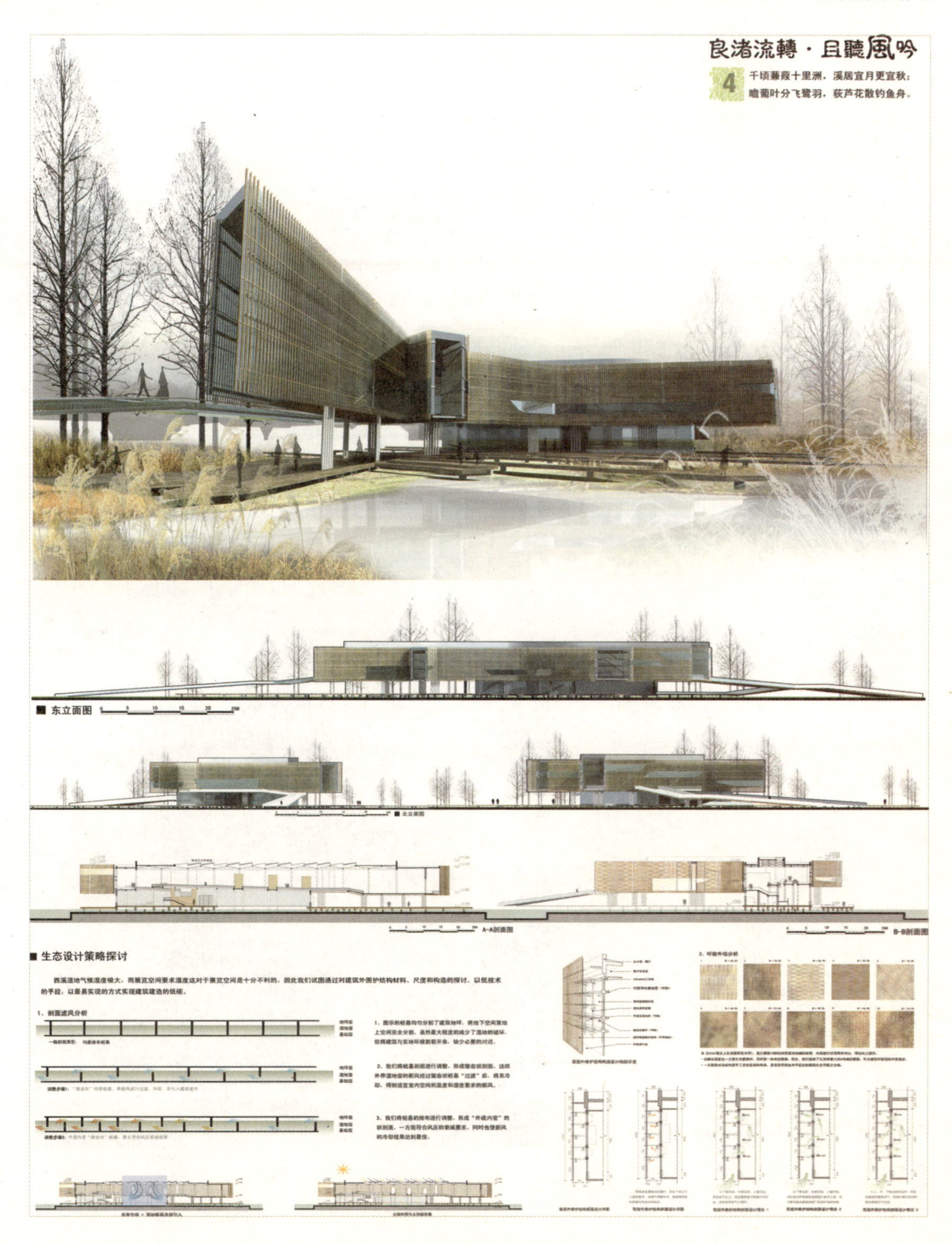

良渚流轉·且聽風吟
4
千顷蒹葭十里洲，溪居宜月更宜秋；
暗蔼叶分飞鹭羽，荻芦花散钓鱼舟。
东立面图
北立面图
A-A剖面图
B-B剖面图
生态设计策略探讨
西溪湿地气候湿度极大，而展览空间要求湿度这对于展览空间是十分不利的。因此我们试图通过对建筑外围护结构材料、尺度和构造的探讨，以低技术的手段，以最易实现的方式实现建筑建造的低碳。
1、剖面滤风分析
地坪层
湿地层
基础层
1、图示的桩基均匀分割了建筑地坪，将地下空间落地上空间完全分割，虽然最大程度的减少了湿地的破坏，但将建筑与实地环境割裂开来，缺少必要的对话。
2、我们将桩基剖面进行调整，形成锯齿状剖面，这样外界湿地层的新风经过锯齿状桩基“过滤”后，将其冷却，得到适宜室内空间的温度和湿度要求的新风。
3、我们将桩基的排布进行调整，形成“外疏内密”的状剖面，一方面符合风压的衰减要求，同时也使新风的冷却效果达到最佳。
2、呼吸外墙分析

2010“华城杯”纸板建筑设计建造竞赛

上海大学参赛作品

时间：2010.05.29

地点：同济大学建筑城规学院广场

竞赛要求：选择规定的建筑材料（包装箱纸板/瓦楞纸板），收集相关资料，对材料实体进行性能实验。运用建筑结构力学和建筑构造一般原理，建造一栋纸板建筑。

参赛对象：建筑学一年级学生组队参加

作　者：

蔡远骅、高毓钺、李嘉漪、梁力、沈如翊、王舒展、王乙平、徐梦婷、俞琰泠、张青、支小咪、周艾然、周卓琦

（13人，作者排名无先后，以拼音为顺序）

指导教师：莫弘之、柏春

蔡远骅、高毓钺、李嘉漪、梁力、沈如翊、王舒展、王乙平、徐梦婷、俞琰泠、张青、支小咪、周艾然、周卓琦 / 上海大学美术学院
指导教师：莫弘之、柏春 纸板建筑设计建造 设计课程类建筑设计银奖

兄弟院校参赛作品案例简介：

作品介绍：

本作品为上海大学美术学院建筑系一年级学生经过一年的建筑学基础培训后参加华城杯纸板建筑建造竞赛的实践课程。要求学生充分理解并掌握瓦楞纸板的力学以及加工性能，在 8 个小时的现场搭建时间内搭制一个适合临时居住的遮蔽空间。同学们通过反复在小比例模型上推敲实验后，确定了方案，并预先制作所有的预制构件，于竞赛当天赴现场组装，充分发挥了材料的力学性能，顺利地达到了竞赛的要求。

2010"华城杯"纸板建筑设计建造竞赛
上海大学参赛作品——设计、建造过程

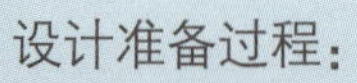

设计准备过程：

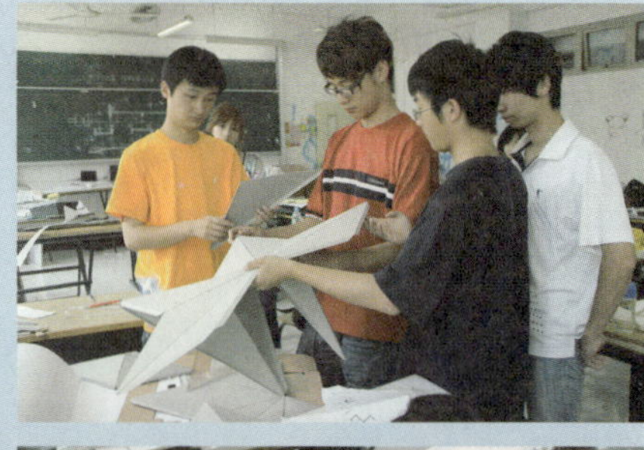

现场施工：

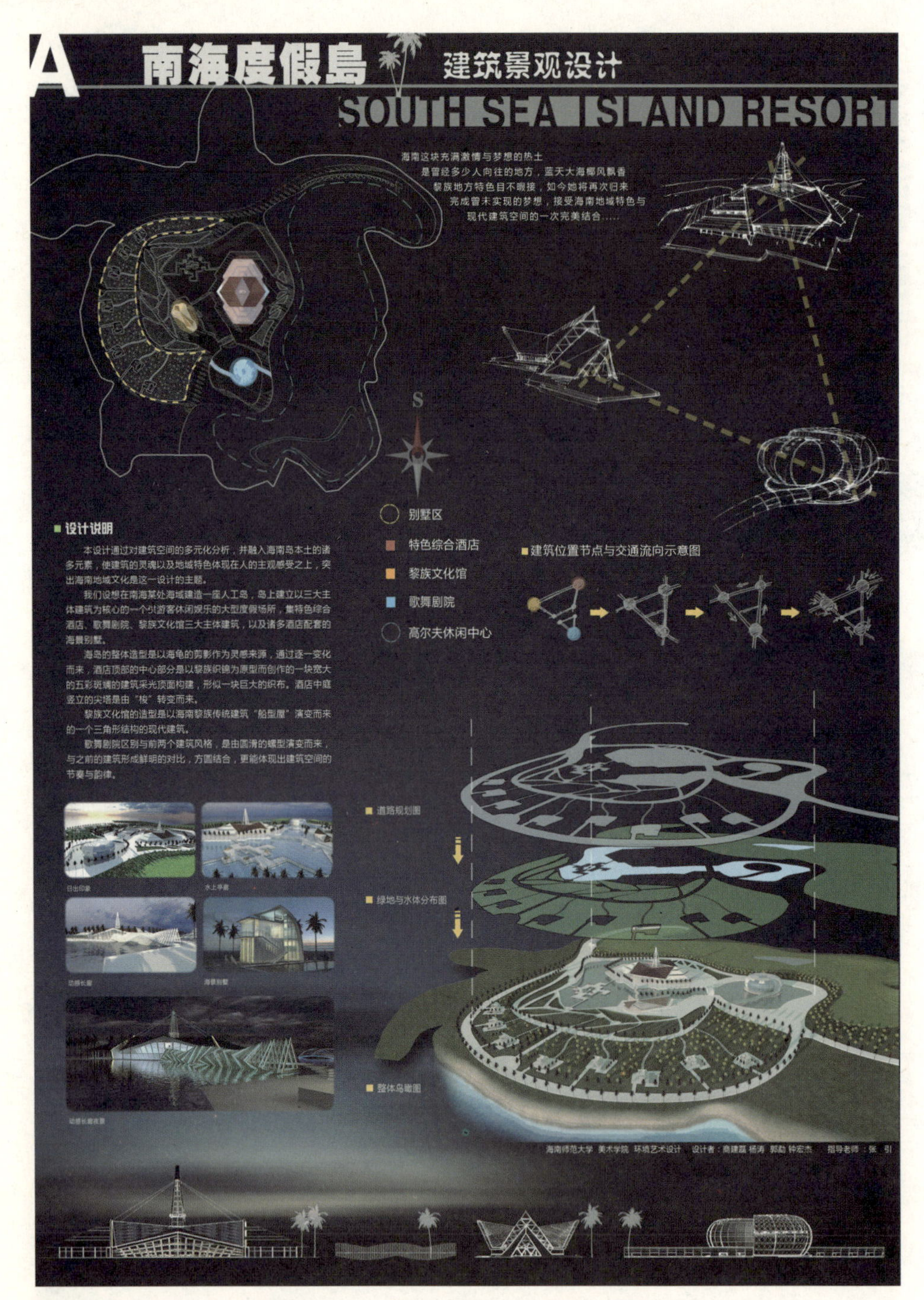

商建磊 / 海南师范大学美术学院 指导教师：张引、凌秋月

南海度假岛

设计课程类建筑设计银奖

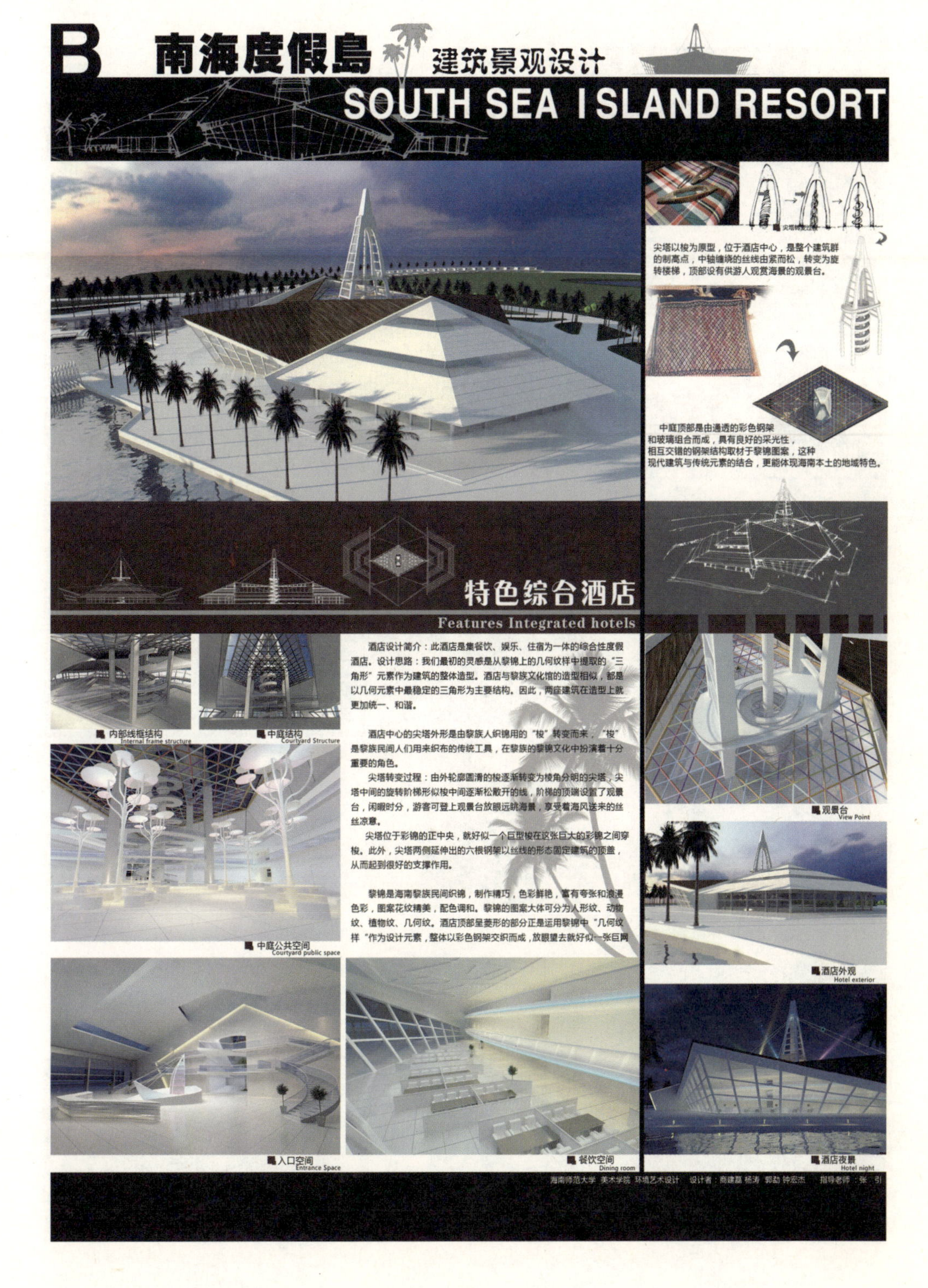
B 南海度假島 建筑景观设计
SOUTH SEA ISLAND RESORT
尖塔以梭为原型，位于酒店中心，是整个建筑群的制高点，中轴缠绕的丝线由紧而松，转变为旋转楼梯，顶部设有供游人观赏海景的观景台。
中庭顶部是由通透的彩色钢架和玻璃组合而成，具有良好的采光性，相互交错的钢架结构取材于黎锦图案，这种现代建筑与传统元素的结合，更能体现海南本土的地域特色。
特色综合酒店
Features Integrated hotels
酒店设计简介：此酒店是集餐饮、娱乐、住宿为一体的综合性度假酒店。设计思路：我们最初的灵感是从黎锦上的几何纹样中提取的"三角形"元素作为建筑的整体造型。酒店与黎族文化馆的造型相似，都是以几何元素中最稳定的三角形为主要结构。因此，两座建筑在造型上就更加统一、和谐。
酒店中心的尖塔外形是由黎族人织锦用的"梭"转变而来，"梭"是黎族民间人们用来织布的传统工具，在黎族的黎锦文化中扮演着十分重要的角色。
尖塔转变过程：由外轮廓圆滑的梭逐渐转变为棱角分明的尖塔，尖塔中间的旋转阶梯形似梭中间逐渐松散开的线，阶梯的顶端设置了观景台，闲暇时分，游客可登上观景台放眼远眺海景，享受着海风送来的丝丝凉意。
尖塔位于彩锦的正中央，就好似一个巨型梭在这张巨大的彩锦之间穿梭。此外，尖塔两侧延伸出的六根钢架以丝线的形态固定建筑的顶盖，从而起到很好的支撑作用。
黎锦是海南黎族民间织锦，制作精巧，色彩鲜艳，富有夸张和浪漫色彩，图案花纹精美，配色调和。黎锦的图案大体可分为人形纹、动物纹、植物纹、几何纹。酒店顶部呈菱形的部分正是运用黎锦中"几何纹样"作为设计元素，整体以彩色钢架交织而成，放眼望去就好似一张巨网
内部线框结构 Internal frame structure
中庭结构 Courtyard Structure
中庭公共空间 Courtyard public space
观景台 View Point
酒店外观 Hotel exterior
入口空间 Entrance Space
餐饮空间 Dining room
酒店夜景 Hotel night
海南师范大学 美术学院 环境艺术设计 设计者：商建磊 杨涛 郭勐 钟宏杰 指导老师：张 引

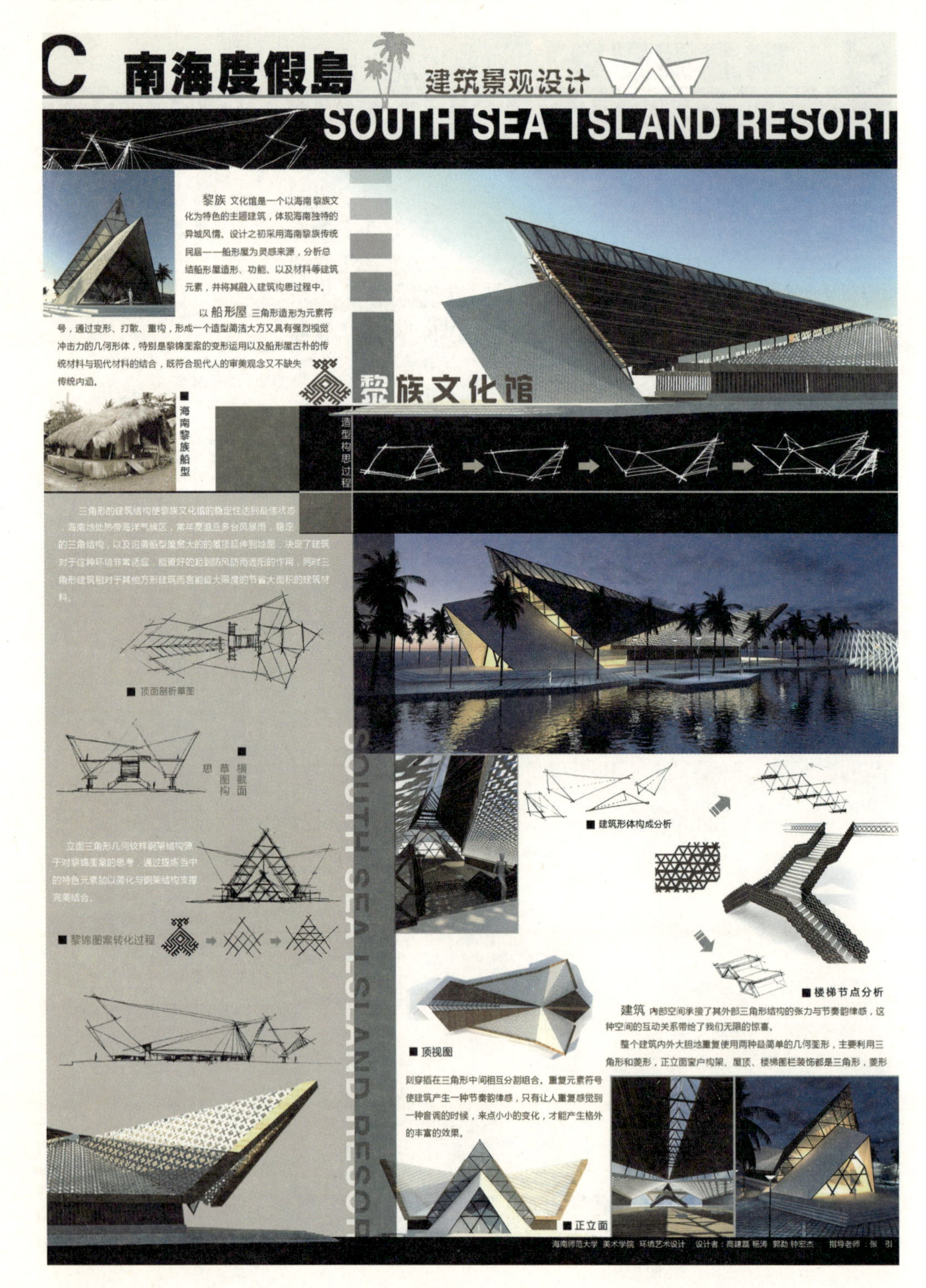
C 南海度假島 建筑景观设计
SOUTH SEA ISLAND RESORT
黎族 文化馆是一个以海南黎族文化为特色的主题建筑，体现海南独特的异域风情。设计之初采用海南黎族传统民居——船形屋为灵感来源，分析总结船形屋造形、功能、以及材料等建筑元素，并将其融入建筑构思过程中。
以 船形屋 三角形造形为元素符号，通过变形、打散、重构，形成一个造型简洁大方又具有强烈视觉冲击力的几何形体，特别是黎锦图案的变形运用以及船形屋古朴的传统材料与现代材料的结合，既符合现代人的审美观念又不缺失传统内涵。
黎族文化馆
■ 海南黎族船型
造型构思过程
三角形的建筑结构使黎族文化馆的稳定性达到最佳状态，海南地处热带海洋气候区，常年高温且多台风暴雨，稳定的三角结构，以及沿袭船型屋宽大的的屋顶延伸到地面，决定了建筑对于这种环境非常适应，能更好的起到防风防雨遮阳的作用，同时三角形建筑相对于其他方形建筑而言能最大限度的节省大面积的建筑材料。
■ 顶面剖析草图
■ 横截面草图构思
立面三角形几何纹样钢架结构源于对黎锦图案的思考，通过提炼当中的特色元素加以简化与钢架结构支撑完美结合。
■ 黎锦图案转化过程
SOUTH SEA ISLAND RESORT
■ 建筑形体构成分析
■ 楼梯节点分析
建筑 内部空间承接了其外部三角形结构的张力与节奏韵律感，这种空间的互动关系带给了我们无限的惊喜。
整个建筑内外大胆地重复使用两种最简单的几何图形，主要利用三角形和菱形，正立面窗户构架、屋顶、楼梯围栏装饰都是三角形，菱形则穿插在三角形中间相互分割组合。重复元素符号使建筑产生一种节奏韵律感，只有让人重复感觉到一种音调的时候，来点小小的变化，才能产生格外的丰富的效果。
■ 顶视图
■ 正立面
海南师范大学 美术学院 环境艺术设计 设计者：商建磊 杨涛 郭勐 钟宏杰 指导老师：张 引

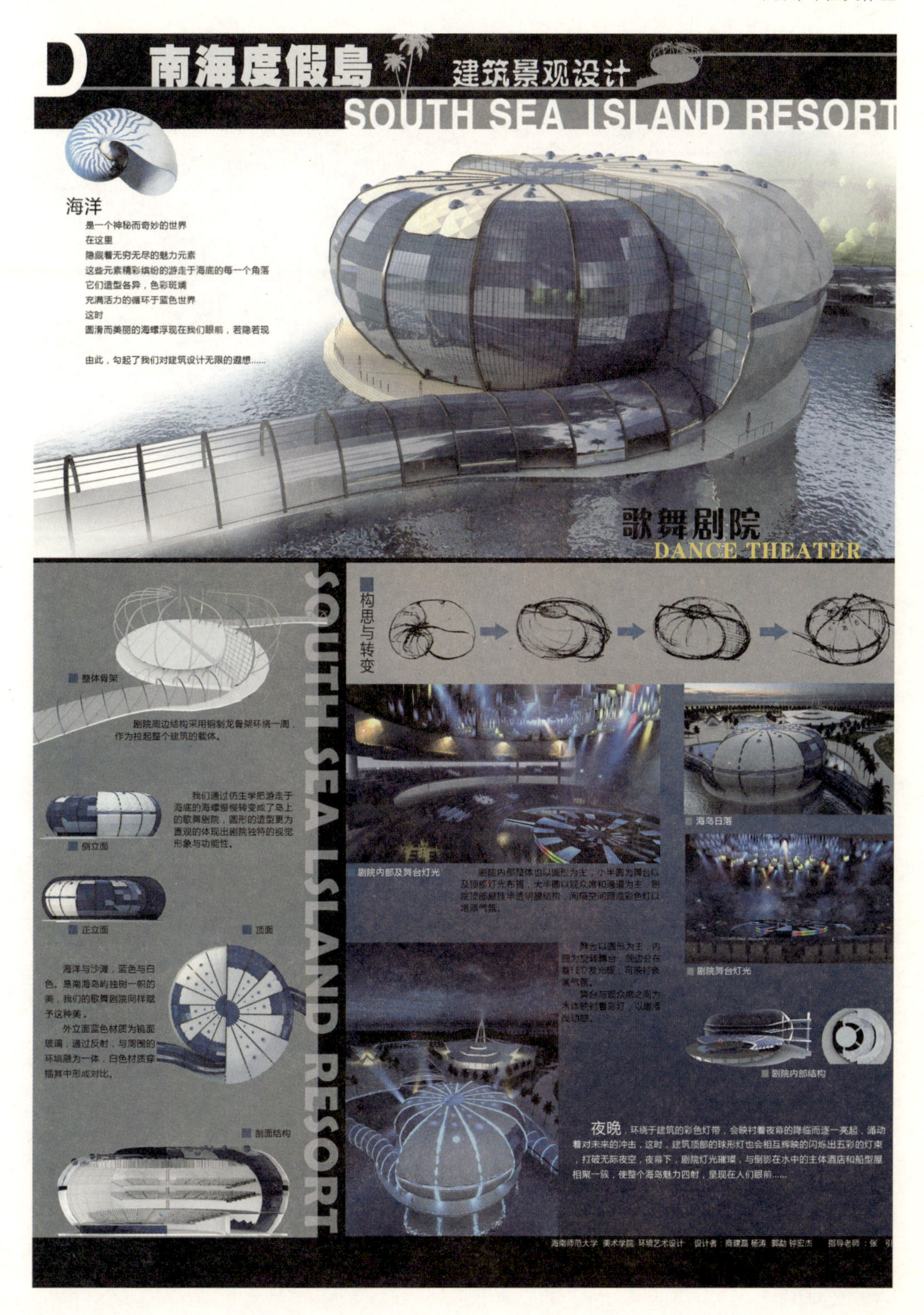
D 南海度假島 建筑景观设计
SOUTH SEA ISLAND RESORT
海洋
是一个神秘而奇妙的世界
在这里
隐藏着无穷无尽的魅力元素
这些元素精彩缤纷的游走于海底的每一个角落
它们造型各异，色彩斑斓
充满活力的循环于蓝色世界
这时
圆滑而美丽的海螺浮现在我们眼前，若隐若现
由此，勾起了我们对建筑设计无限的遐想......
歌舞剧院
DANCE THEATER
SOUTH SEA LSLAND RESORT
构思与转变
整体骨架
剧院周边结构采用钢制龙骨架环绕一周，作为拉起整个建筑的载体。
我们通过仿生学把游走于海底的海螺慢慢转变成了岛上的歌舞剧院，圆形的造型更为直观的体现出剧院独特的视觉形象与功能性。
侧立面
正立面
顶面
海洋与沙滩，蓝色与白色，是南海岛屿独树一帜的美，我们的歌舞剧院同样赋予这种美。
外立面蓝色材质为镜面玻璃，通过反射，与周围的环境融为一体，白色材质穿插其中形成对比。
剖面结构
剧院内部及舞台灯光
剧院内部整体也以圆形为主，小半圆为舞台以及顶部灯光布置，大半圆以观众席和通道为主，剧院顶部悬挂半透明膜结构，间隔空间蹈流彩色灯以增添气氛。
海岛日落
剧院舞台灯光
舞台以圆形为主，内圆为旋转舞台，周边分布着LED发光板，可映衬表演气氛。
舞台与观众席之间为水体映衬着彩灯，以增添其动感。
剧院内部结构
夜晚，环绕于建筑的彩色灯带，会映衬着夜幕的降临而逐一亮起，涌动着对未来的冲击，这时，建筑顶部的球形灯也会相互辉映的闪烁出五彩的灯束，打破无际夜空，夜幕下，剧院灯光璀璨，与倒影在水中的主体酒店和船型屋相聚一簇，使整个海岛魅力四射，呈现在人们眼前......
海南师范大学 美术学院 环境艺术设计 设计者：商建磊 杨涛 郭勐 钟宏杰 指导老师：张

陈　鹏、符　智、钟文标、何丽佳、叶栋梁 / 广州美术学院　指导教师：王中石、李小霖、陈瀚

广州美术学院艺术交流中心

设计课程类建筑设计铜奖

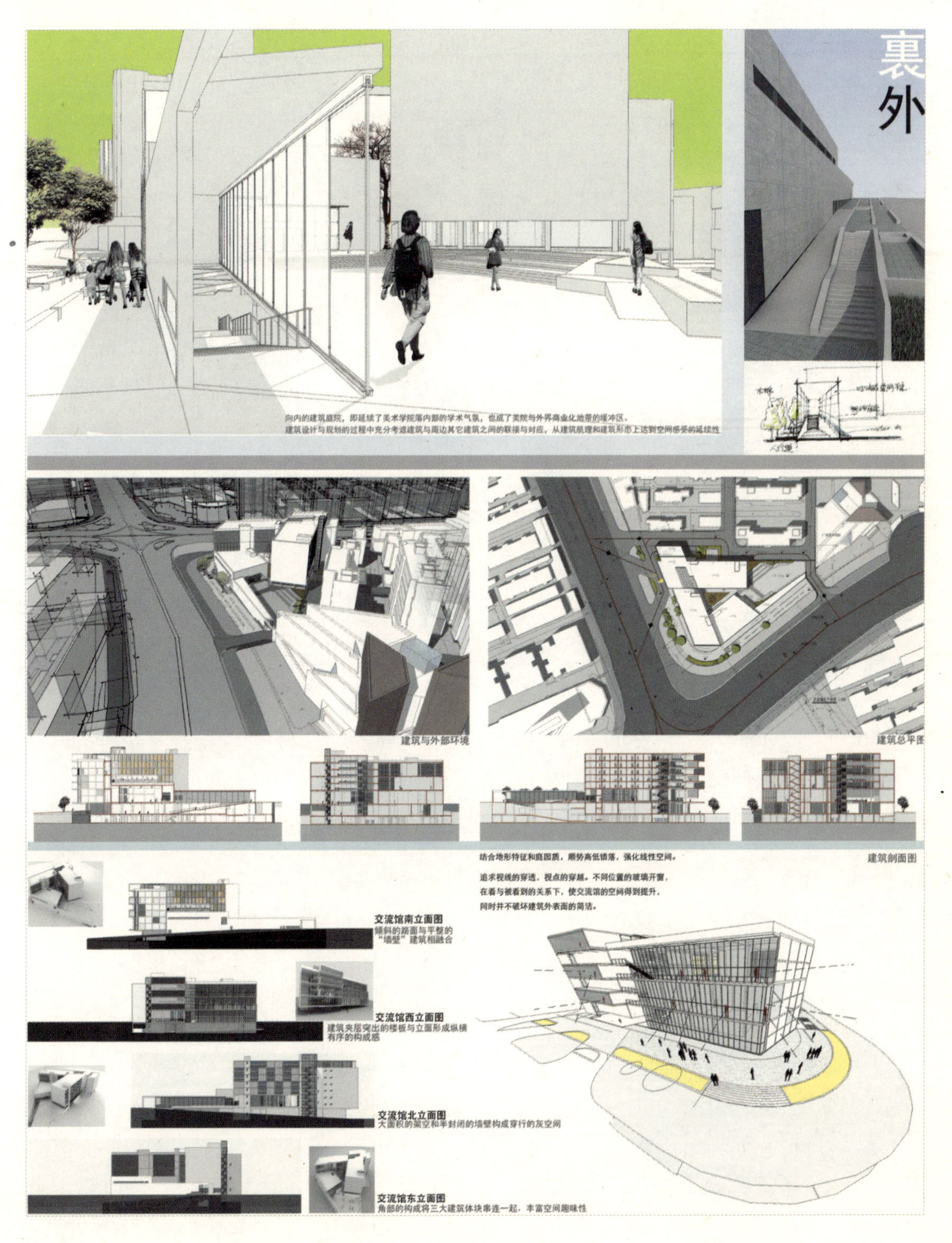
裹
外
向内的建筑庭院，即延续了美术学院落内部的学术气氛，也成了美院与外界商业化地带的缓冲区。
建筑设计与规划的过程中充分考虑建筑与周边其它建筑之间的联接与对应，从建筑肌理和建筑形态上达到空间感受的延续性
建筑与外部环境
建筑总平图
建筑剖面图
结合地形特征和庭园质，顺势高低错落，强化线性空间。
追求视线的穿透，视点的穿越。不同位置的玻璃开窗，
在看与被看到的关系下，使交流馆的空间得到提升，
同时并不破坏建筑外表面的简洁。
交流馆南立面图
倾斜的路面与平整的
“墙壁”建筑相融合
交流馆西立面图
建筑夹层突出的楼板与立面形成纵横
有序的构成感
交流馆北立面图
大面积的架空和半封闭的墙壁构成穿行的灰空间
交流馆东立面图
角部的构成将三大建筑体块串连一起，丰富空间趣味性

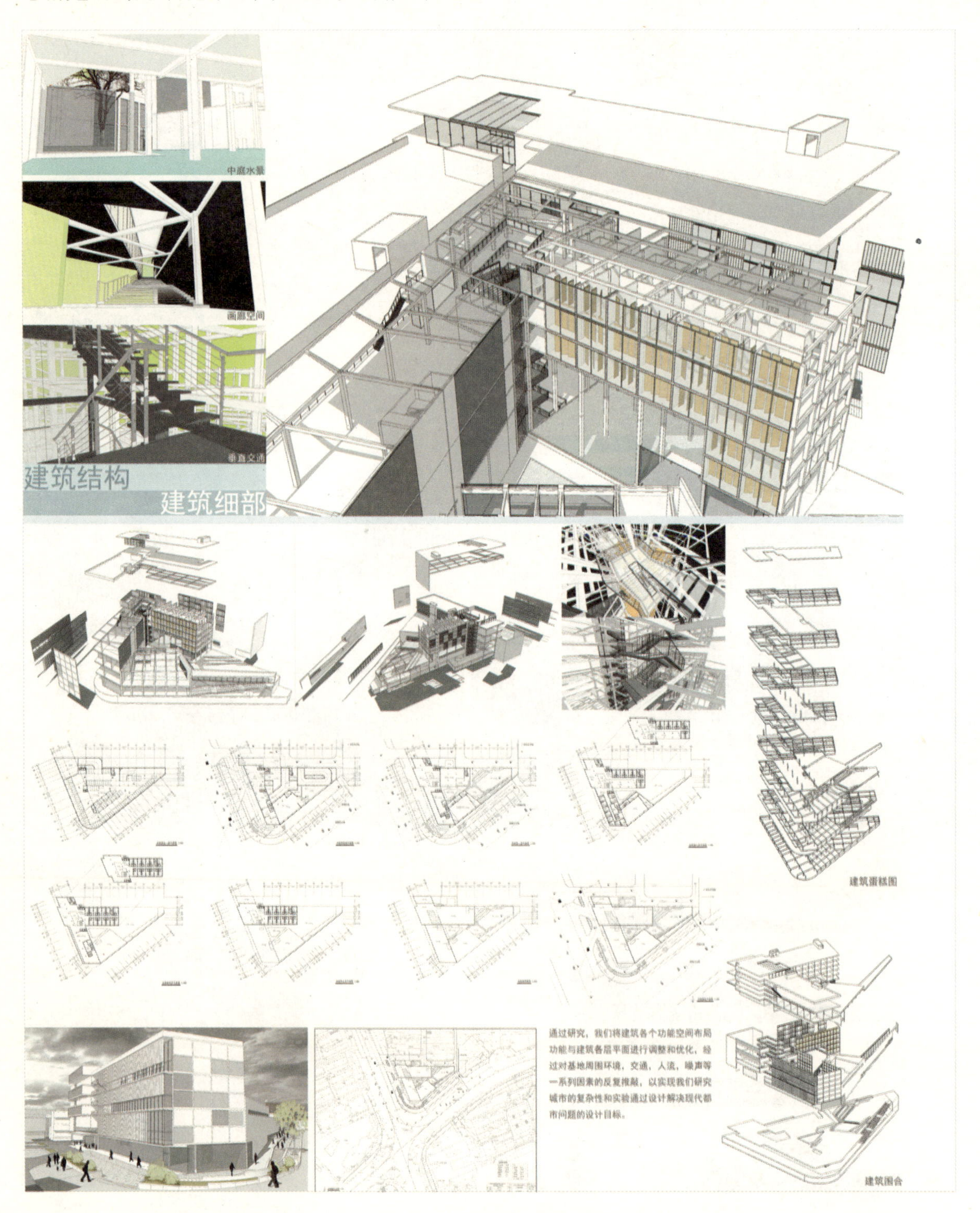

通过研究，我们将建筑各个功能空间布局功能与建筑各层平面进行调整和优化，经过对基地周围环境，交通，人流，噪声等一系列因素的反复推敲，以实现我们研究城市的复杂性和实验通过设计解决现代都市问题的设计目标。

关于《建筑及其外部空间设计》课程作品叙述

点评老师：李小霖（广州美术学院建筑与环境艺术学院艺术设计系讲师）

课程作品《广州美术学院艺术交流中心建筑方案设计》于2010年1月完成，由陈鹏，符智，钟文标，叶栋樑及何丽佳五位同学共同完成。 作品是以真实项目为蓝本， 就广州美术学院的昌岗路-江南大道转角地块进行规划及建筑单体设计，地块约为七千平方米。课题为开发成具有学术交流，教学，展示，及接待住宿的功能综合体，课题的定位是为学生在城市建设中得到实战的锻炼和思维开发，课程要求深度达到初期建筑方案阶段。地块处于广州海珠区的主干道-江南大道上， 项目周边情况复杂， 地形， 商业， 噪声， 治安， 空气污染和交通等问题都处于交结冲突状态。课题须在这样的矛盾核心中使营造的空间成为城市与学院， 市民与学术，教学与生活等方面的界面，成为学院对外的展示交流的窗口。由于课题室内多功能空间的组合使空间及结构布置的难度加大，学生在营造内在的功能板块合理性的同时更要考虑空间的艺术性，令两者有机地互动互为，既解决了功能需求，又形成了新的城市空间秩序和良好有效的社会环境。设计对于解决地段的社会问题。及内外空间的融合及流动，和对于光影塑造都进行了比较深刻的探讨。

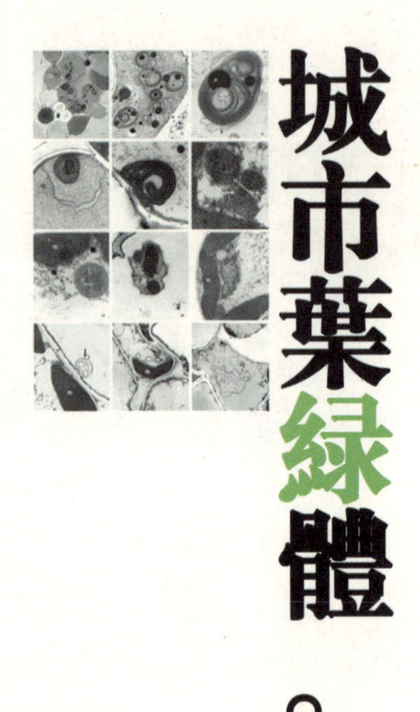

城市葉綠體。

王辰 / 北京建筑工程学院 指导教师：刘临安、杨琳

The Urban Chloroplast城市叶绿体旭阳焦化厂生态办公综合体设计方案

设计课程类建筑设计铜奖

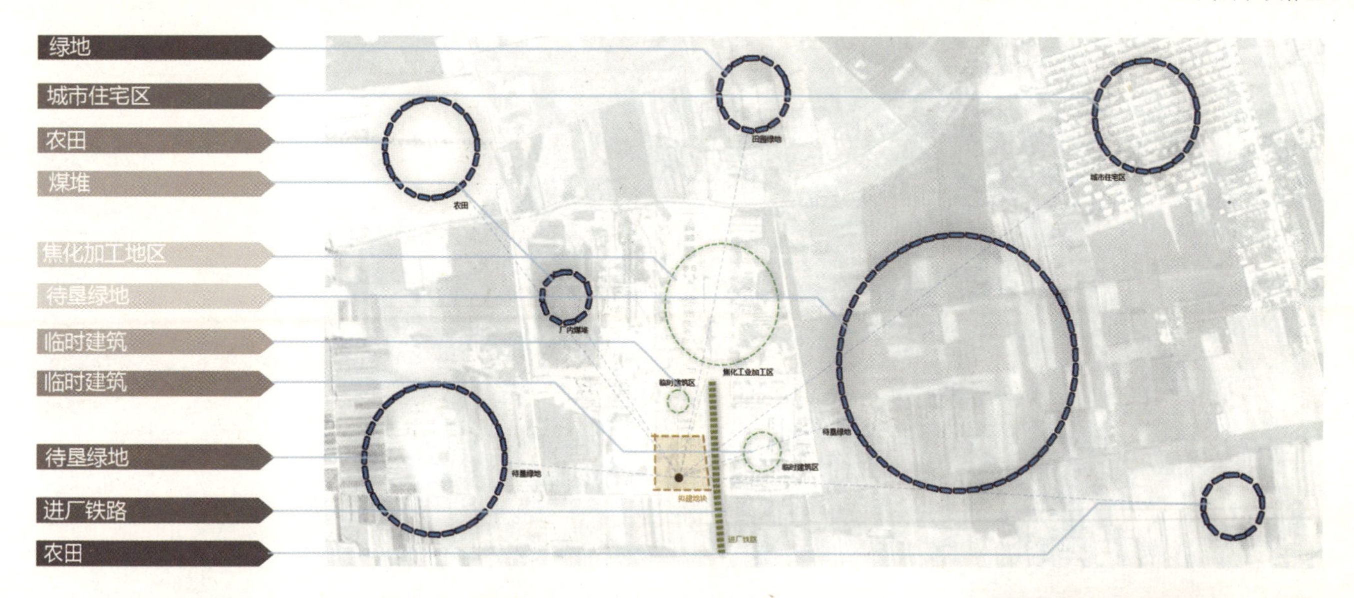

The Urban Chloroplast

城市叶绿体·旭阳焦化厂生态办公综合体设计方案

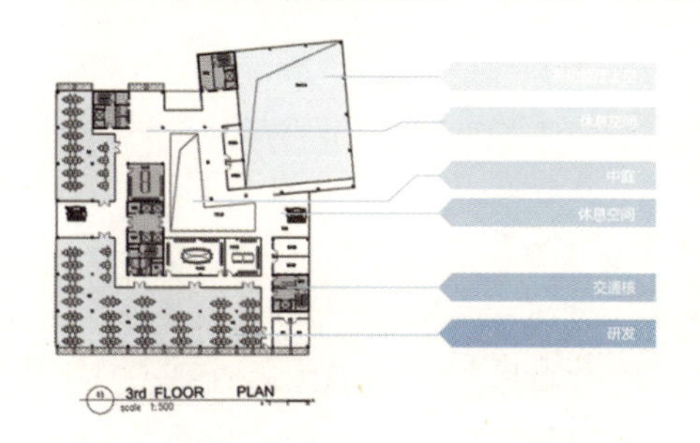

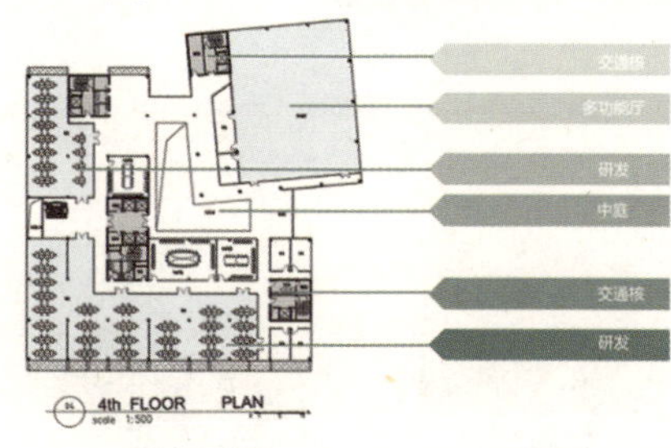

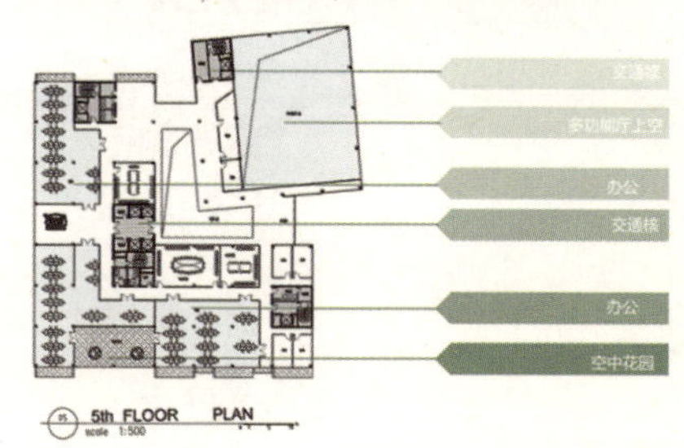

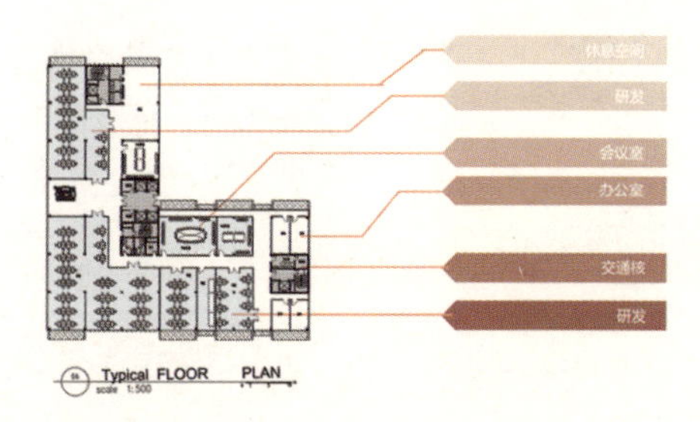

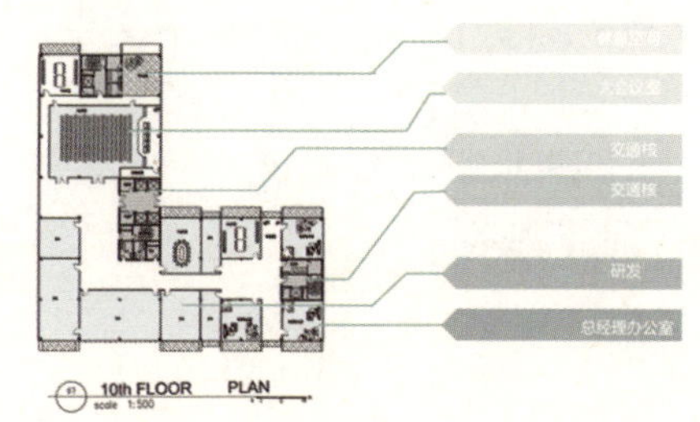

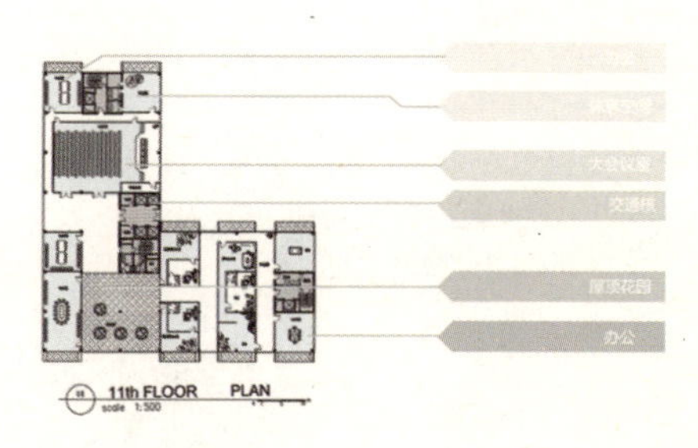

4

建筑以舱体单元进行预置连接，创造出匀质化的办公空间。建筑外部悬挂以植被层，增强了建筑本身成为可以进行光和作用的有机体。

3

以钢骨架悬挂植被层起到了冬暖夏凉的保温节能作用。

2

标准的预置单元，方便中间空间楼板的衔接。

1

建筑舱体骨架以工字钢作为梁架，轻巧而刚度大，钢柱模板为300 x 600，便于混凝土预置组装，节省了大量的建造时间。

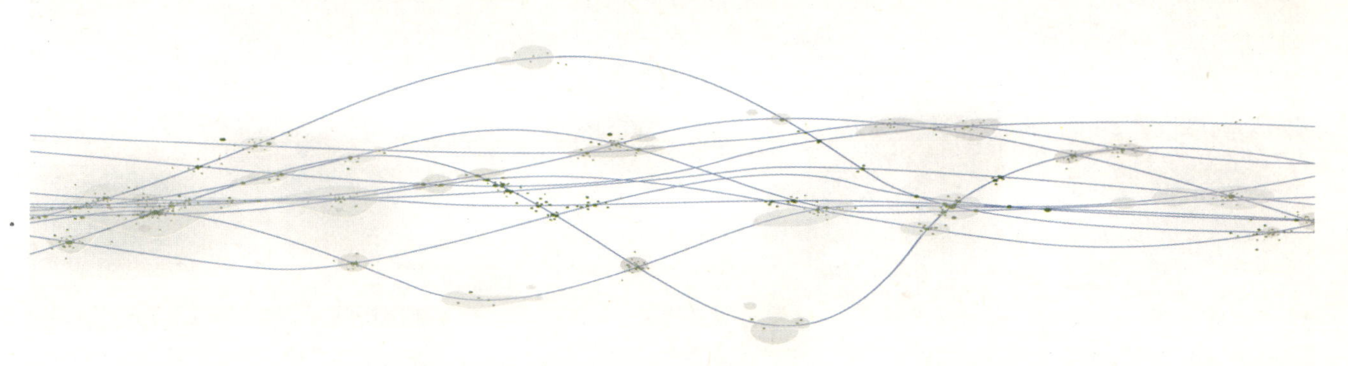

城市中人群
自由流向示意

城市叶绿体
的存在必要

人群交集所产生的
CO_2 含量趋势示意

根据地形条件选择以最简单的几何形体作为建筑的设计出发点

将建筑体块根据周围道路情况进行切割和位移

在原有的体块基础上加入裙房

建筑加入了配楼的二-五层，用于多功能厅、会议室等

建筑加入了配楼的二--五层，用于多功能厅、会议室等

通过巨大舱体的建造，让施工过程相对快捷

建筑主体开始以拼接的方式建造

四层部分留下空中楼阁

建筑最终落成

建筑初步构筑训练——“竹”的设计

主题：停留——打望儿　　设计者：刘旭　　指导教师：王平妤 邓楠

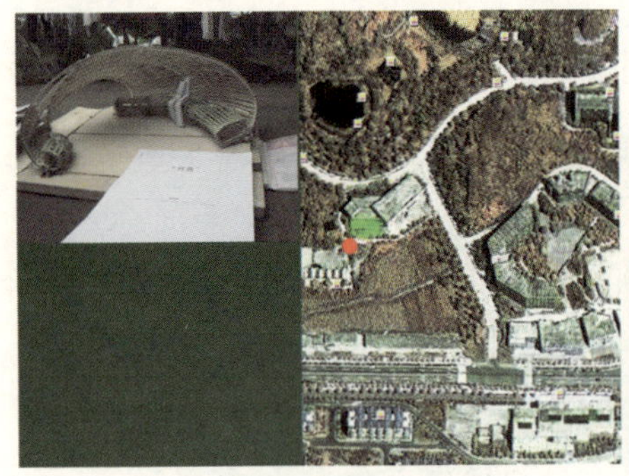

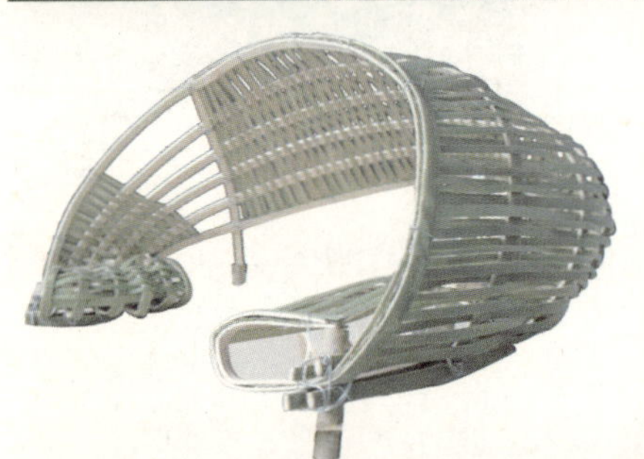

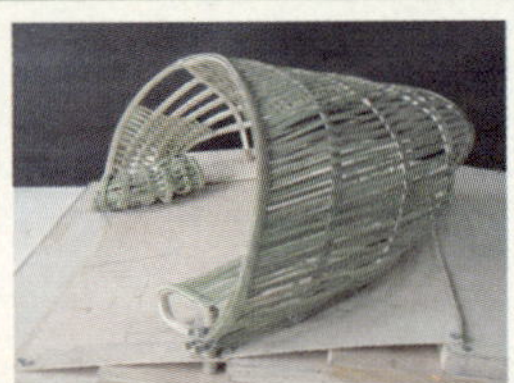

该方案以停留作为构筑物的主题，设计供学生坐、交谈、停留的空间，以几条主要的竹茎作为支撑结构的主体，并利用竹的弯曲与韧性创造了柔美的编制空间，利用竹筒作为座位的支撑结构，优化了模型中的节点，力求实现模型创造的曲线形态。

刘旭 / 四川美术学院　指导教师：王平妤

打望儿

设计课程类建筑设计铜奖

从草图到施工完成的过程

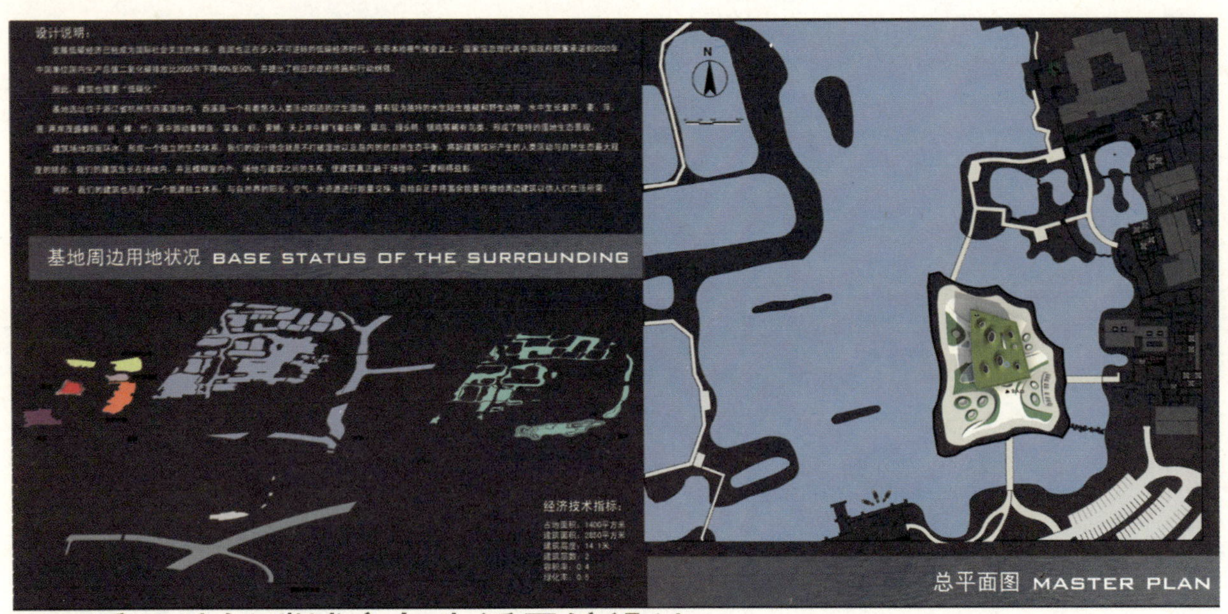

西溪湿地低碳城市与生活展馆设计 LOW-C ISLAND 1

张 哲、梁 双、周靖怡 / 北京交通大学建筑与艺术系 指导教师：高巍、姜忆南

杭州西溪湿地低碳技术展览馆设计

设计课程类建筑设计优秀奖

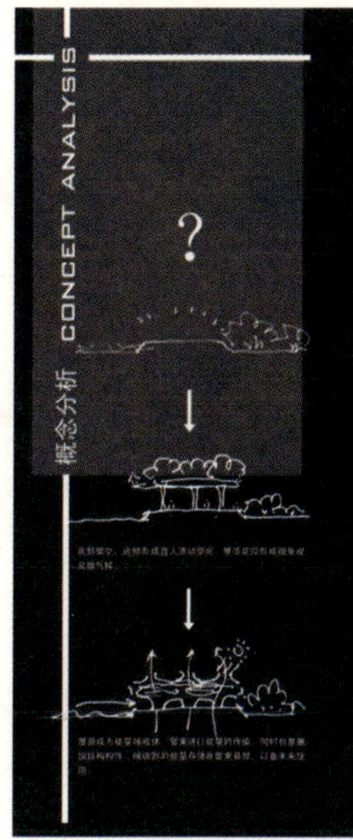

正透视图 PERSPECTIVE

西溪湿地低碳城市与生活展馆设计 LOW-C ISLAND 2

可持续发展策略 SUSTAINABILITY STRATEGY

太阳辐射是地球获得能量的主要来源，它造成地表冷热分布不均，从而引起大气和海洋环流，是天气和气候形成及变化的基础，也是气候变迁的根本动力。同时，太阳辐射对人类活动、太阳能的利用等都有巨大的影响。

西溪湿地属于我国太阳能资源中等地区，年太阳辐射总量为4200—5400MJ/m，相当于日辐射3.8-4.5kw·h/m，可以充分利用。

1. 被动与主动太阳能采暖措施

冬季杭州地区12月平均水平面的太阳辐射量为96.5 w/m²(此值为全年最小)，此时太阳辐射量不足以使室温达到完全舒适的程度，设计方案将南向墙面的1/3设置为玻璃窗，并将墙面设计为高5m、宽0.5 m、空气间层150 mm的特朗伯墙，中间热水流动；地板设计成为蓄热地板，这样可以满足使用者对于舒适度的要求，同时建筑屋顶的主动式太阳能集热板也可以满足当地冬日采暖要求。

2. 蒸发冷却措施

被动蒸发冷却措施包括两类，一类是自由水面的蒸发冷却问题：这类问题包括蓄水屋面、蓄水漂浮物、浅层蓄水、流动水膜等；'另一类则是采用多孔材料蓄水蒸发的冷却措施，此类蒸发冷却措施是在建筑物面上铺设一层多孔材料，如松散的砂层或加气混凝土层等，此层材料依靠淋水或天然降水来补充含湿层水分，当含湿材料受到太阳辐射和大气对流以及天空中产生长波辐射换热现象时，材料的内部水分通过热湿迁移机理的作用，迁移至材料表面并由此蒸发，第一类措施主要应用于屋面，第二类措施多用于墙面设计，效果都比较好，在建筑设计中可根据建筑的具体情况选择适当的气候改善措施．

3. 增强通风措施

使建筑形成良好风压通风的第一步，是选择与当地夏季风向相"吻合"的朝向，研究显示，建筑应选择与夏季主导风向成30°—60°的角度，这样最有利于形成良好的通风。如杭州地区夏季主导风向以东南风、偏南风为主，因此气候设计措施中杭州地区建筑的主要朝向应选择在南偏东西向15°的范围之内，建筑的架空也可以很好地让湖风穿过，同时利用管束通过烟囱效应来进行通风。

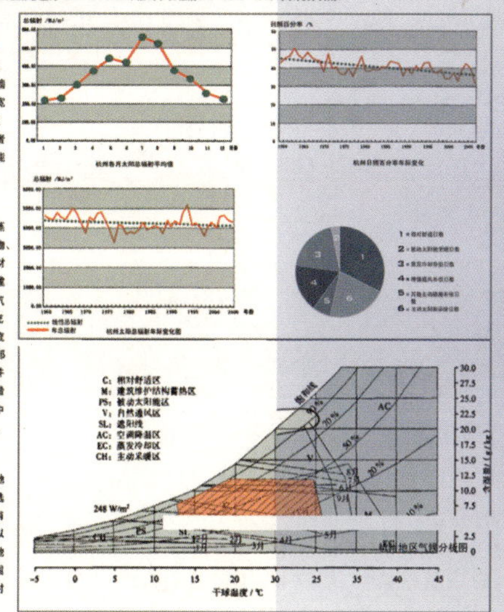

首层平面图 GROUND FLOOR PLAN

西立面图 WEST VIEW

西溪湿地低碳城市与生活展馆设计 LOW-C ISLAND 3

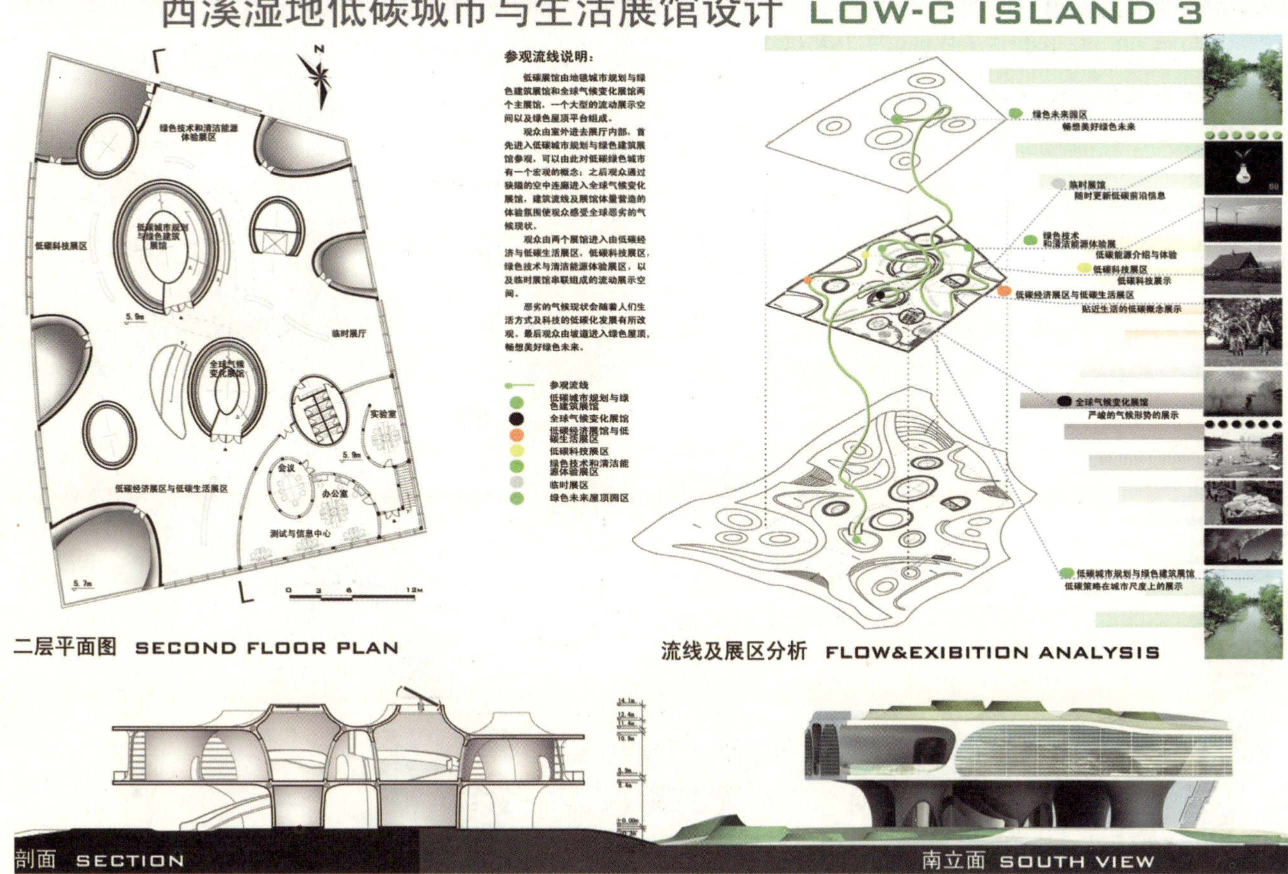

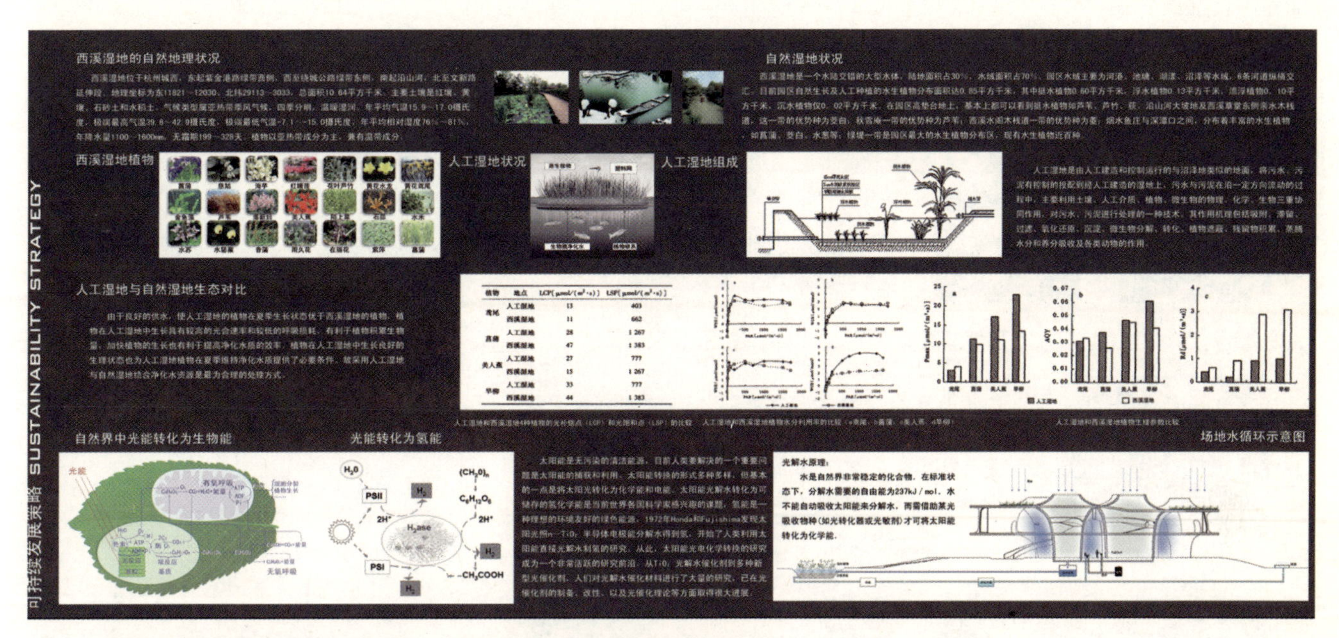

西溪湿地低碳城市与生活展馆设计 LOW-C ISLAND 4

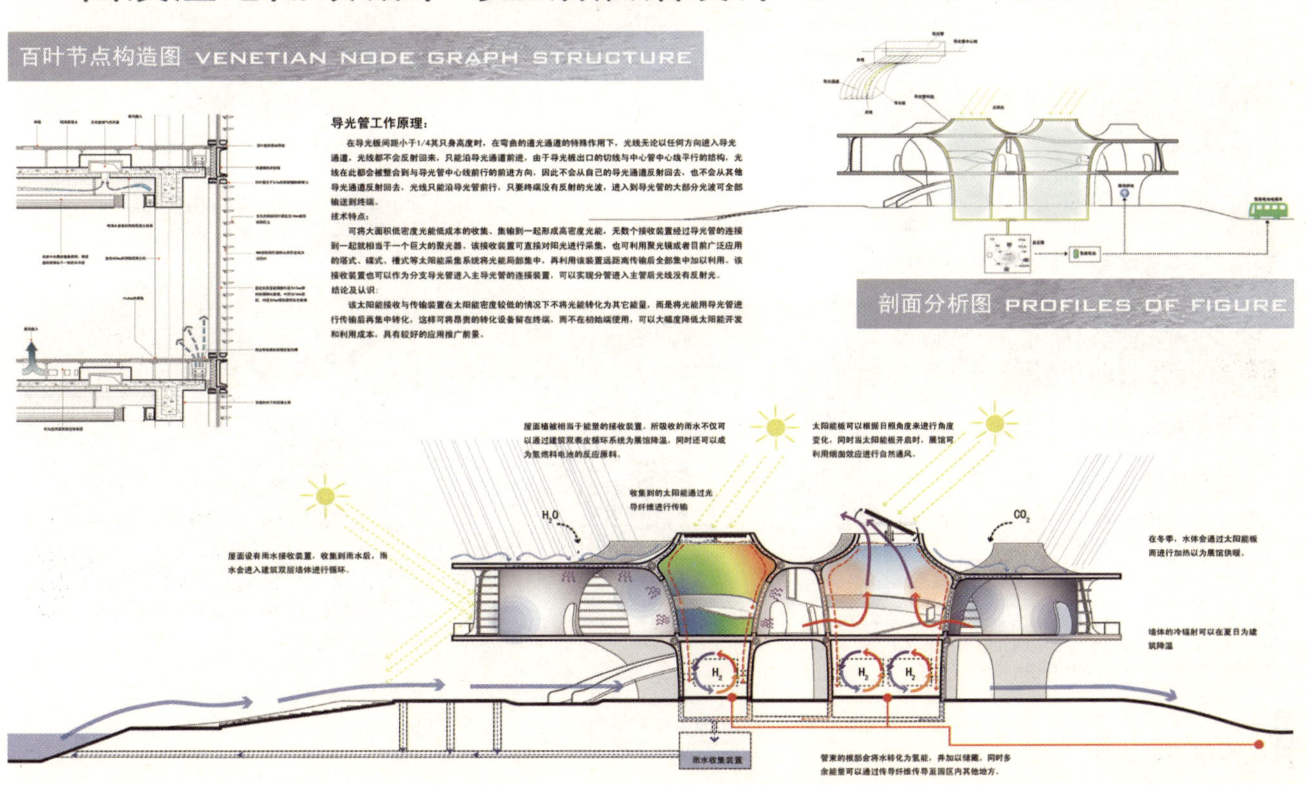

——集合住宅设计 1

修复大地的创伤

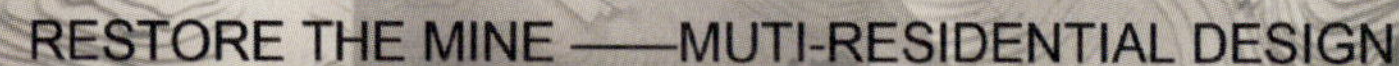

RESTORE THE MINE ——MUTI-RESIDENTIAL DESIGN

设计背景：河南省焦作市从日军侵华时就开始进行大规模的采矿生产，现今城市边缘留下了很多河谷状的矿坑，而矿坑的存在影响了城市的扩张。

提出问题：位于城市边缘的露天煤矿在地面形成了巨大的矿坑，当资源枯竭时我们该如何处理这样的坑？是将它们全部填埋还是就地开发？曾经在这里辛勤工作的矿工他们又将何去何从，他们已经扎根在这里的家眷如何能在附近有良好的生活环境？

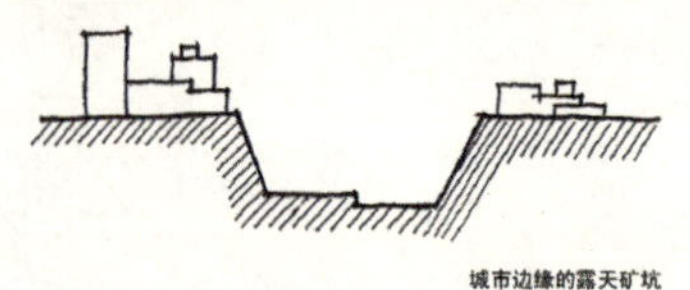

城市边缘的露天矿坑阻碍了城市的扩展

设计意象：梯田是人类对不利的自然条件很好的应对结果，人们并没有将山脉夷平获取耕地，而是就着山势进行台阶式耕种。同样的我们对待这些矿坑也没有必要进行大规模的填埋，同时填埋后进行建设很可能导致地面的塌陷，最好的解决办法就是对矿坑就地开发。借鉴山地建筑的成果我们可以在矿坑四面坡地建设居住的社区、商业设施、坑底建绿化休闲广场、体育场馆等，本设计选取某一假象矿坑的西坡建设集合住宅，周围坡地及坑底进行绿化处理。

填埋矿坑进行建造工程量大、后期又易塌陷

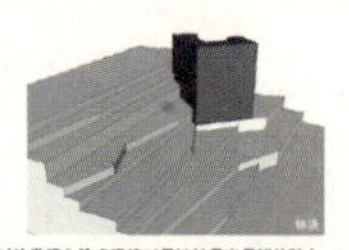

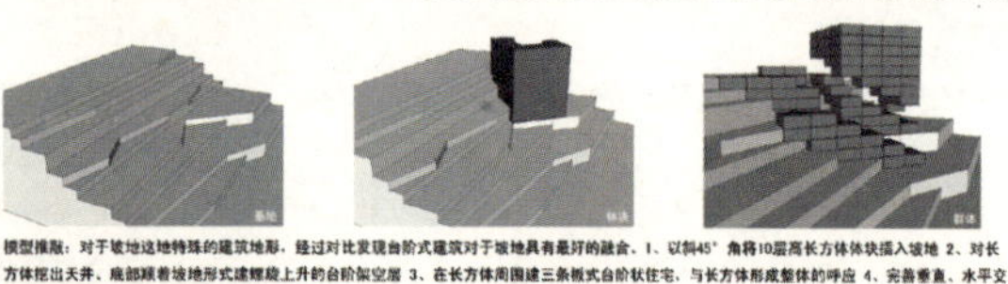

模型推敲：对于坡地这地特殊的建筑地形，经过对比发现台阶式建筑对于坡地具有最好的融合。1、以斜45°角将10层高长方体体块插入坡地 2、对长方体挖出天井、底部顺着坡地形式建螺旋上升的台阶架空层 3、在长方体周围建三条板式台阶状住宅，与长方体形成整体的呼应 4、完善垂直、水平交通以及结构设施

形体总结：设计以建筑群体的台阶感与坡地形成呼应，将生产中使用的井架改造为垂直交通的电梯以体现设计中的“场所精神”。

为什么不在矿坑内直接进行规划建造呢？

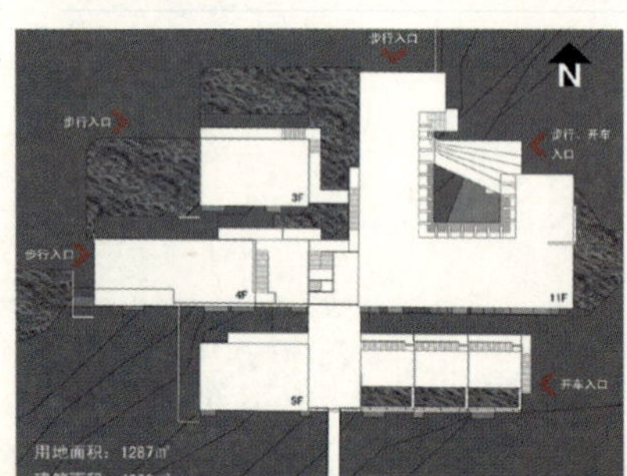

坑地建筑和山地建筑在形式上近似，但是交通出现了新的有意思的情况。坡顶的地平面是城市的地平面，坡面及坡底的地面都是低于城市地平面高度的。作为集合住宅，人们进入建筑的方式有两种：一是直接从坡顶即城市地平面步行或开车进入建筑顶部或中部，然后再沿内部交通线路上行或下行进入各户；二是开车沿坑地道路到达坡面中部或底部的停车场，然后通过楼梯、电梯沿内部交通进入各户。 对于一个坑地开发，其规划建设是全面进行的。该集合住宅周边坡地进行绿化处理，坡底除建导流渠外规划休闲绿化广场、道路系统等，在其他坡面可建设商业设施、娱乐设施等。对于坑两侧的城市连接可以建桥进行连接，对坡底没有直接影响。坑内机动车交通道路可建螺旋上升道路、人行道路可建折线山路。

刘思齐、刘冬贺、吴 非、汪凝琳 / 北京交通大学建筑与艺术系 指导教师：姜忆南、高巍

杭州西溪湿地低碳技术展览馆设计

设计课程类建筑设计优秀奖

——集合住宅设计 2

修复大地的创伤

RESTORE THE MINE ——MUTI-RESIDENTIAL DESIGN

交通状况的改善

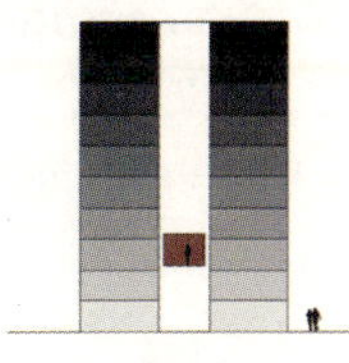

传统10层集合住宅必须使用电梯作为垂直交通。

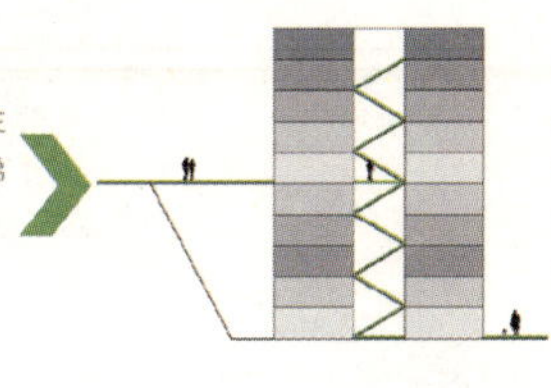

坑地建筑中部有连接通道，相当于两个5层集合住宅的竖向叠加，不用使用电梯。

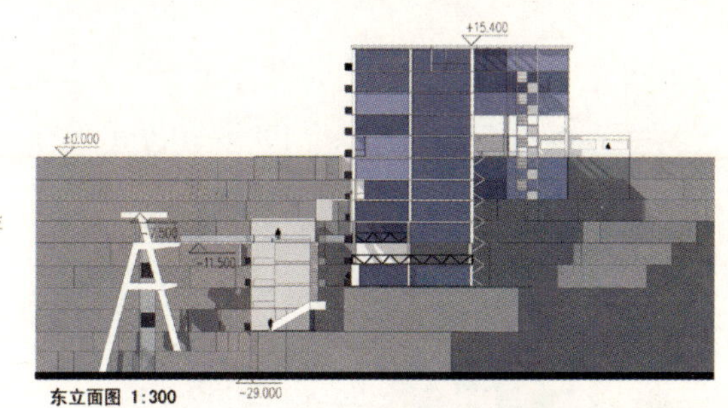

东立面图 1:300

气流状况的改善

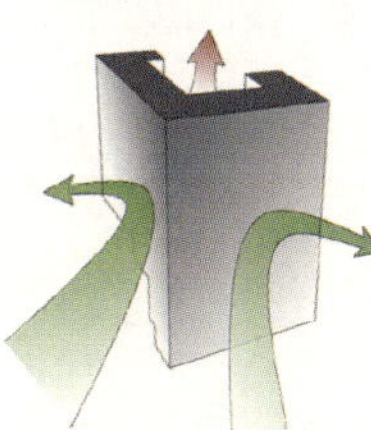

底部封闭的天井不能通过热压使气流流动，内部空气质量差。

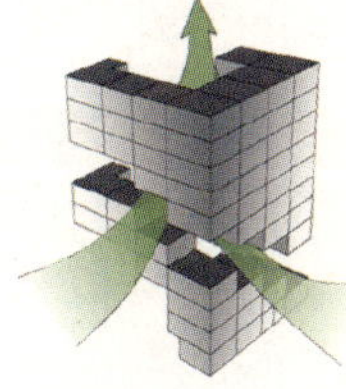

底部开口的天井通过热压使空气流动，达到换气的目的。

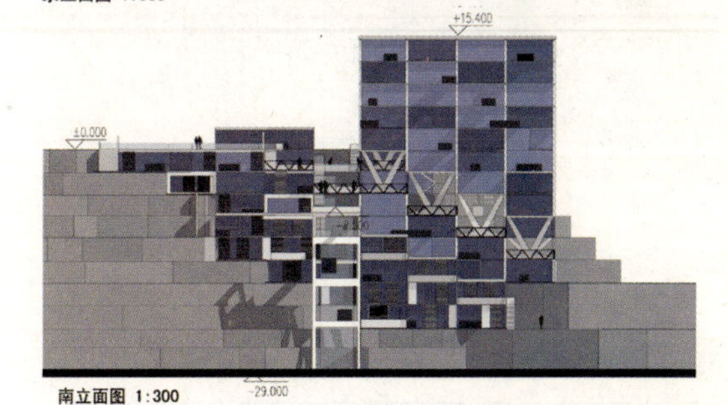

南立面图 1:300

“场所精神”的保留

原有坑地是一个具有几十年开采历史矿坑，拥有自己独特的记忆。在规划建设中我们要尊重这种“场所精神”，通过保留或改造某些设施从而唤起人们对于这片土地的认识，从而延续基地的文脉。

矿坑中的钢架矿井是十分常见的设置，也是矿场的主要设施，通过对塔形的提炼我们可以将这样的矿井改建为垂直交通电梯的井架，除了满足使用要求外这样的井架也成为小区内的景观。

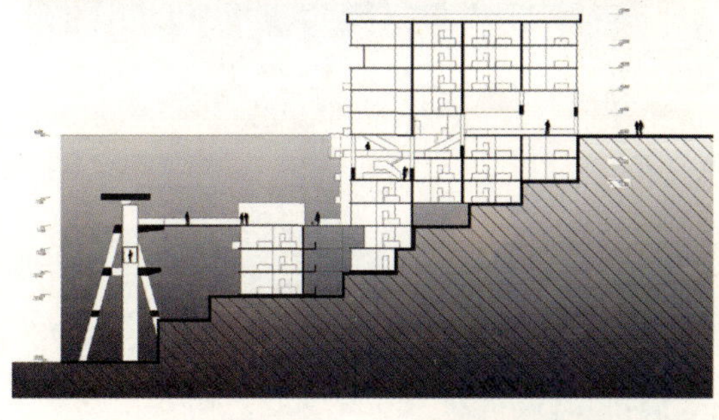

交通分析

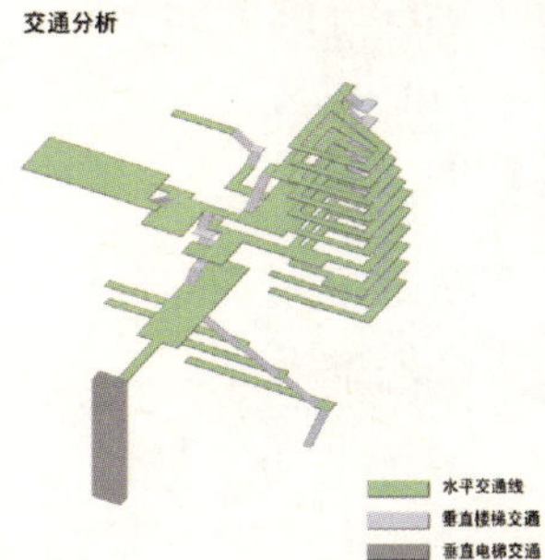

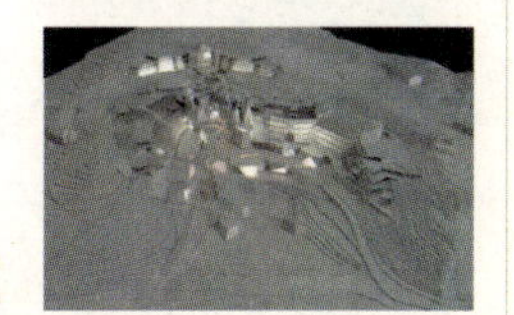

——集合住宅设计 3
修复大地的创伤

RESTORE THE MINE ——MUTI-RESIDENTIAL DESIGN

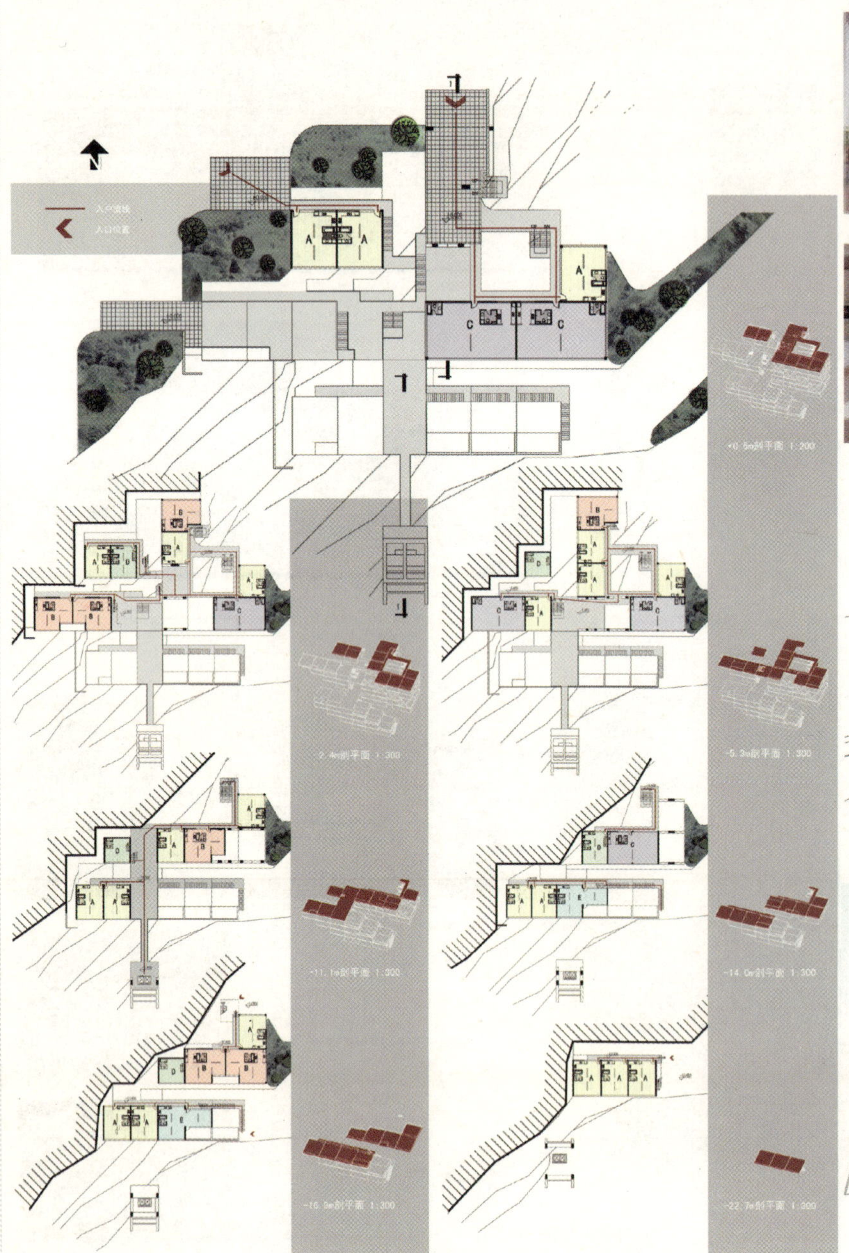

流动的户型平面：为了给用户提供个性化的居住空间，避免小区内千篇一律的户型格局，让各家各户都能得到最适合自己的户型，在平面设计上采用流动空间的设计方式，即初始户内只有隔断、卫生间、厨房为工业化生产预制安装，设计师在初期设计大量平面可能户型，然后用户根据自己的实际需要进行选择装修。

原有隔断的位置作为房间继续分隔的定位是经过缜密分析的，用户入住后只需增加墙体、门窗等，不会对建筑原有结构造成损伤，也减少了拆除墙体的浪费。

空间的流动使各房间相互渗透，窗前光影的韵律和节奏产生美感，而且这种美感是动态的。

——集合住宅设计 4

修复大地的创伤

RESTORE THE MINE ——MUTI-RESIDENTIAL DESIGN

中央平台透视图

次入口透视图

主入口透视图

开车入口透视图

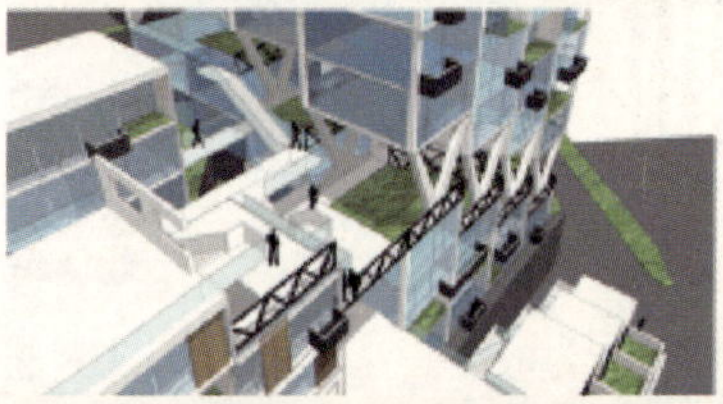

中央平台鸟瞰图

空间组成

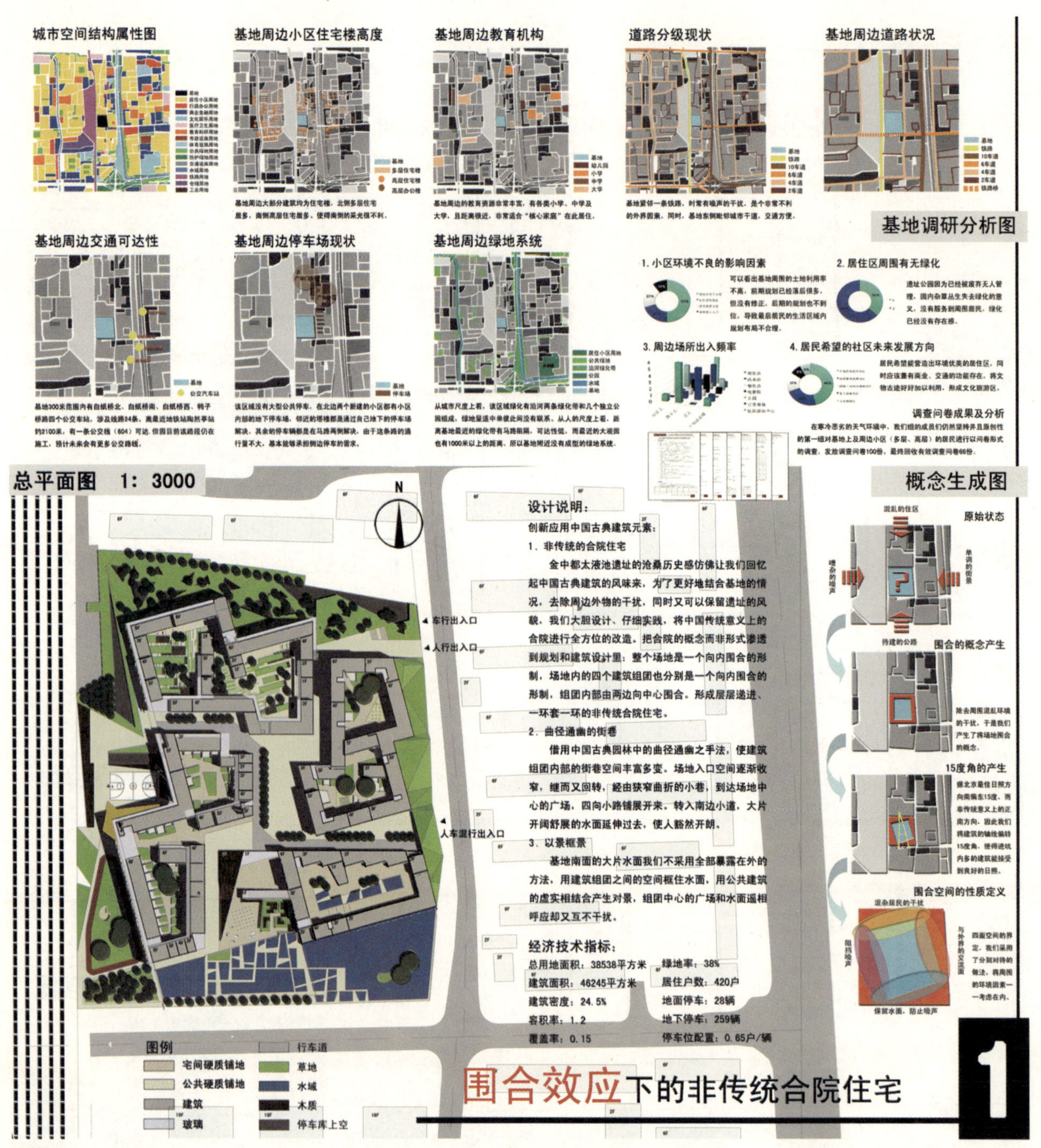

梁 双、周靖怡、赖钰辰、汪凝琳 / 北京交通大学建筑与艺术系　指导教师：高巍、姜忆南

北京古太液池地段居住区规划设计

设计课程类建筑设计优秀奖

2
围合效应下的非传统合院住宅
鸟瞰图
车行主入口
人行主入口
人车混行出入口
-3.00
+0.20
±0.00
N
首层平面图 1：3000
人车混行入口透视
人行入口透视
水面景观透视
交通流线分析·停车分析·日照分析
水面
人流空间
人流入口
人流进入绿坝入口
交通流线分析
绿坝下层可做地下或半地下停车，其包围式布局也决定了良好的车流，避免了敏感部分的人车交叉。
不提供停车的绿坝
提供停车的绿坝。
停车分析 1
0小时
1小时
2小时
3小时
4小时
5小时
日照分析图
停车场主要集中于北侧西侧的绿坝内，属于地下或半地下停车，车行路线不经过各组团，仅在社区内简单穿行，并由铺地、弯道等设计手法控制了车速，少部分这样的车，将大大增加社区的生活性，而高品质组团停车入户，车辆停放问题直接解决于组团内。
停车位
车行路线
停车场出入口
停车数量：259
停车比例：0.65
停车分析 2
东立面图 1：1500

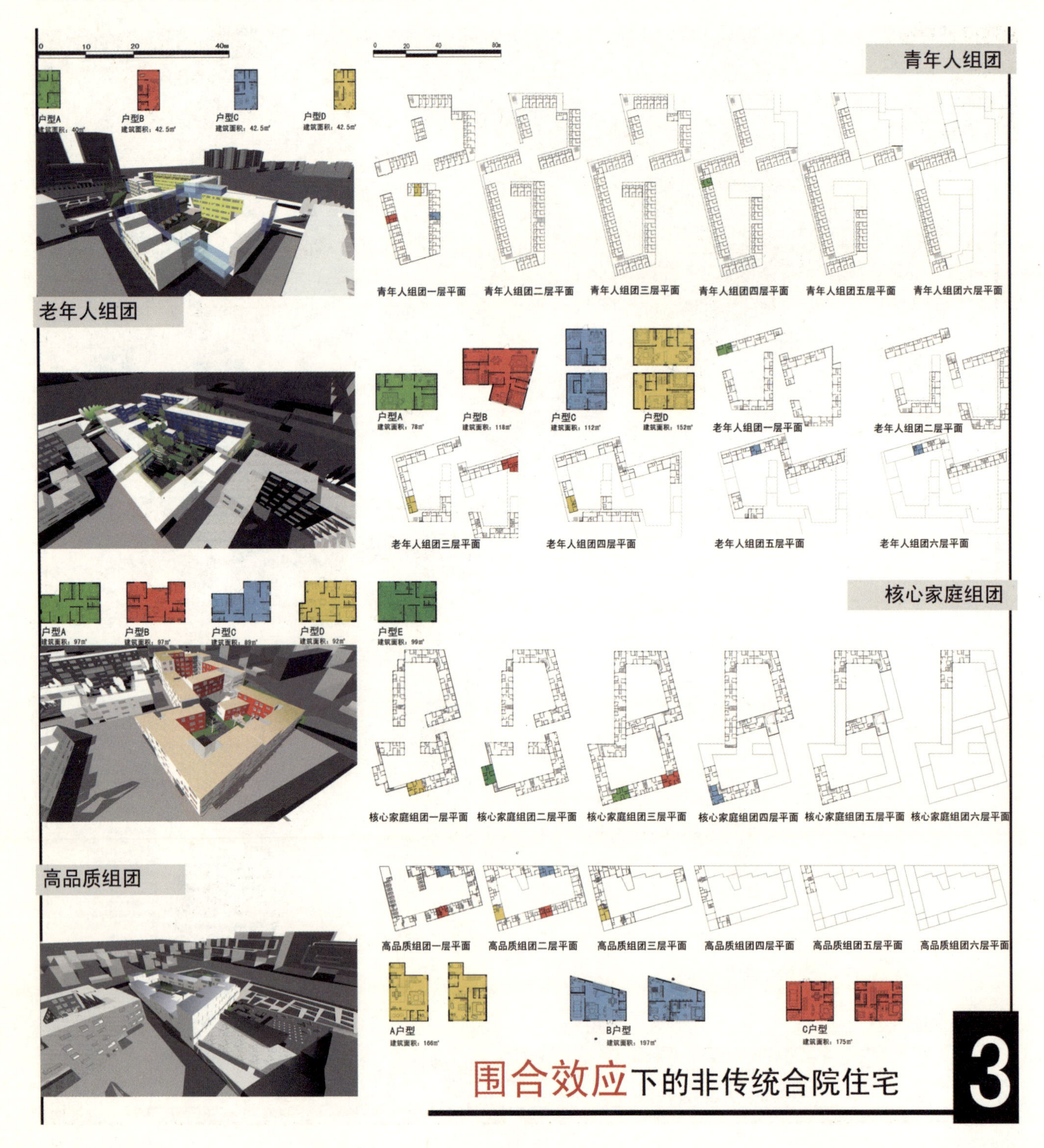

围合效应下的非传统合院住宅

3

绿坝区划分析

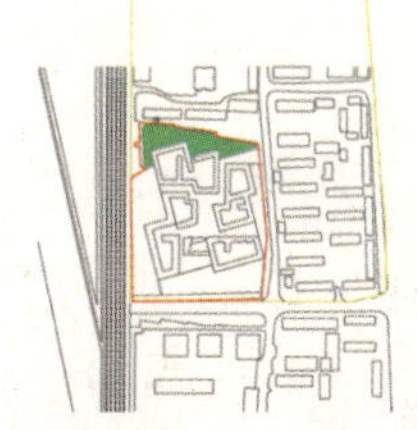

北侧绿坝，采用树林的形式

作用：阻隔过境人流
　　阻挡北侧不良住区视觉污染。
　　所处此街区的中心地带，尽可能改善此地人居环境。

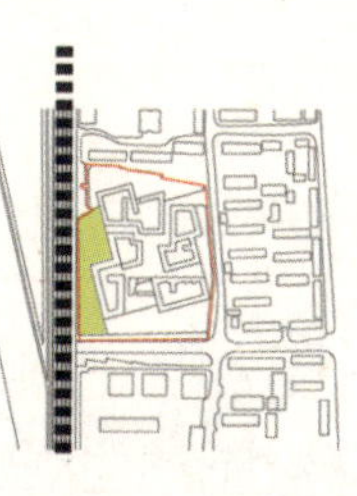

西侧绿坝，采用大面积活动空间的形式

作用：增大住房与铁路距离以减少噪音。
　　活力的气氛与铁路尚能对话。

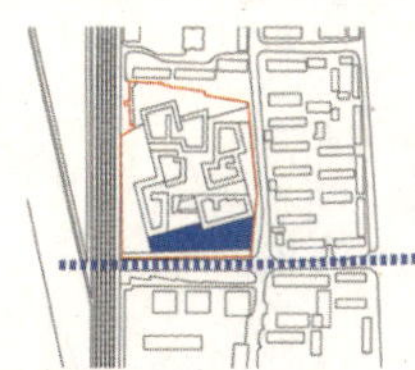

南侧绿坝，采用水域的形式

作用：增大住房与道路距离以减少噪音。
　　水域为干道上的人提供良好视觉环境。
　　旧址现状有此处有水域。

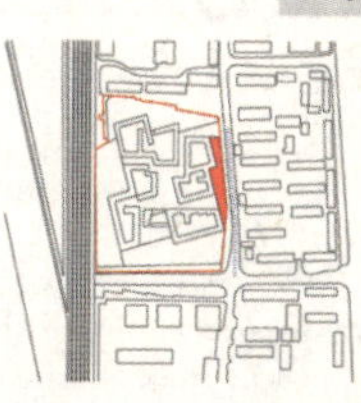

东侧绿坝，采用商业裙房的形式

作用：直接阻隔过境人员和车辆。
　　阻挡东侧不良住区视觉污染。
　　所处此街区的重要街道边，适宜提供商业服务。

住宅组团分析

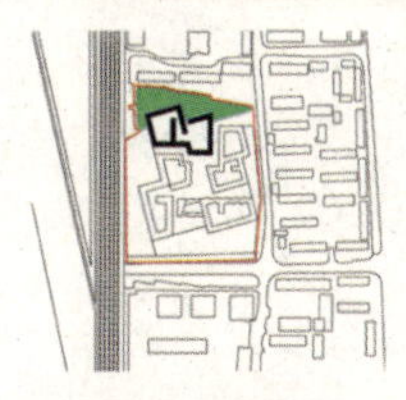

北侧组团：老年社区

原因：植物面积较大、平面较为随意的景观与之对应。

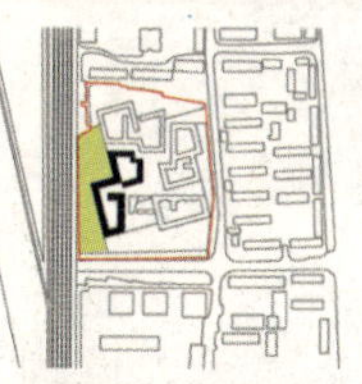

西侧组团：青年社区

原因：提供大面积活动空间、运动设施的景观与之对应。

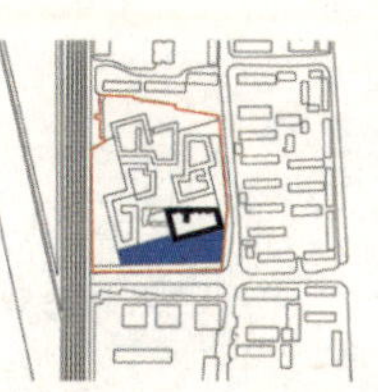

南侧组团：高品质社区

原因：大面积水域的高档景观与之对应。

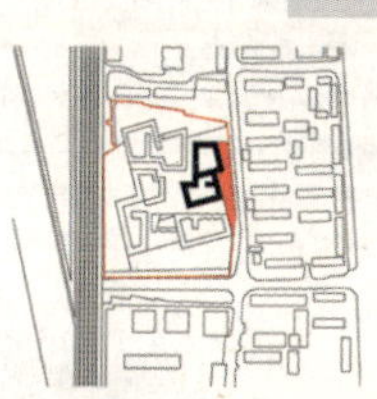

东侧组团：核心家庭社区

原因：交通方便、各项服务设施齐全的景观与之对应。

空间层级分析

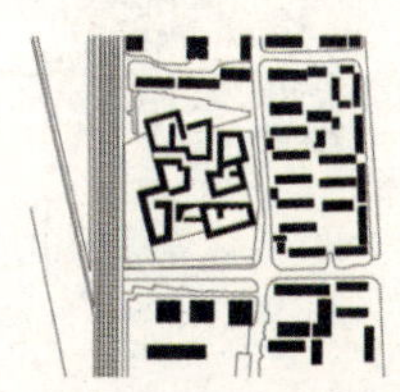

基地和周边建筑关系

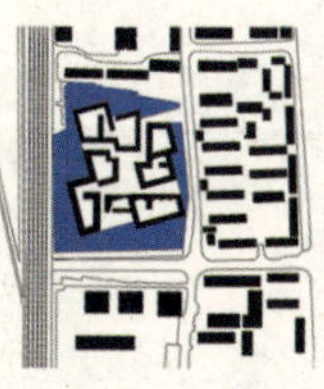

周边立体绿坝围合，结合停车，绿化，活动场地，历史保护，成为基地与周边不利环境的屏障。

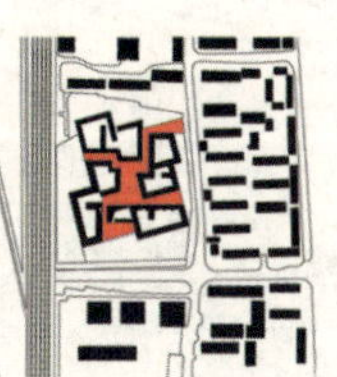

基地内不同组团围和出的社区广场，由入口空间，中央广场空间和水边广场空间组成，并由人车共行的道路联系。

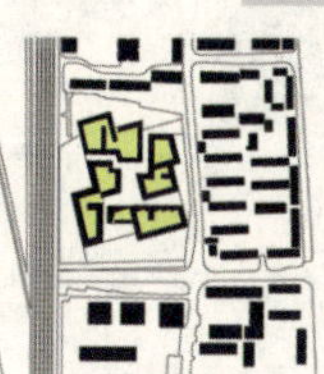

各组团内围和的共享空间。
建筑组团仍采用围和式，形成各个组团内部的小空间，尺度亲和，供组团内部人群使用。

景观分析

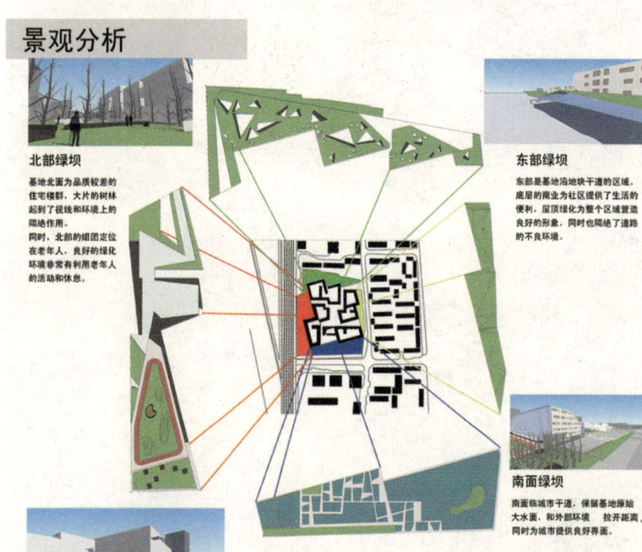

北部绿坝

基地北面为品质较差的住宅楼群，大片的树林起到了视线和环境上的隔绝作用。
同时，北部的组团定位在老年人，良好的绿化环境非常有利用老年人的活动和休息。

东部绿坝

东部是基地沿地块干道的区域。底层的商业为社区提供了生活的便利，屋顶绿化为整个区域营造良好的形象，同时也隔绝了道路的不良环境。

南面绿坝

南面临城市干道，保留基地原始大水面，和外部环境　拉开距离，同时为城市提供良好界面。

西面绿坝

基地西面是铁路，环境较差，因此西面留出了较大的场地。由于西部组团以青年人为主，所以设置了很多活动场地，为基地增加了很多活力。

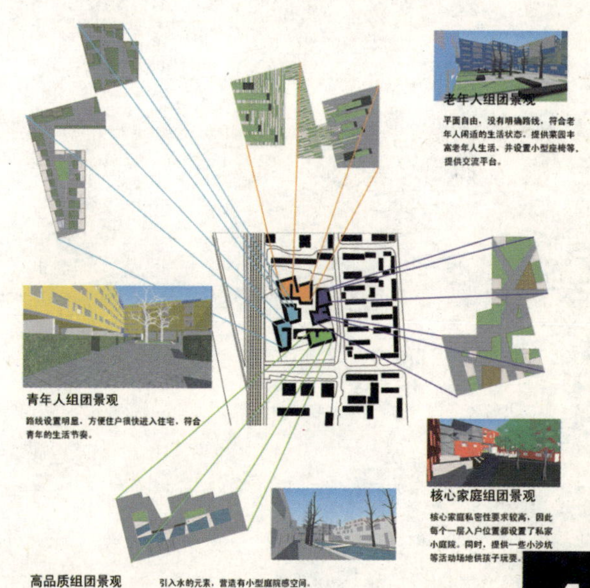

老年人组团景观

平面自由，没有明确路线，符合老年人闲适的生活状态。提供菜园丰富老年人生活，并设置小型座椅等，提供交流平台。

青年人组团景观

路线设置明显，方便住户很快进入住宅，符合青年的生活节奏。

核心家庭组团景观

核心家庭私密性要求较高，因此每个一层入户位置都设置了私家小庭院。同时，提供一些小沙坑等活动场地供孩子玩耍。

高品质组团景观　　引入水的元素，营造有小型庭院感空间。

围合效应下的非传统合院住宅　4

AMONG THE WINDS 01

枕着清风入眠——香山宾馆方案设计

合抱之木，起于毫末，七巧奇楼，起于平地。

倾听虹桥之声，优游泉石之乐，这不单单是雅香清流的生活意境。今时今日，在幽静的香山脚下，灿烂的夕阳勾勒出一栋掩映在松林之中的现代宾馆。

此香山宾馆方案与山地自然环境充分结合，体现地域特色。将蓝天白云、阳光树影等自然元素引入室内，身处宾馆的任何地方都能体会到人与自然的和谐之美。

方案融入最新的环保理念。就地取材，建筑使用的大多是全天然材质；循环利用山间的岩石，作为墙体的原材料；自然植被被添加进建筑材料；通风系统保持室内空气流通，温度适宜；流动采光系统搭配特质的窗户保证了采光充足……展现出活力四射的现代感。

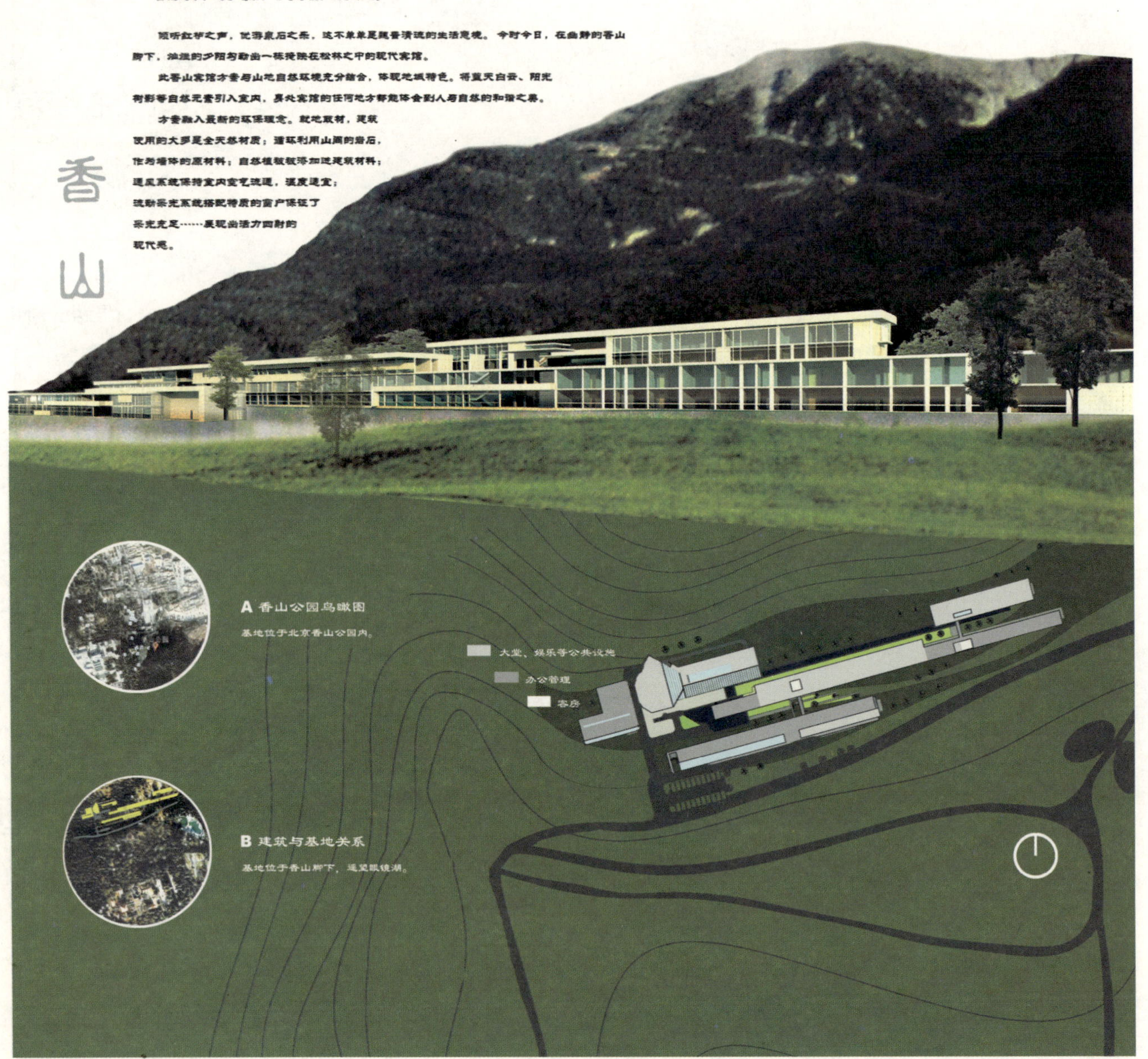

吴芳菲 / 北京建筑工程学院　指导教师：杨琳
枕着清风入眠——香山宾馆方案设计
设计课程类建筑设计优秀奖

AMONG THE WINDS 02

枕着清风入眠——香山宾馆方案设计

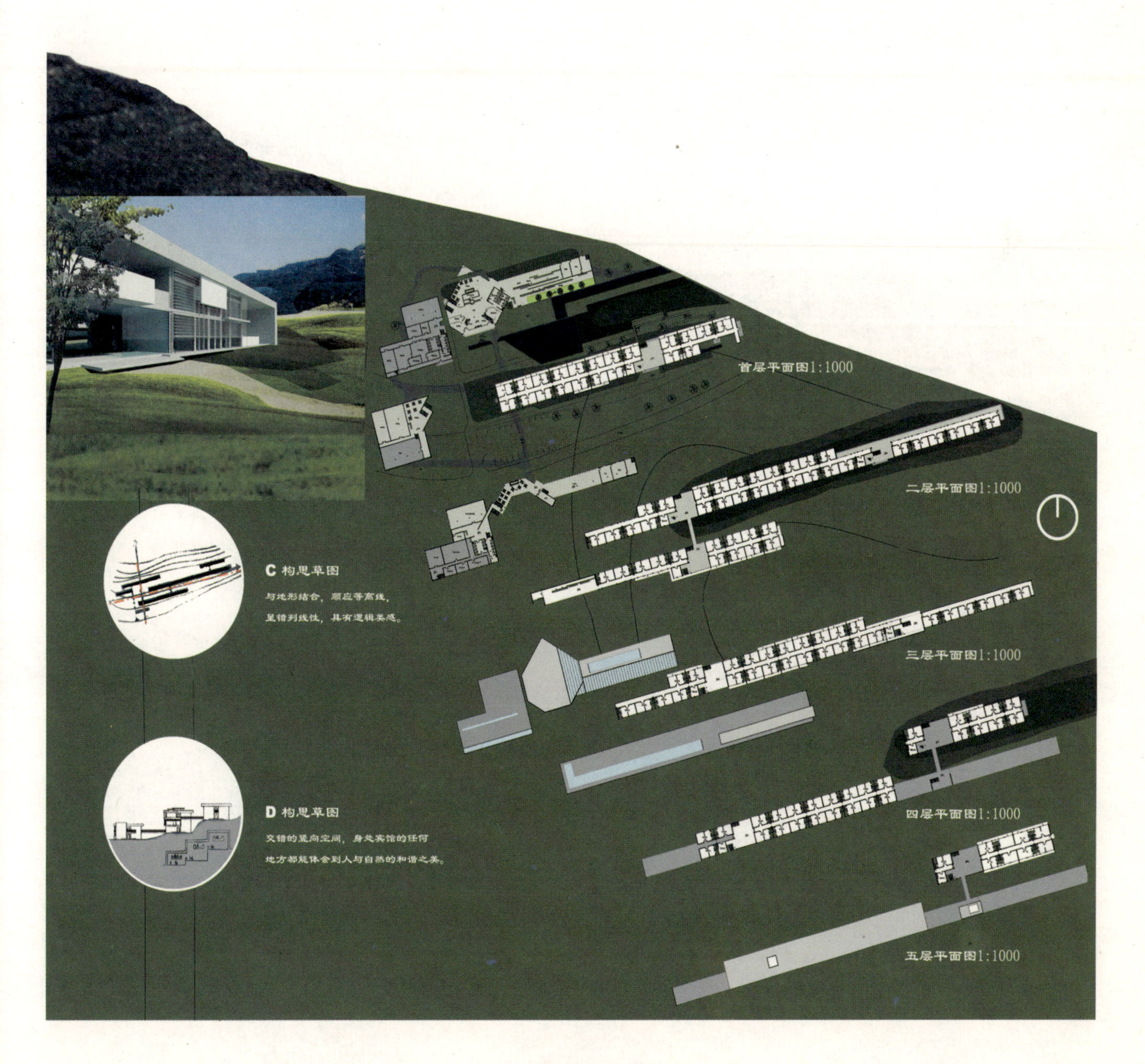

AMONG THE WINDS 03

枕着清风入眠——香山宾馆方案设计

流线分析图

景观分析图

客房

餐饮

公共部分

娱乐

办公

客房

客房

功能分区图

2

构成分析图

AMONG THE WINDS 04

枕着清风入眠——香山宾馆方案设计

本香山宾馆方案在考虑“景观”时，把“室内”放在第一位，因为客房所占的比例最大，是最重要的一环。

设计运用透明材质，譬如玻璃墙面，将蓝天白云、阳光树影这些自然元素引入客房内。

宾馆的整个外形和装潢又与外部纯净的山峦景色和谐统一。

客人可以舒服地晒晒太阳，俯瞰秀丽的香山美景。

客房通透的玻璃设计，使客人免受天气和旁人的影响的同时，又可以安然欣赏美景。

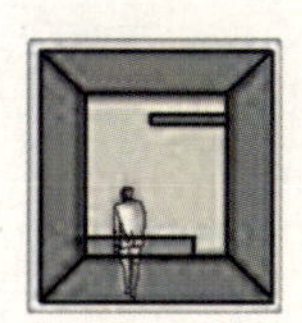

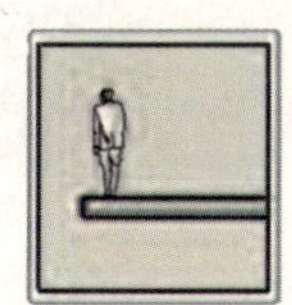

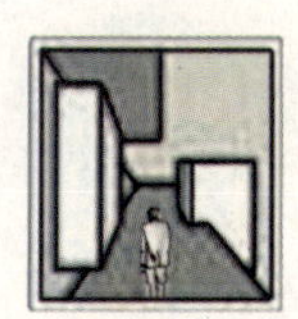

餐厅设计——韵餐厅设计

Dining-room design - yun dining-room design

Preject

This building is located in guangzhou

Designer

Zhou Minfei

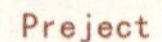

DINING-ROOMDESIGN - YUN DINING-ROOM DESIGN
餐厅设计—韵餐厅设计

中式餐厅的特点：

典型的中式风格，是悠长的历史积累出的大度和恬然，样式，色彩的夸张或淡化都只是点缀，强调的是一种恬静和深入人心的力量。

形：提及中式风格不可缺少的一是木器，二是瓷器。

神：取自天然的竹是东方的代表，印证了东方尤其是中国恬静悠然的生活方式。

调查报告：

餐厅是一个愉快轻松的用餐场所，设计的形式取决于功能，餐厅的绿化也是如此，餐厅的绿化最大的目的是为了用餐者创造一个舒适的用餐环境和氛围，从业主的来说是为了尽量满足消费者的生理需求和审美需求，从而吸引更多的消费者前来消费，获得更大的利润。餐厅的设计者根据市场实际需求和自己的喜好定义出不同风格的餐厅。

元素来源：

Element sources:

区域分析：

Regional analysis:

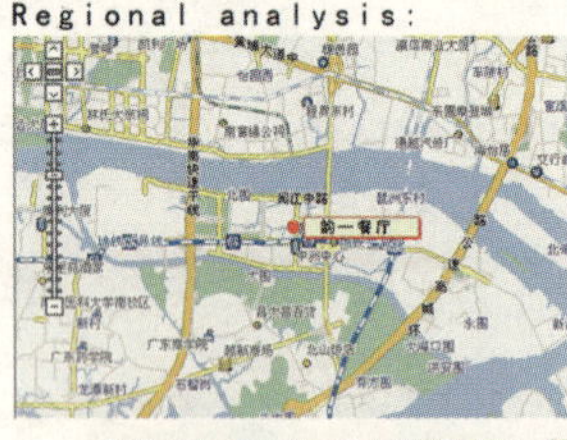

毗邻广州国际会展中心，尽览珠江的秀丽风光，更有幽雅的翠绿庭苑，是令您尽享舒适和愉悦的都市中的一方绿洲，更是您商旅及用餐的最佳选择。八间风格各异的餐厅及酒吧，两间宴会厅和八间多功能厅可迎合宾客多样化的宴会需求。

DINING—ROOM DESIGN 01

周敏菲 / 广东轻工职业技术学院 指导教师：彭洁、周春华

韵

设计课程类室内设计金奖

DINING—ROOM DESIGN

餐厅设计——韵餐厅设计

Dining-room design - yun dining-room design

Preject

This building is located in Guangzhou .

Designer

Zhou Minfei

功能布置：

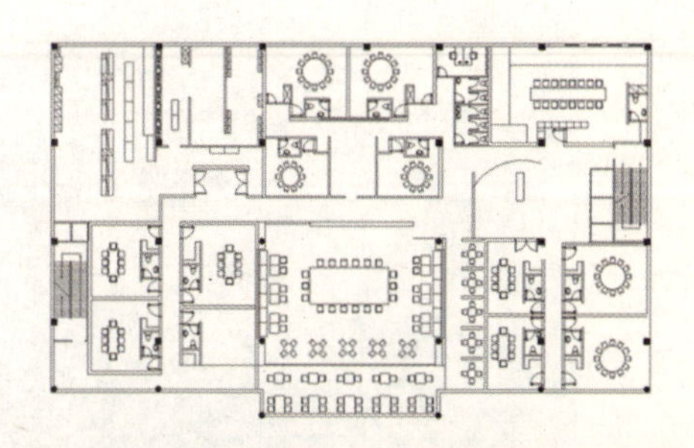

设计说明：本设计通过单纯、质感、简练的表现形式，使整个餐饮空间充满浓烈的视觉印象，空间主调运用了中国的传统幸运颜色分别为，黄、红，通过这两种颜色的对比，力图呈现出鲜明的中国式美观和朴素的自然味道。大门入口处上部的空间有意留大量宽敞开的天顶，利用餐厅作为视觉中心，通道旁主要设置为包房空间，使空间调而有序。设计上吸取了中国传统园林中移步换景的特点，使消费者行走在本空间里不会那么枯燥无味，增加视觉的变化。整合后的中式元素通过物化的重新设计，现代与古朴在此交融，让用餐者沉醉于静谧典雅的用餐环境之中。

餐厅设计——韵餐厅设计

Dining-room design - yun dining-room design

Preject

This building is located in Guangzhou

Designer

Zhou Minfei

大厅
效果图

a 桌面装饰

b 灯具

c 剪纸

大厅：

大厅主墙以剪影作背景，周边以木作饰面，低调中寻找大自然的宁静。摒弃了隆重豪华的装饰风格，采用原朴而细腻的设计理念，将古典与现代互相融合，营造一个典雅的就餐环境。

Hall with cany advocate wall technology background, peripheral to clear bricks for pavement, low-key nature of peace. The grand slam the adornment style of luxury, using original park and exquisite design concept, classic with contemporary and merging. Create a elegant dining environment.

DINING—ROOM DESIGN 03

DINING—ROOM DESIGN

餐厅设计——韵餐厅设计

Dining-room design - yun dining-room design

Preject

This building is located in Guangzhou

Designer

Zhou Minfei

走廊旁：

以一个大大的栅格屏风作隔离，周边以木板和石材作铺面，简洁大方。摒弃了隆重豪华的装饰风格，采用原朴而细腻的设计理念，将古典与现代互相融合，营造一个典雅的环境。

With a big screen grid for isolation in wood and stone, peripheral for noodles, concise and easy. The grand slam the adornment style of luxury, using original park and exquisite design concept, classic with contemporary and merging. Create a elegant en-vironment.

点评人：彭洁　广东轻工职业技术学院

点评：该方案不同之处在于能够利用传统剪纸的角度出发，结合现代材质的特质进行设计。空间结构简洁大方如行云流水般自由伸展，体现作者交为深厚的美学休养和艺术功力。作品大量面积约运用不同材质，使整个空间更加淳朴自然。

陈永光、周鹏 / 重庆教育学院美术系　指导教师：涂强、蒋波

"竹影清风"——水吧

设计课程类室内设计银奖

IMAGE OF BAMBOO
竹影清风—水吧
设计说明：
喧嚣繁忙的城市中人们总是想寻求一片宁静的港湾。本水吧设计以竹林小憩为意境，营造一种在城市中宁静闲适的氛围，色彩以浅灰色为主色调，映射一种心灵的静谧，鲜艳的明黄色渲染空间，更显生机。以生动的灯光营造竹林斑驳的光影，仿佛月色照在院落明净的地面上，拂拭阶上的尘泥，又吹来微风习习，穿庭而过，轻摇红色风铃，铃声伴风月吹走尘世的喧闹。
02

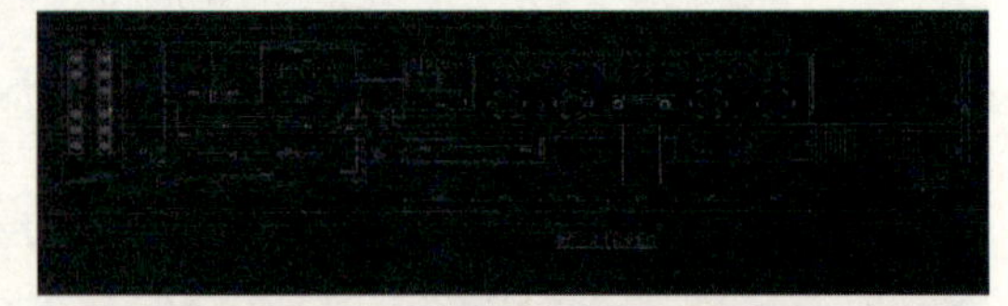

会馆是建造于山顶景观是最大的看点。建筑四壁全部用玻璃围和钢结构框架。室内整体氛围上是个灰度调子，与室外相协调。

空间元素上利用了水平方向的线条来增加空间的宁静感，在整体低灰度的中利用沙曼这种通透灵秀的材质来增加空间的层次和氛围。

入口的高靠背椅的浑厚气势与不锈钢条案的轻灵气质交相辉映。

韩志国 / 山东工艺美术学院　指导教师：马庆

云蒙山庄会馆设计方案

设计课程类室内设计银奖

室内空间力求与室外景观最大限度地结合；室内材质质朴、自然，体现原始气息。局部用些高亮度材质让空间显得更精致典雅，让久居城市中的人们在此可以放松心灵，酣睡在这片自然的气息中。

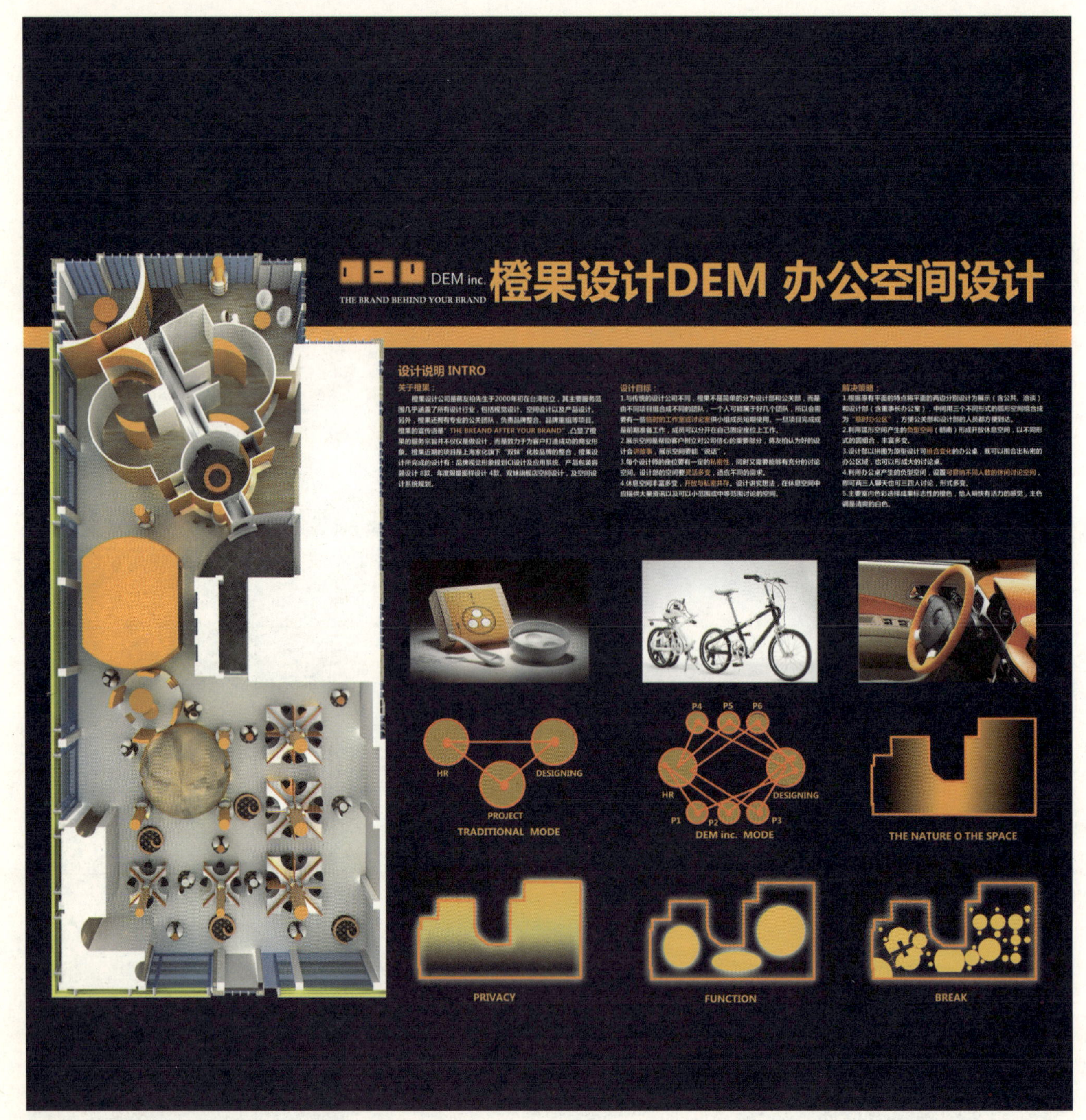

金欣 / 东南大学建筑学院环境艺术设计系　指导教师：赵军

橙果设计DEM办公空间设计

设计课程类室内设计铜奖

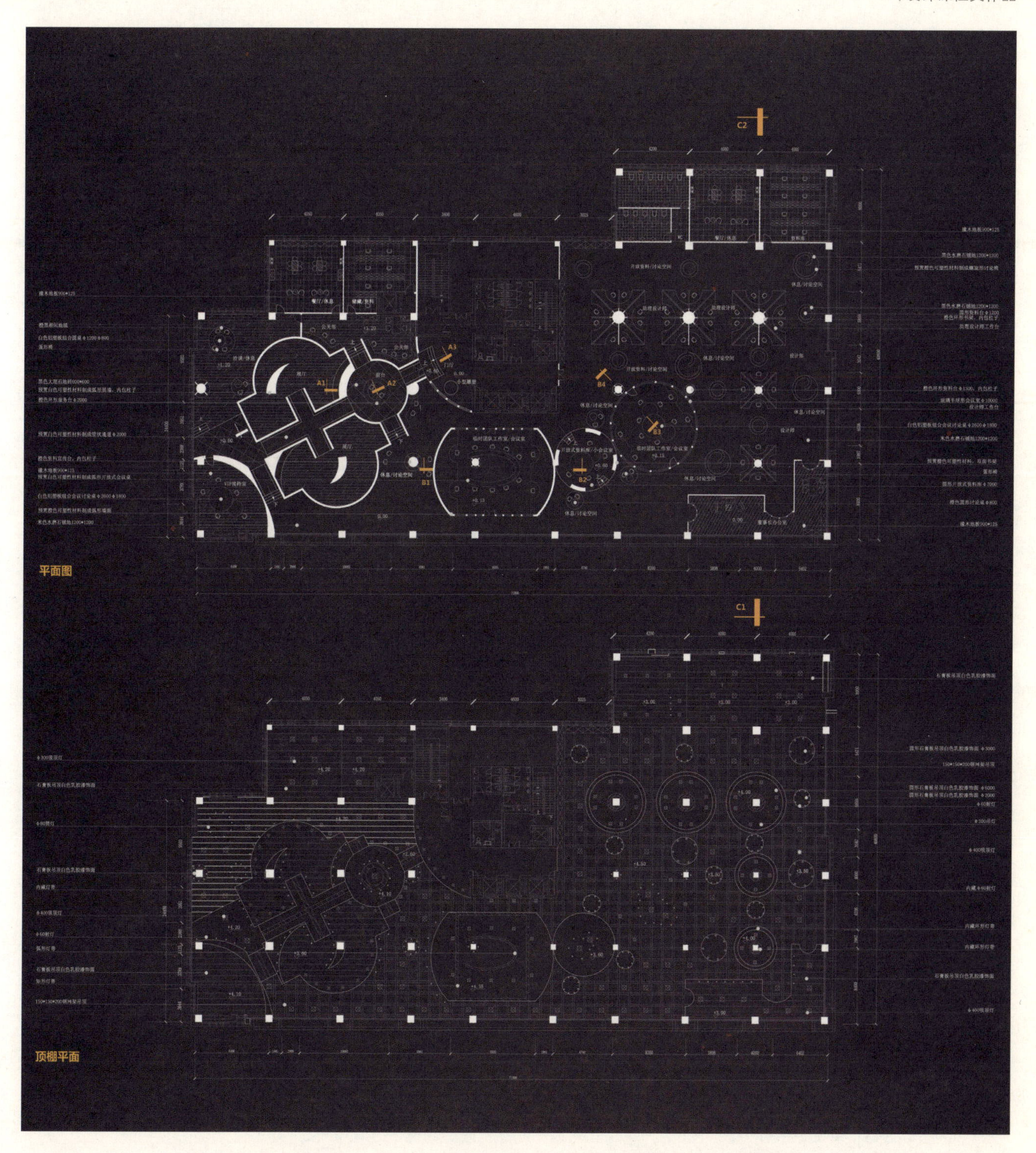
平面图
顶棚平面

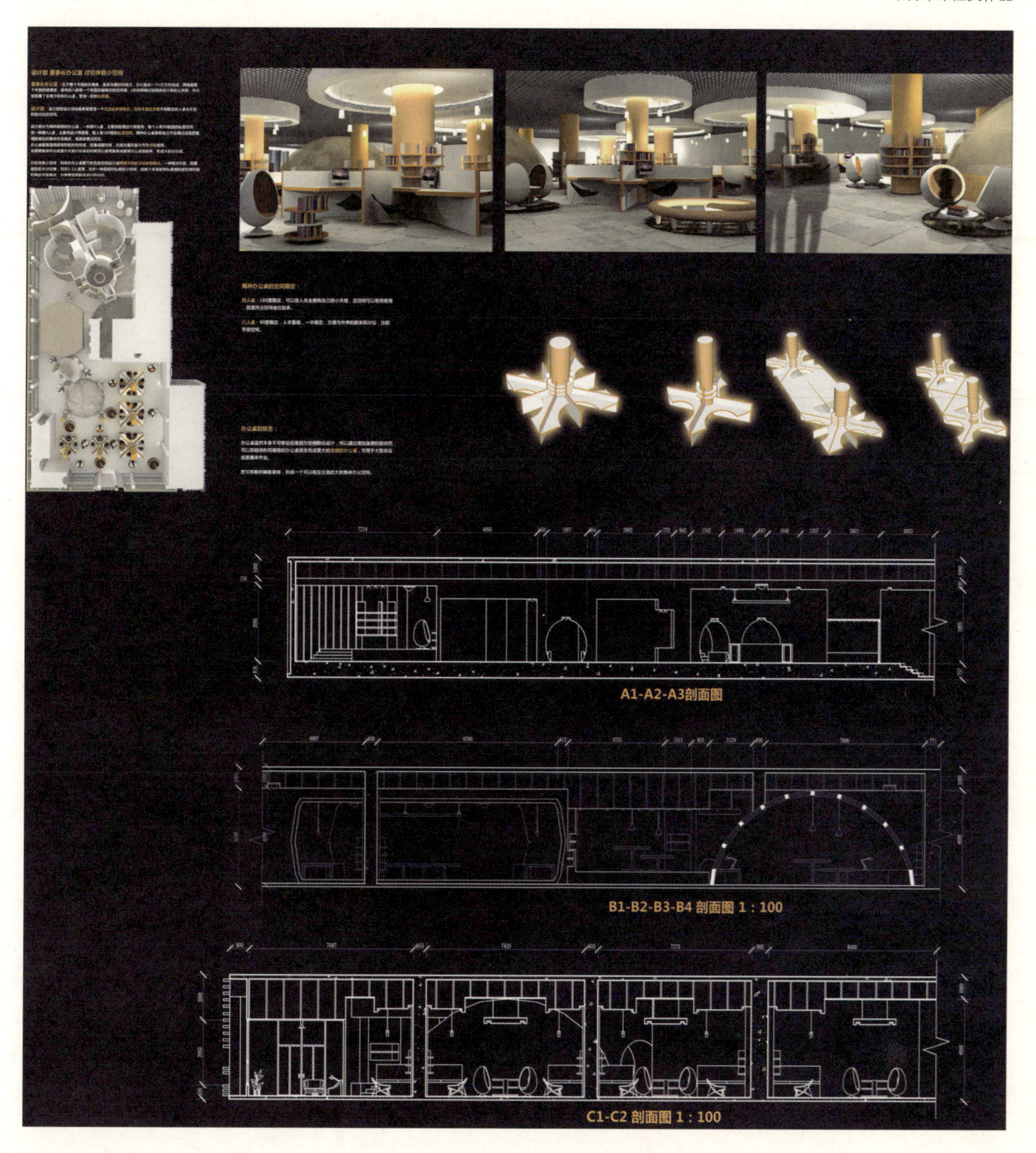
A1-A2-A3剖面图
B1-B2-B3-B4 剖面图 1 : 100
C1-C2 剖面图 1 : 100

文化活动空间设计（北洋园图书馆设计）

指导教师

高宏智：男，1974 年 11 月 2 日生于天津。天津城建学院艺术系（艺术设计专业主任）讲师。1998 年毕业于天津美术学院，获学士学位。1999 年至今在天津城建学院艺术系任教教。

慕春暖：男，1944 年生。1969 年毕业于天津大学建筑学院。现天津城建学院艺术系任教（教授）。

张玉龙、马倩 / 天津城市建设学院　指导教师：慕春暖、高宏智

北洋园图书馆室内设计

设计课程类室内设计铜奖

作业点评

该作品地理位置为天津滨海新区，考虑到天津的快速发展和国际化都市的全新定位，设计满足新区内各类人士文化活动要求，并且设计了多种使用功能，设计采用了当今较为时尚的设计理念和元素，满足了现代化大都市的形象和文化要求。

攀枝花艺术空间室内设计

地理位置及气候条件分析

攀枝花位于四川西南部、川滇交界处，金沙江与雅砻江此汇合。地处攀西裂谷中南段，属中山丘陵、山原峡谷地貌，山高谷深、盆地交错分布。北纬 26° 05′ ~ 27° 21′ 东经 101° 08′ ~ 102° 15′ 。市区海拔 1300~1500 米。境内有大小河流 95 条，分属金沙江水系、雅砻江水系，流域控制面积较大的有安宁河、三源河、大河。攀枝花属南亚热带——北温带气候类型，旱、雨季分明，昼夜温差大，气侯干燥，降雨量集中，日照长，太阳辐射强，蒸发量大，小气候复杂多样。年平均气温 20℃，是四川年平均气温总热量最高的地区，日照时数是四川盆地的 2~3 倍。最热月为 5 月，最冷月为 1 月；6~10 月为雨季，11 月至翌年 5 月为旱季，无霜期达 300 天以上。总体而言，攀枝花春季干热、夏秋凉爽、冬季温暖。

项目地址

方案现场分析

该地块为攀枝花钢铁集团一废旧工厂，该工厂呈西北朝向，此旧工厂整体呈L形长110米，宽66米。高约20米。工厂整体结构是钢结构建筑，空间宽敞而通透，可塑造能力强，是改造类建筑的典型代表，改造价值大而且成本低廉操作相对简单。

设计切入点

艺术家聚集区具有产业园、文化事业、文化休闲功能，能满足艺术工作者的艺术创作，艺术展示，为艺术工作者提供居住和交流的场所。但是艺术家聚集区在发展中遇到地价上涨和房租上涨带来的产业更替问题。如：由于租金上涨，北京798的艺术家工作室已大幅度减少本案旨在为艺术工作者提供一个租金低廉环境优美的工作环境。

艺术家部落 —对象→ 艺术工作者 —功能→ 艺术创作展示居住 —决定方向→ 低成本低消耗 —主要实现方式→ 节能（太阳光的利用）

项目背景

1文化创意产业的兴起，后工业化带来文化需求提升，文化张力成为市场竞争力的主要表现，文化艺术的创新能力成为决定文化张力的主要因素。2文化创意产业成为城市发展战略，北京、上海、广州、长沙等城市都有发展"创意之都"的设想。同时各地区也出现创意产业园区的潮流，比如上海已经形成80多个创意产业园区，香港"西九龙文化节区"。创意产业园区的意义在于可以促进后工业化城市再生，增加城市的自主创新能力，提升城市文化品格。

宋庄　北京798　M50　浓园

建筑形态来源分析

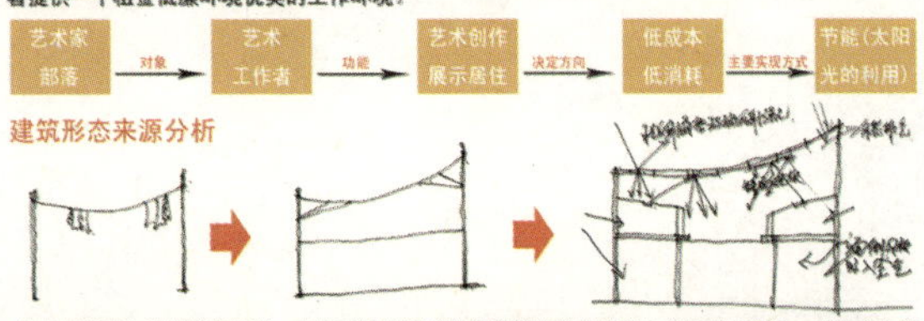

艺术来源于生活而高于生活。本案的建筑形式的灵感就来源于生活中很常见的元素，经过对生活元素的提取完善得到自己理想中的形式。这本身也是对艺术工作者的一种诠释，是对艺术工作内在的一种反映。

设计出发点

当今社会由特定人群构成的特色聚居地越来越多，比如宋庄，M50，坦克库，酒厂还有北京798艺术区。他们都是以分享品牌，确认职业和身份，交流和勾通，增加市场机会为目的大规模集聚在一起。特别是艺术家聚集区为艺术工作文化交流等提供了绝好的活动环境与交流平台。

建筑立面的元素提取

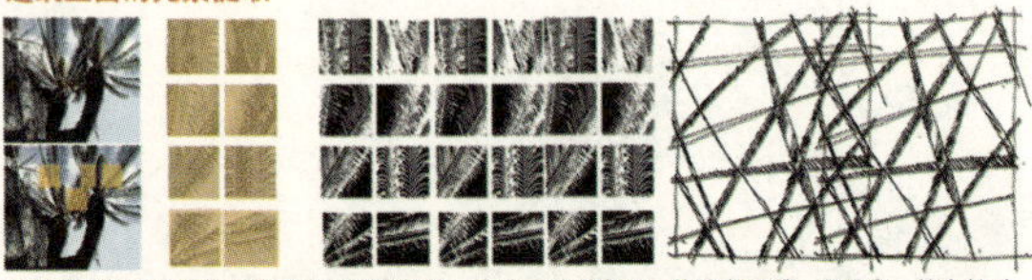

攀枝花苏铁是攀枝花地区特有的濒危物种。喜光，稍耐半阴。苏铁喜温暖，忌严寒，其生长适温为20~30℃，越冬温度不宜低于5℃。生长缓慢，10余年以上的植株可开花。叶螺旋状排列，叶从茎顶部生出，叶有营养叶和鳞叶2种，营养叶羽状，大型，鳞叶短而小。小叶线形，初生时内卷，后向上斜展，微呈"V"字形，边缘显著向下反卷，厚革质，坚硬，有光泽，先端锐尖，叶背密生锈色绒毛，基部小叶成刺状。苏铁树形古雅，主干粗壮，坚硬如铁；羽叶洁滑光亮，四季常青，为珍贵观赏树种。南方多植于庭前阶旁及草坪内；北方宜作大型盆栽，布置庭院屋廊及厅室，殊为美观。攀枝花有着特有的代表性意义。本案将其运用到建筑外观的形式组织上是对本土元素的提炼与完美运用，具有重要的意义。

艺术家适生境分析

1. 文化发达的大都市　2. 低房租地区（城郊农村或城内旧厂房）　3. 艺术院校周边

城市内旧厂房

艺术家聚居区（部落）

平面构思

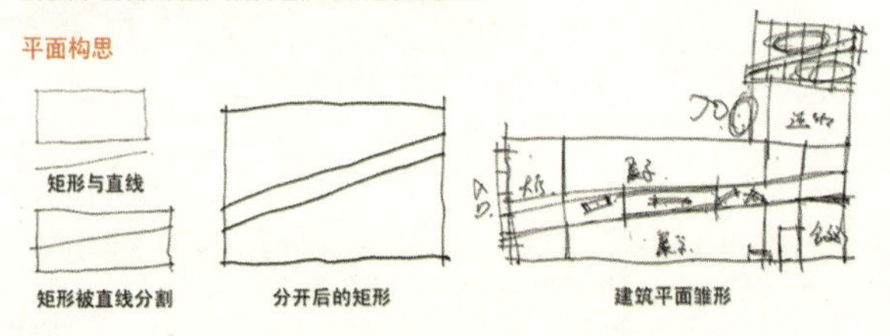

矩形与直线　矩形被直线分割　分开后的矩形　建筑平面雏形

颜明春、班晓娟 / 攀枝花学院艺术学院　指导教师：姜龙、宋来福

攀枝花美术馆室内设计方案

设计课程类室内设计铜奖

攀枝花艺术空间室内设计

功能分区分析

一层平面图

二层平面图

三层平面图

入口空间
大厅空间
体验空间
展示展览空间
会议空间
会议空间
羽毛球场
餐饮空间
宿舍
通道
工作室

光照条件分析

攀枝花市属南亚热带—北温带的多种气候类型，被称为“南亚热带为基带的立体气候”。经纬度：北纬26° 05′ ~ 27° 21′，东经101° 08′ ~ 102° 15′。日照长（全年2300小时 ~ 2700小时），太阳辐射强（578千焦/平方厘米~ 628千焦/平方厘米），蒸发量大，小气候复杂多样等特点。年平均气温19.7℃ ~ 20.5℃，是四川省年平均气温总热量最高的地区。

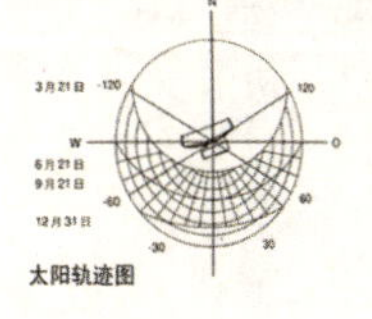
太阳轨迹图

攀枝花经纬度：
北纬26° 05′ ~ 27° 21′
东经101° 08′ ~ 102° 15′
本案地址纬度约为北纬26度
由此太阳高度角如下：

3月21日　9月21日太阳高度角为64°，6月21太阳高度角为87° 34′。12月21太阳高度角为40° 34′。

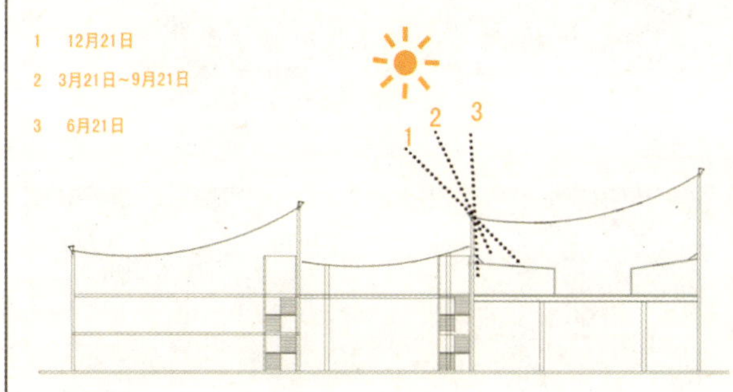

不同季节太阳高度角的变化 对采光角度造成的影响。

自然采光分析

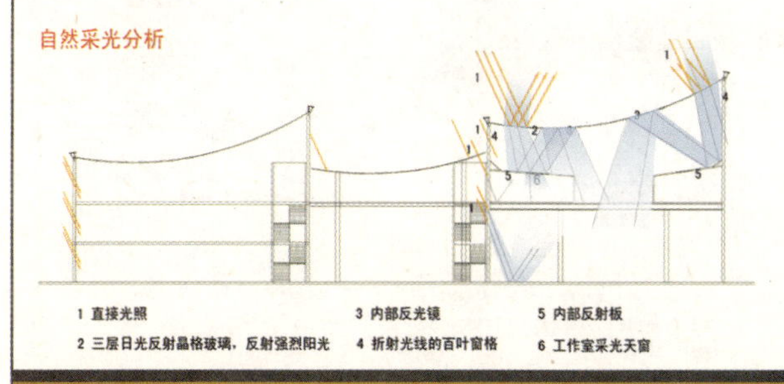

1 直接光照
2 三层日光反射晶格玻璃，反射强烈阳光
3 内部反光镜
4 折射光线的百叶窗格
5 内部反射板
6 工作室采光天窗

人工照明分析

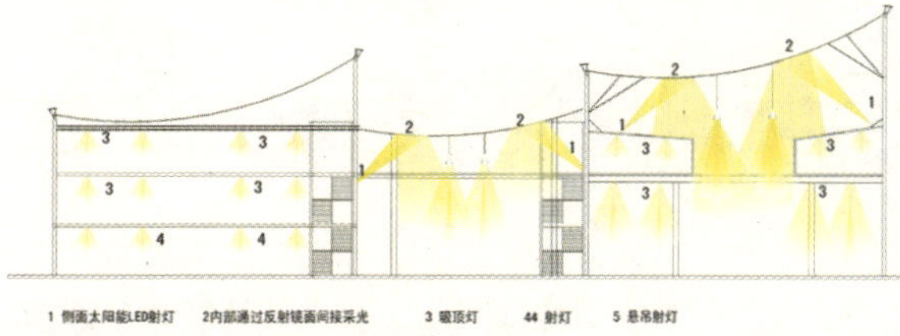

1 侧面太阳能LED射灯　2内部通过反射镜面间接采光　3 暖顶灯　44 射灯　5 悬吊射灯

本案的建筑通过大面积的玻璃墙进行采光。同时，屋顶下端局部安装的镜面反射区可以将人工光与自然光反射到室内。

机械与自然通风分析

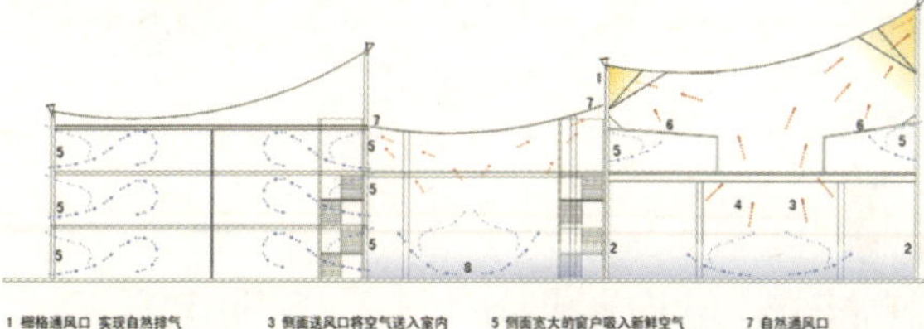

1 栅格通风口 实现自然排气
2 下部宽大的主入口吸入新鲜的空气
3 侧面送风口将空气送入室内
4 侧面通风系统实现排气
5 侧面宽大的窗户吸入新鲜空气
6 工作室顶部天窗实现排气
7 自然通风口
8 宽大的入口吸入新鲜空气

新鲜空气经过各主要通风口进入到室内，在整个下部空间均匀分布，新鲜空气在室内逐渐变热并逐渐上升，最后由屋顶的栅格通风口排出使用过的空气。

左侧工作室光影分析

工作室人工照明模拟

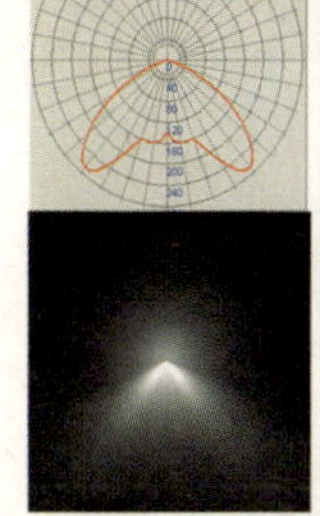

LED 即半导体发光二极管，LED 节能灯是用高亮度白色发光二极管发光源，光效高、耗电少，寿命长、易控制、免维护、安全环保；是新一代固体冷光源，光色柔和、艳丽、丰富多彩、低损耗、低能耗，绿色环保．一千小时仅耗几度电（普通 60W 白炽灯十七小时耗 1 度电，普通 10W 节能灯一百小时耗 1 度电）

白天阳光照射情况

12 点
光线入射角度 90 度

10 点
光线入射角度 60 度

8 点
光线入射角度 30 度

6 点

模拟室内空间在 6 月 21 日（太阳高度角为 87 度 34 分）这天从日出到日落这段时间里在不同的时间点太阳光以不同的角度入射的情况，以及对室内产生的阴影效果。

攀枝花艺术空间室内设计

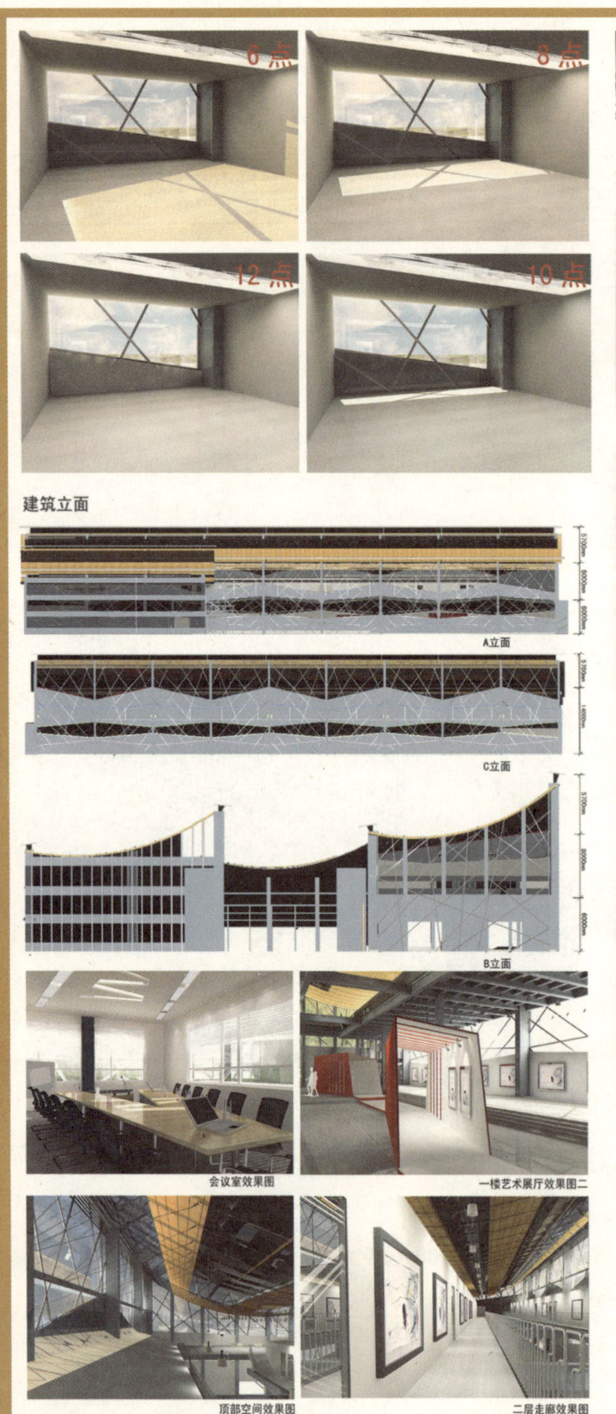

会议室效果图

一楼艺术展厅效果图二

顶部空间效果图

二层走廊效果图

一楼艺术展厅效果图一

本图表现的是钢结构的楼梯加上宽敞的休息平台，参观者可以在平台上逗留休息，以高视点观看整个展厅。

楼梯效果图一

休息空间效果图

开放画室效果图

开放画室可以供参观者现场观看并要求画家为其作画。

建筑外观效果图

楼梯2效果图

空间设计说明

整个空间紧紧围绕着 人—自然— 技术 这个主题进行设计。整个空间采用了大跨度的悬挂屋面结构，18米的高度与110米左右的长度相呼应，同时能提供一个自然通风的高度。建筑物大面积的玻璃窗允许自然光线的进入，同时又可避免曝光的直射。空间采光充足而不耀眼，创造出整个高品质的大空间。

木材作为屋面嵌板用于屋顶，这种材料不仅造价而且还有降低能耗方面的优点。整个空间支柱很少，可以进行灵活的布置展示区。

曾丽芬 / 广西生态工程职业技术学院　指导教师：韦春义、肖亮

“岸芷汀兰”

设计课程类室内设计优秀奖

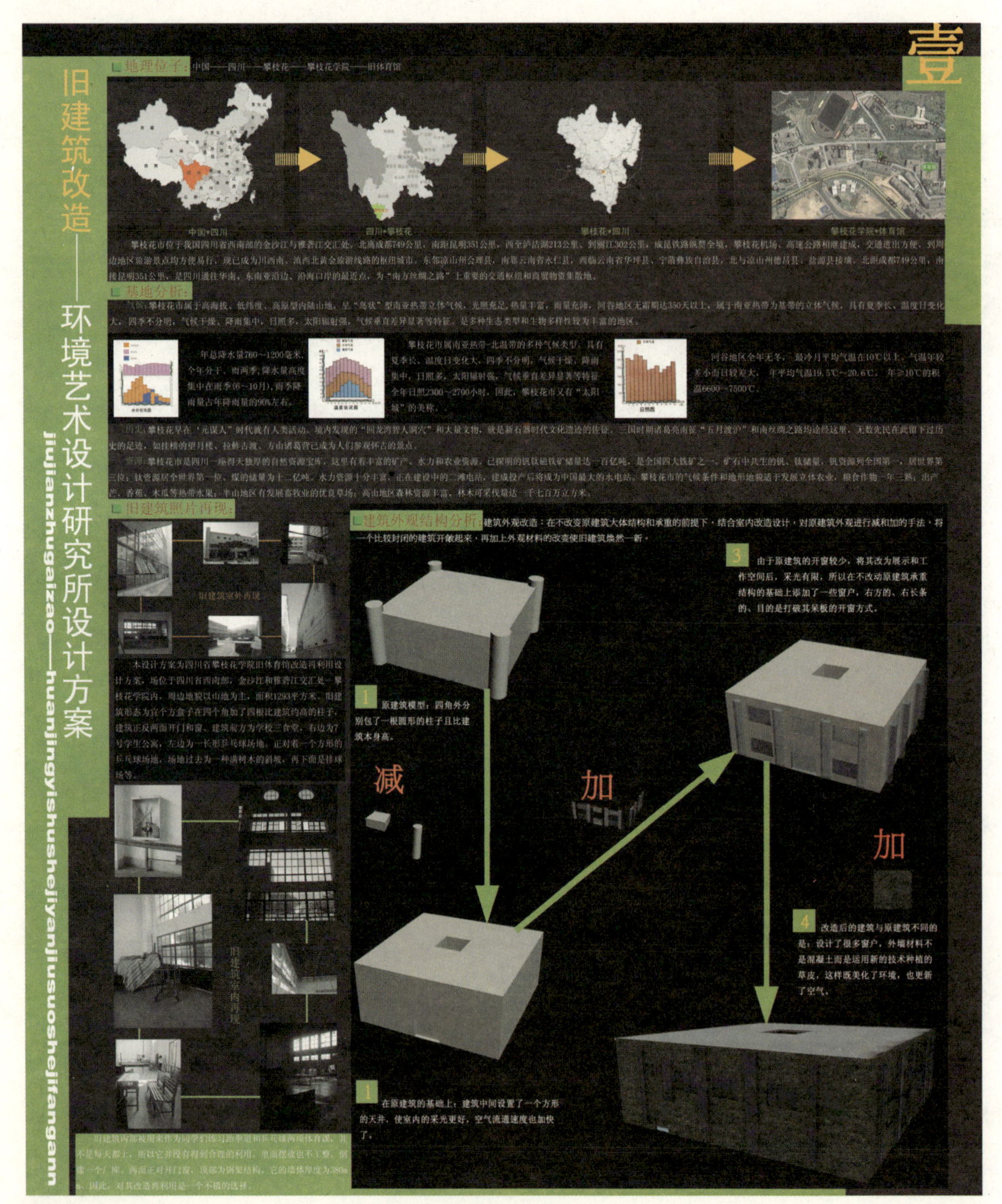

罗均芳、班晓娟 / 攀枝花学院艺术学院 指导教师：姜龙、宋来福

旧建筑改造——环境艺术设计研究所设计方案

设计课程类室内设计优秀奖

贰
旧建筑改造——环境艺术设计研究所设计方案
jiujianzhugaizao——huanjingyishushejiyanjiusuoshejifangan
建筑外观及景观表现：
建筑外观及景观夜景效果图
根据建筑型态为方形来规划周边（将原乒乓球场）的景观：将其改造成一个休闲的景观空间，与室内改造设计相结合，采用直线设计构成块，喷泉、块状草皮和块状铺装交错设计，黑、白、灰三种为主色调，红色的休息登为点缀，再配上水景的透、蓝和植物的绿，在这炎热的攀枝花给师生们增添了一块凉地，主要景观功能区有：休息廊架、树阵休息区、漫步区等。
景观总平面图
建筑外观及景观鸟瞰图
旧体育馆建筑结构坚固、内部空间开敞、具有较强的使用灵活性，保护和改造旧体育馆，不仅具有可行性，而且符合保护环境、减少资源浪费、循环利用资源的可持续发展观。根据其建筑质量、改造后功能需求，选择的改造方式为：不改变建筑结构，对建筑进行细部如窗、门、立面等改造，将大空间分割成小空间，以适应新的功能和创造新的景观环境。因为它具有良好的结构承重体系，改造时充分利用其大空间的特点，赋予展览、环境艺术设计专业学生实践办公的新功能。这种改造方式，着重在建筑整修，对外墙、门窗、非承重墙等进行替换，增加楼梯（将原空间划分成两层）、卫生间等辅助设施空间，以满足新功能的需求，并且还具有造价低的特点。
在不改变原建筑大体结构和承重的前提下，结合室内改造设计，对原建筑外观进行减和加的手法，将一个比较封闭的建筑开敞起来，窗户设计长条形与方形交错，长条形向外凸。在原建筑外设计一个与原建筑同样开窗方式的钢筋网格结构，厚度为500MM，除门窗开口外，其余部分都运用先进的种草技术种植垂直的草皮，将整个建筑包裹起来。
建筑外观南立面
墙体植物种植技术为：将植物装入盆里，再把盆体镶嵌，固定在钢筋网格里，上面安装定时喷淋系统。
墙体植物种植所需材料：
1、植物盒——植物的培养构件，由植物、纯天然纤维基质、栽培金属网盒组成，规格有：（厚x宽x高）：80*200*240、80*600*240、80*1000*240。
2、植物金属支撑架——让接植物盒的结构单位，通过膨胀螺丝固定在建筑墙体上，并与墙面保持20mm以上的距离以保证植物墙与建筑墙体之间空气的流通，防止建筑墙面受潮。
3. 微灌溉系统——由水泵、程序控制器、施肥器、过滤器、UV灭菌器、电子阀、抗阻塞微灌溉滴管等组成，由电脑程序控制，根据植物生长的不同阶段，不同的气候条件自动循环供给植物生长所需的水分和养分。
4. 边框装饰——整个植物墙的侧面、底部等边缘地方，用不锈钢、铝、木材或PVC板密封，以保证整体美观。
建筑外观北立面
室内分析：
旧体育馆建筑结构坚固、内部空间开敞、具有较强的使用灵活性，保护和改造旧体育馆，不仅具有可行性，而且符合保护环境、减少资源浪费、循环利用资源的可持续发展观。根据其建筑质量、改造后功能需求，选择的改造方式为：不改变建筑结构，对建筑进行细部如窗、门、立面等改造，将大空间分割成小空间，以适应新的功能和创造新的景观环境。因为它具有良好的结构承重体系，改造时充分利用其大空间的特点，赋予展览、环境艺术设计专业学生实践办公的新功能。这种改造方式，着重在建筑整修，对外墙、门窗、非承重墙等进行替换，增加楼梯（将原空间划分成两层）、卫生间等辅助设施空间，以满足新功能的需求，并且还具有造价低的特点。
建筑外观西立面
建筑外观东立面
图中显示了气流如何穿过建筑，外围的是我展示及办公空间通过四周的窗户和中间的天井直接与外部通风。
室内通风示意图
植物墙有利于增加室内湿度、帮助墙体隔热、净化空气，提高空气质量的作用，进而有效防治大气污染，为环保做出贡献。垂直绿化过的墙面温度比无立体绿化的墙面温度约低5-7摄氏度空调耗电占建筑耗电的50%。
立体绿化的墙面比无立体绿化的墙面温度约低5-7度，这样就可以节约空调耗电量20%-40%。它既有分隔内外空间的功能，又有繁茂的色彩，给人以舒适与美感。

叁
旧建筑改造——环境艺术设计研究所设计方案
jiujianzhugaizao——huanjingyishushejiyanjiusuoshejifangan
室内改造设计分析：
从一楼到二楼的楼梯设在天井处，由于层高比较高，楼梯的梯步设得比较多，且扶手和踏步都是红色的，这是天井处的一大特点。整个楼梯全采用钢材，这样既就地取材又安全。楼由抬高区和下沉区两个展示区，巧妙的将空间进行了分区，形成了虚开实闭的效果。
钢架扶手上涂红色涂料
钢制梯边
红色的钢制踏板
钢制承重柱
楼梯构建示意图
一楼空间流动图
进入建筑内：一楼为研究所（环境艺术设计专业学生）的作业作品展，特别是毕业设计展。进门右手边为一个抬高300mm再300mm的抬高展示区域，左边为一个下沉600mm的下沉展示区域，一个卫生间，展区内采用LED灯来对展品进行重点照明。中间是一个方形的中空天井，将其设计成一个小院，院中间设计了一个水井，里面种着荷花，院路的周边是种着植物的绿化区。在天井处还设有两个反方向的上二楼的两个红色钢架楼梯，在自然的采光下尤为突出。
灯与展品的关系
5.300
0.600
0.000
-0.600
室内正立面图
楼梯分析图及一楼立面分析图
新型绿色环保光源：LED运用冷光源，眩光小，无辐射，使用中不产生有害物质。LED的工作电压低，采用直流驱动方式，超低功耗（单管0.03~0.06W），电光功率转换接近100%，在相同照明效果下比传统光源节能80%以上。LED的环保效益更佳，光谱中没有紫外线和红外线，而且废弃物可回收，没有污染，不含汞元素，可以安全触摸，属于典型的绿色照明光源。寿命长：LED为固体冷光源，环氧树脂封装，抗震动，灯体内也没有松动的部分，不存在灯丝发光易烧、热沉积、光衰等缺点，使用寿命可达6万~10万小时，是传统光源使用寿命的10倍以上。LED性能稳定，可在-30~+50°C环境下正常工作。
展厅效果图
一楼被改造成一个环境艺术设计专业的成果展：展厅分为抬高与下沉两个区域，这样看似开放的空间，因其地面抬高而被分开来。展厅采光除展品上有两排筒灯外，在新设的十根柱子上还设有灯带，透过柱子外包的玻璃，灯带的效果很明显。出此之外，在展区还设有红、黑、灰三个颜色的方形凳子，看上去简洁大方。展厅也可用来作为其它短期展。这也为学校带来了利益。

肆
旧建筑改造——环境艺术设计研究所设计方案
jiujianzhugaizao——huanjingyishushejiyanjiusuoshejifangan
二楼室内空间设计：
二楼空间流动图
二楼是研究所的办公空间，分为两个所长室、一个会议室、一个手绘室、一个财务室、一个洽谈室、四个办公室等整体空间采用黑、白、灰为主色调，再配上红色的点缀，是整个冷静的空间活跃了不少。
会议室的造型以简洁的线条为主，照明设计采用日光和间接光照相结合。吊顶与桌面形状上下呼应，创造良好的光照环境，使整个空间流畅而和谐，成为整个空间的主要角色。
手绘室的曲折的弧线的下凸与地面的桌子的上凸相呼应，红色与黑色的对比使整个空间为之一亮。
办公室的设计采用了吊顶下沉的做法，与地面上下呼应，特别是吊顶的灯片加上红色的边框与地面红色的折线相对应。
洽谈室沙发背景墙的交错式的红色线条，加上黑色的墙面体现了红色与黑色搭配的经典，不规则的吊顶与镜面相结合增强了空间感。
办公室效果图
效果图展示：
洽谈室效果图
会议室效果图

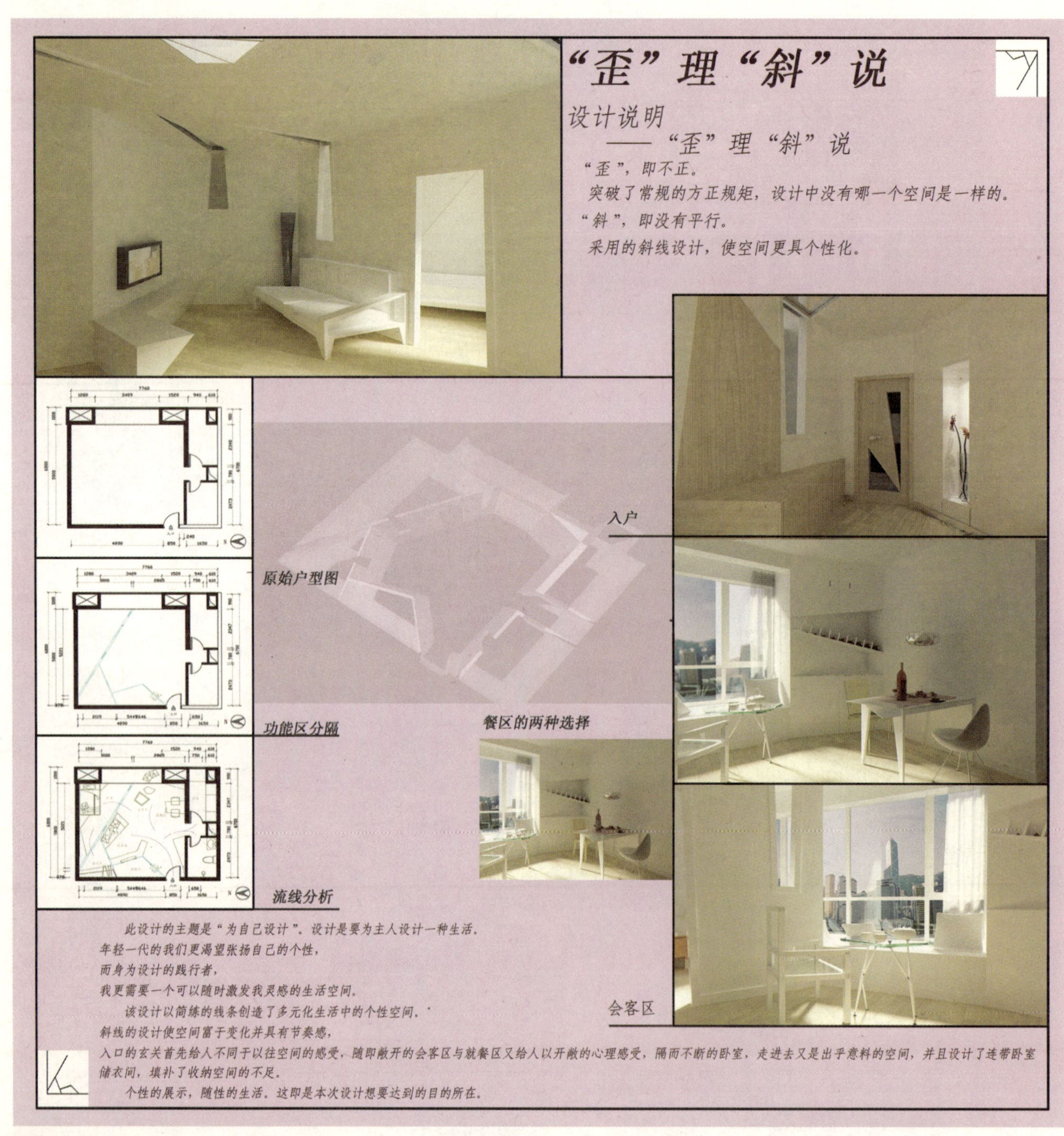

陈思聪 / 河北科技师范学院　指导教师：代峰

“歪”理“斜”说

设计课程类室内设计优秀奖

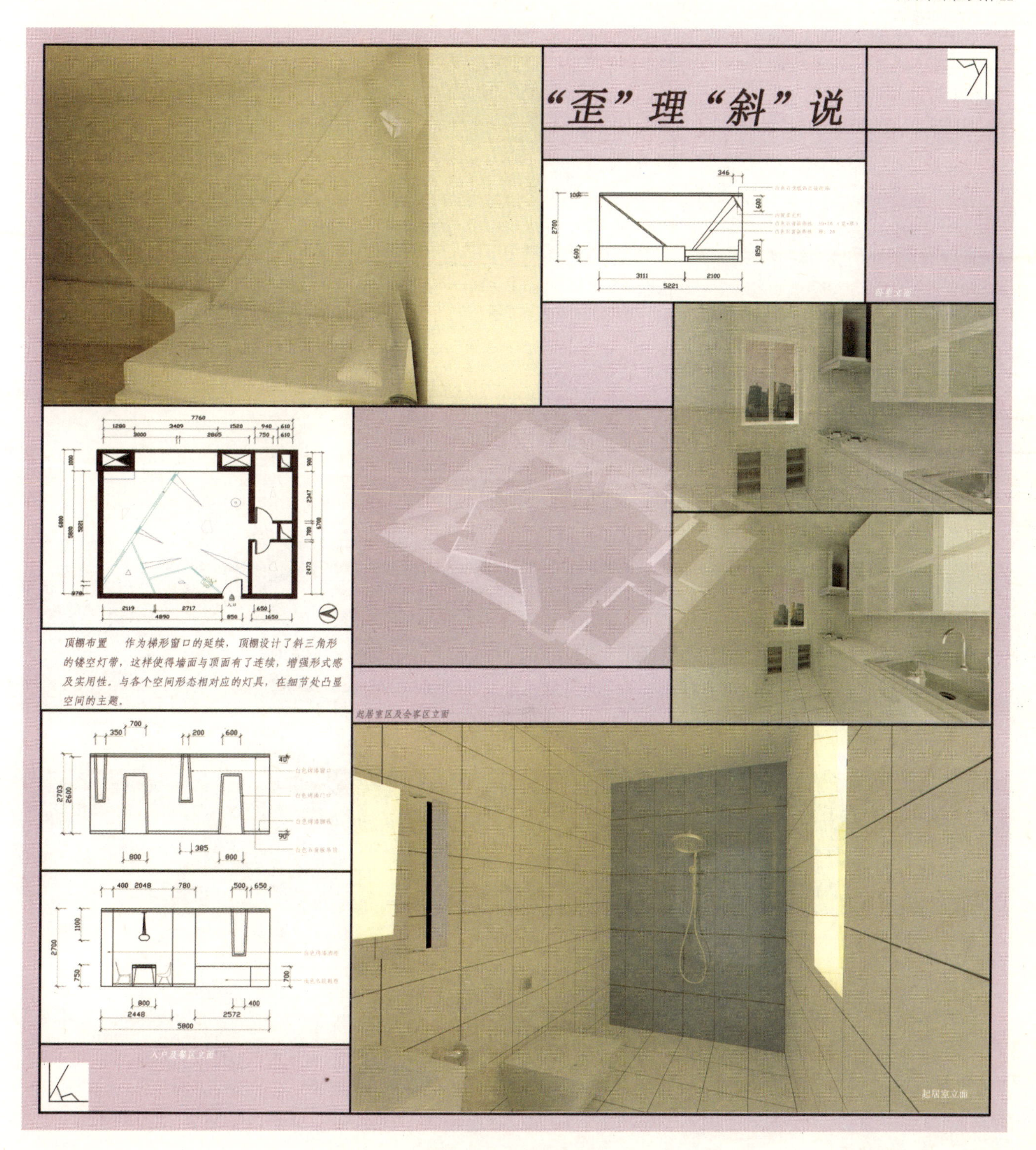
"歪"理"斜"说
卧室立面
顶棚布置　作为梯形窗口的延续，顶棚设计了斜三角形的镂空灯带，这样使得墙面与顶面有了连续，增强形式感及实用性。与各个空间形态相对应的灯具，在细节处凸显空间的主题。
起居室区及会客区立面
入户及餐区立面
起居室立面

空间概念设计 01

文化活动空间设计（北洋园图书馆设计）

课程特色介绍

介绍：本课程是环境艺术设计专业延修课之一，处于环艺专业系列课程的设计准备及起步阶段。该课程的教学目的是对学生进行空间思维训练，旨在加深学生对建筑空间的认识，通过教学和一系列具体的训练题目使学生能动地认识空间概念，加深对空间感受的体验并总结构成方法和规律，掌握建筑内部空间与外部空间的处理手法，探讨建筑功能组织与空间组织之间的关系，提高审美素质和进行创造性思维的能力，为室内设计和景观设计课程提供空间思维的准备。

教学特色：理论结合案例；课题为主层层深入；注重实验性操作性；兼具交叉性趣味性。

主讲教师

都红玉 / 王星航，天津美术学院环艺系讲师。

课程优秀作业

实训一——单一空间的塑造

综合运用单一空间中的各种空间塑造手法，创造个性空间；试验各种采光口对室内产生的各种光影效果，体会光影在空间营造中的独特魅力。

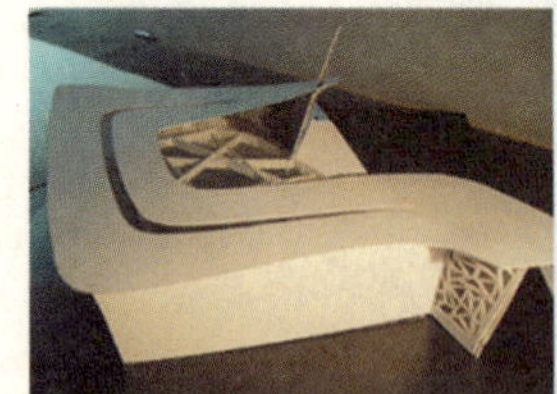

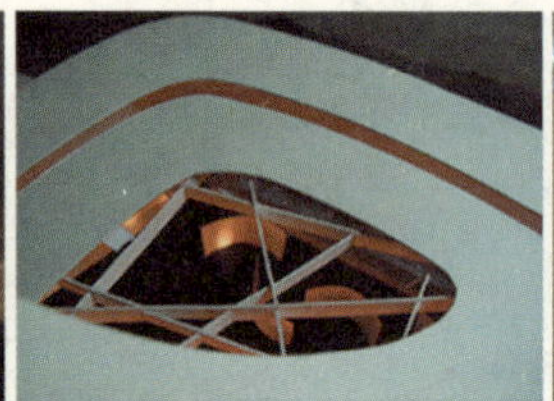

于渊涛，唐晨，04 级

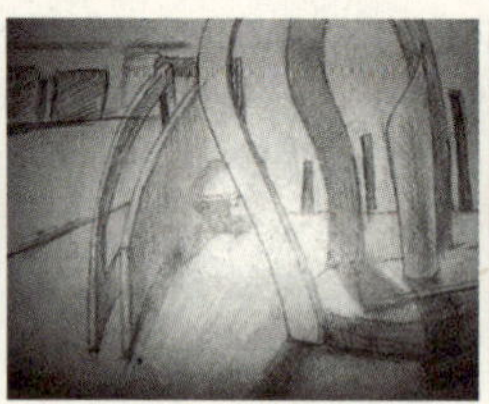

张冬莹，左家兴，04 级

实训二——空间骨架

利用基本空间组织的手段，将多空间进行组织和整合，衍生出新的具有丰富空间关系的空间形式。以室内空间设计为视点，在一个固定的空间尺寸中，结构骨架不变的情况下，尝试室内空间的组合变化。组织人流路线，将多空间进行有机的组织，形成序列空间。

于渊涛、唐晨、张冬莹、左家兴等 / 天津美术学院　指导教师：都红玉、王星航

空间概念设计课程

设计课程类室内设计优秀奖

空间概念设计 02

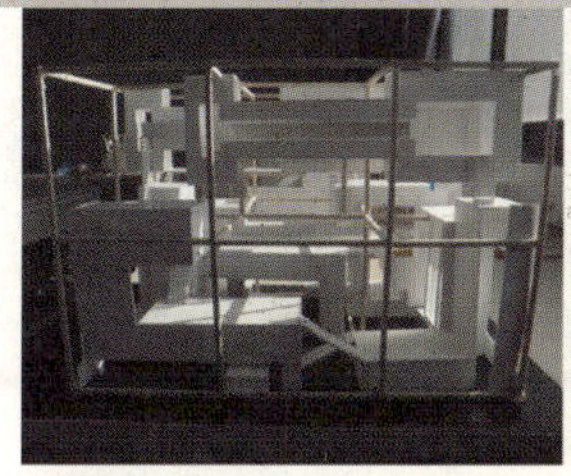

王雁飞，黎婵娟，张炫，09 级

段雯，李启凡，刘爽，09 级

实训三——建筑空间的塑造：设计“500M3”

课题源自 2004 年 GBD 北花园艺术特区第一期建筑设计竞赛，选用竞赛的主题及地形，要求学生设计一座占地 $50m^2$，高 10m，$500m^3$ 的房子，提供对外开放，保证工作的自由与居住的隐私。这是学生接触的第一个真实的建筑设计课题，强调学生在设计中将概念空间和建筑功能相结合考虑。

余文达 卢婷，07 级

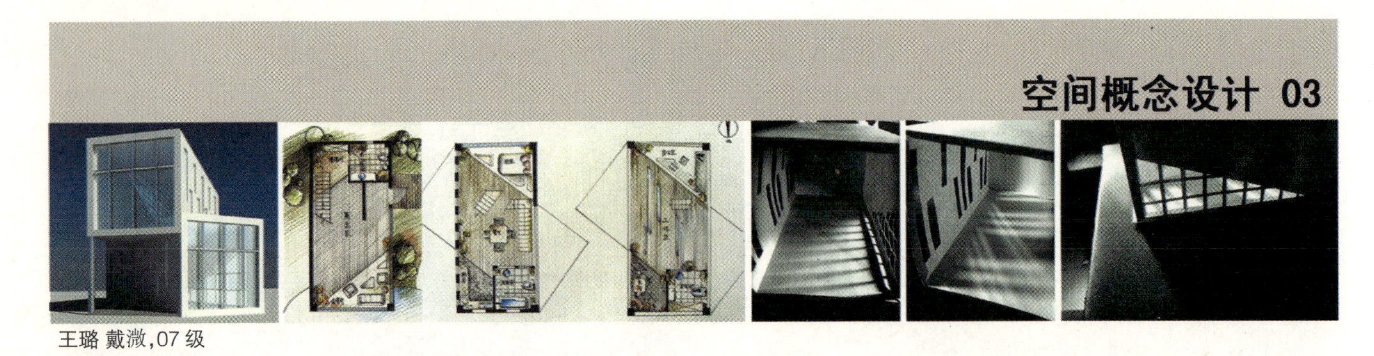

王璐 戴溦，07 级

实训四——建筑空间的塑造：城市画廊设计

从网上找到这样一个很有意思的设计课题，要求建筑在 6x14x14 容积内展开，建筑主体 3~4 层，高度不超过 14 米。有自然采光与通风，主要功能房间为展览空间，辅助空间有卫生间，或设置储藏室、办公休息间等。这个课题从很大一个方面考察了学生的功能空间和建筑立面的塑造能力。

苏小锋 侯淑思，06 级

实训五——多个建筑空间的组合：汶川大地震都江堰纪念馆建筑设计

本课题根据 2008 Autodesk Revit 杯全国大学生可持续建筑设计竞赛题目拟定，要求设计一座建筑面积为 3000m² 的纪念馆。这是一个功能相对较多复杂的建筑设计课题，更多地考察学生在设计中如何处理复杂的建筑功能、良好的建筑形象的问题。

空间概念设计 04

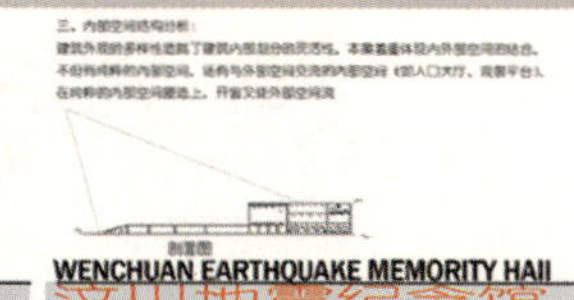

WENCHUAN EARTHQUAKE MEMORITY HAII

汶川地震纪念馆

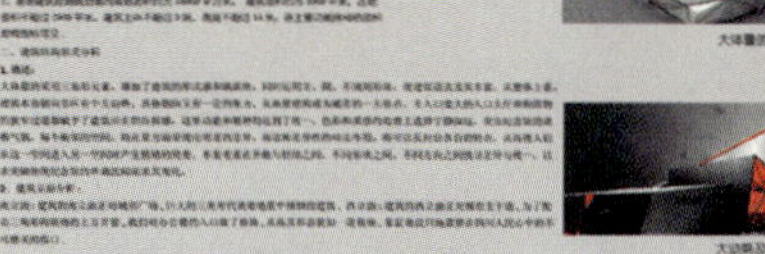

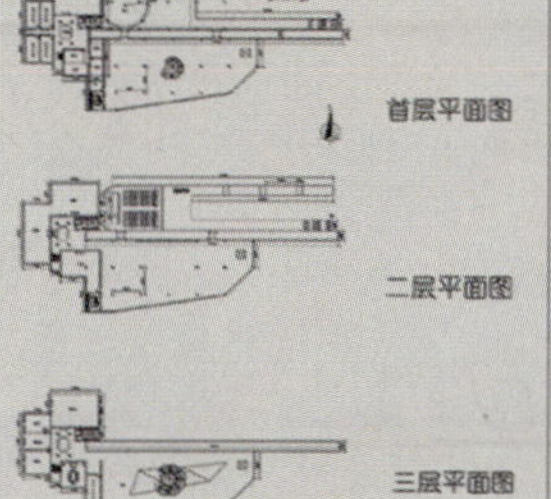
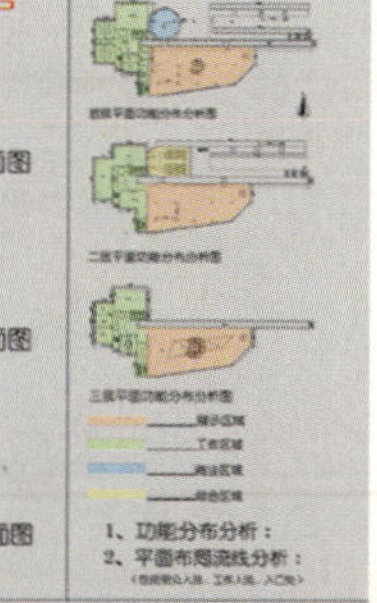
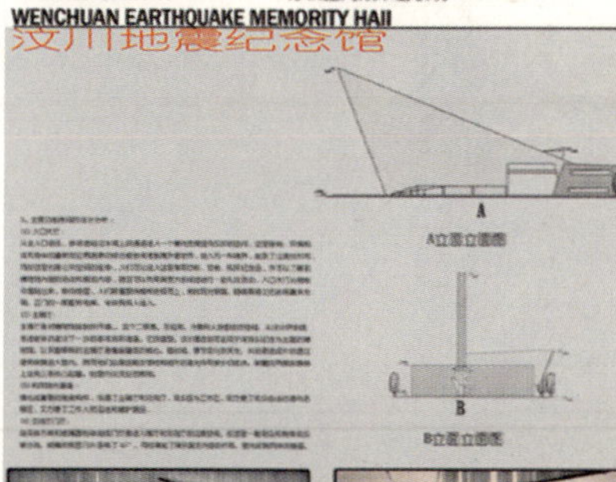
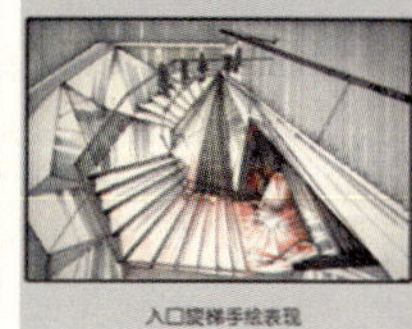

康颖、龙云飞、刘宇辰，06 级

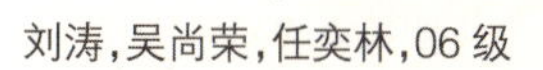
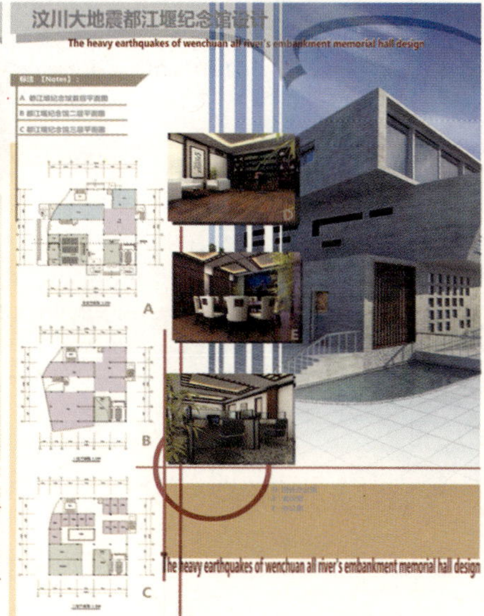

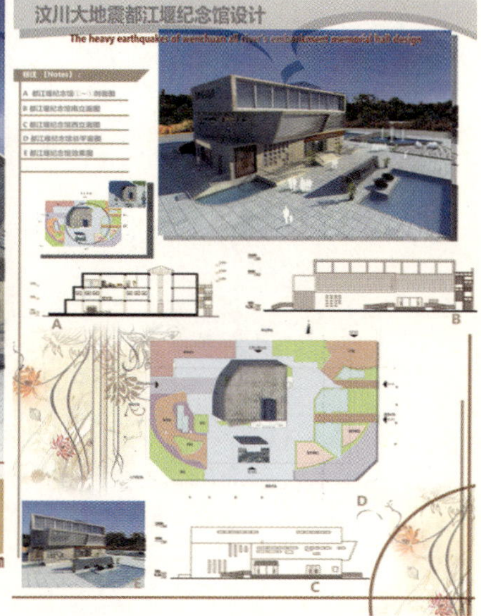

刘涛，吴尚荣，任奕林，06 级

空间概念设计 05

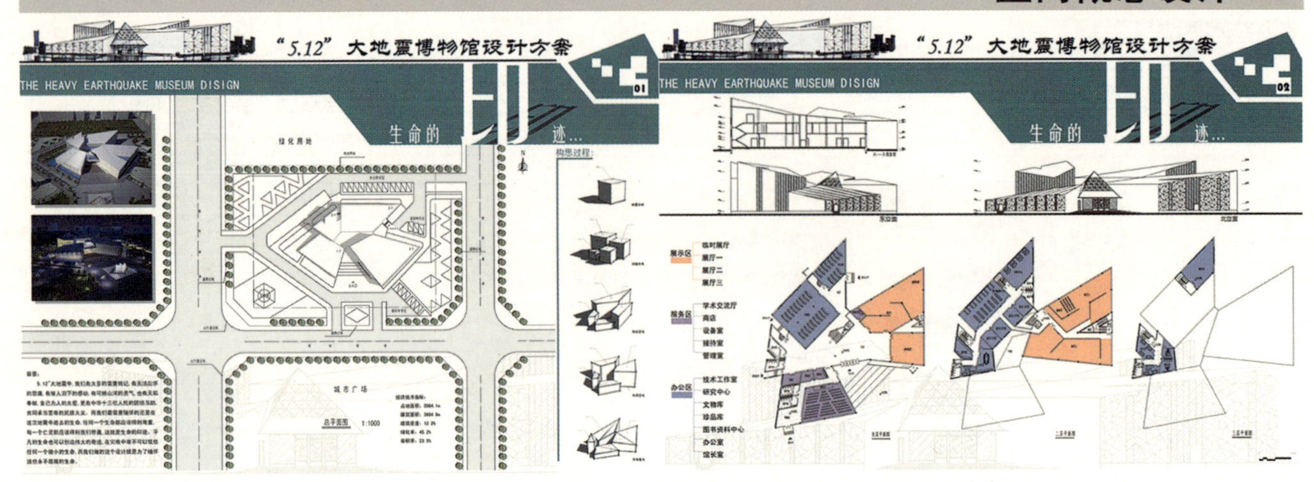

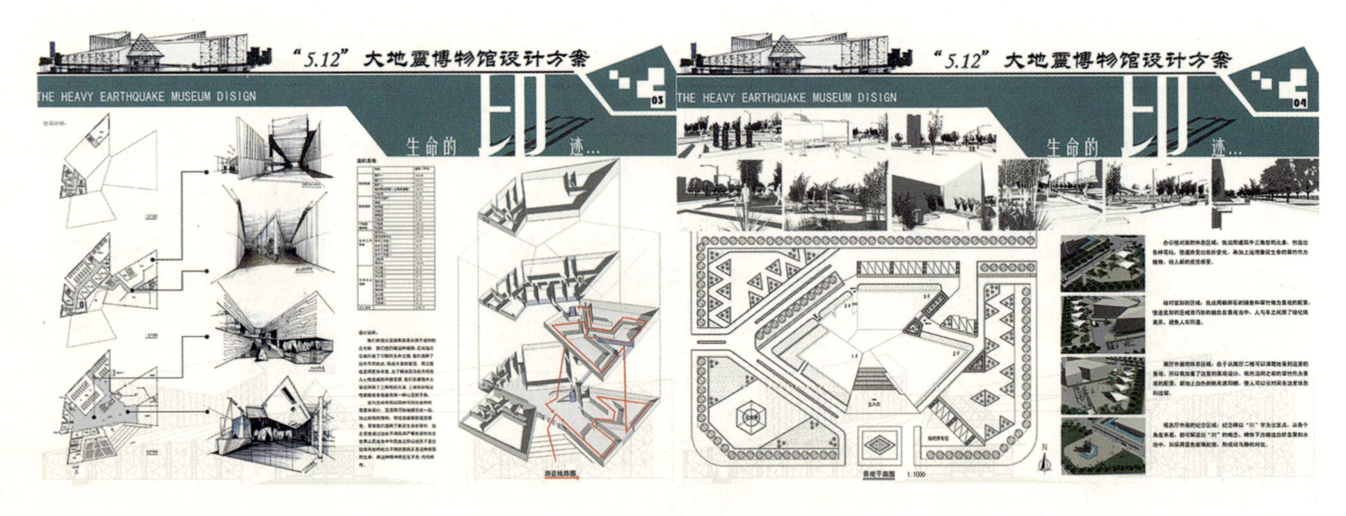

教师介绍

都红玉，女，1974年生，天津美术学院环艺系讲师，昆明理工大学建筑设计及其理论专业硕士研究生，2004年12月于天津美术学院任教至今，主要从事建筑设计基础课程教学和研究。

王星航，女，1978年生，天津美术学院环艺系讲师，河北工业大学建筑与艺术设计学院建筑系学士；天津大学建筑学院设计艺术学专业硕士。2005年5月天津美术学院任教至今，主要教授建筑设计等课程。

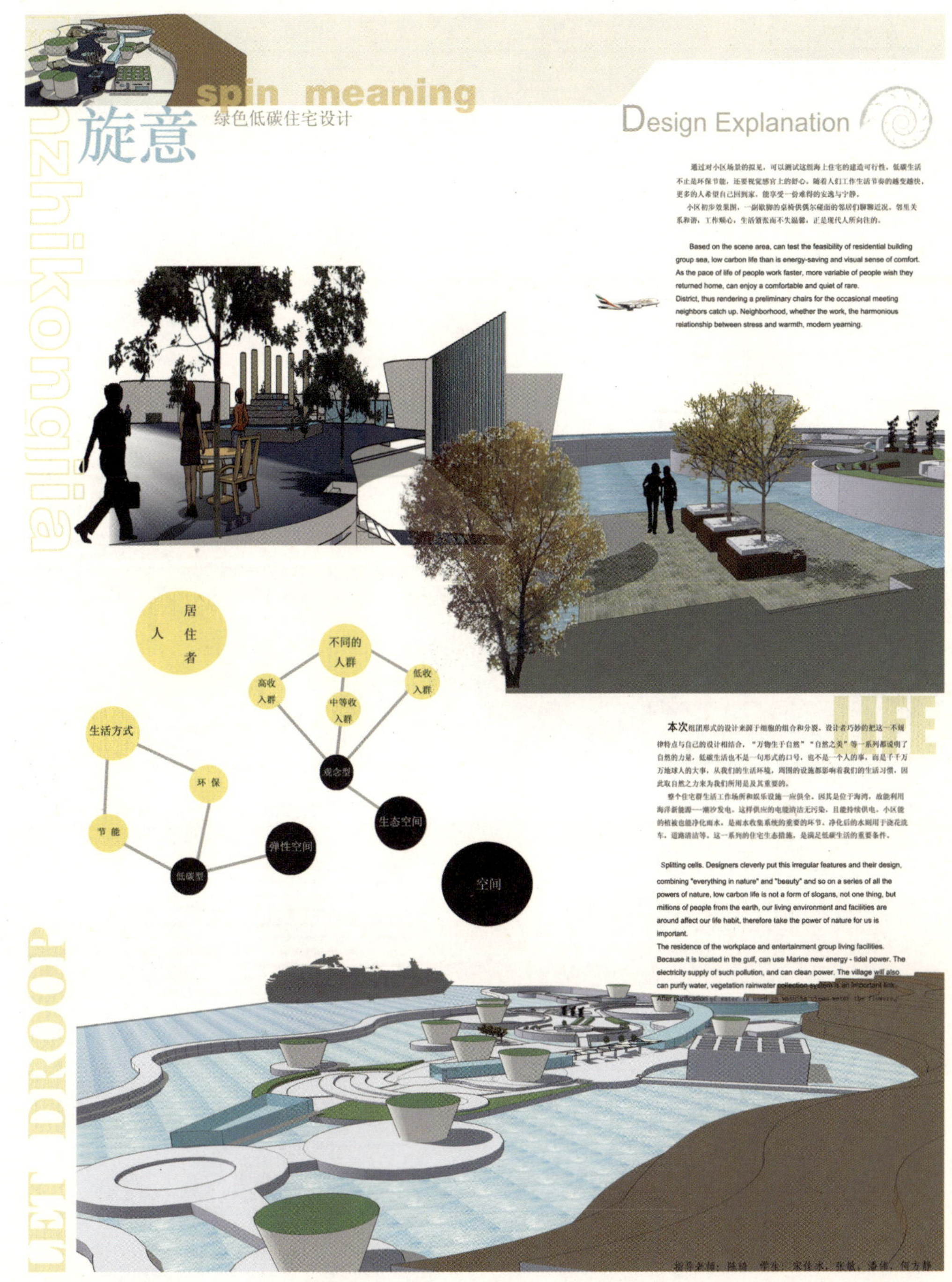

宋佳冰、潘伟、张敏、何方静 / 中国美术学院艺术设计职业技术学院 指导教师：陈琦

旋意——低碳住宅设计

设计课程类室内设计优秀奖

本次设计灵感来源于鹦鹉螺蕴含两项间比值无限接近黄金分割数的菲波拉契数列的美丽旋线，故而名为"旋意"。

整个单体建筑分为三层，平面以直径23m、25m、27m递层往上，其中各层间通过27°缓行坡道连接，通过外部视觉呈现出美丽的人工螺旋线。建筑外围则以呼吸式玻璃幕墙环绕，借玻璃的透明度及视觉上的硬度对应鹦鹉螺的外壳。

空间划分合理性很重要，设计者将巧思融于建筑中。功能区分：一楼——"旋意的心脏"大部分空间用于占用空间较多的技术设备房，穿了一件室外景观的漂亮衣服，如心脏一般时刻待命。二楼——"旋意的四肢"主要是客厅、餐厅、厨房、工作间主人们在这里活动最频繁，如人体躯缘不休的四肢。三楼——"旋意的大脑"主要空间为休息准备，当然也有开敞式书房、影音娱乐区满足主人即使充电和休息，如聪明的大脑总需要劳逸结合。

建筑内部设计大部分运用曲线造型、隔断墙错落排列与旋线相呼应，并选用简洁明快设计感强的家具组合软装配饰营造出温馨的家庭氛围。

多个单体建筑以有的细胞排列组团定建于杭州湾，这个未来的新兴建筑形态会让时间印证"优雅的漂浮者"魅力无边。

而其设计亮点在于太阳能、潮汐能、地热能等新能源和各种环保室内材料的运用。

低碳住宅，你也可以拥有。

*The design inspiration comes from nautilus contains two ratio between the number of golden section to benfica Paula 8 cycles, the beautiful line called "spin". The monomer building is divided into three layers, plane with diameter 23m 25m, up by 27m, each layer, 27 " on the ramp connected through external visual show beautiful artificially spirals. Building periphery is surrounded by breathing type glass curtain wall glass, borrow the transparency and visual hardness corresponding nautilus shell, Building interior design most use curve modelling, partition wall strewn at random arrangement and spinning line photograph echo, and selection of the design of concise and lively feeling soft furniture combined to create the warm decoration assembly family atmosphere. Multiple monomer building with some cells are arranged in hangzhou, this group for future emerging architectural form will make time to confirm "elegant" endless charm of the float. And the design highlights in solar, geothermal and other new energy and tidal and various environmental indoor material. Low carbon house, you can have.*Space partition rationality is very important, designers will think of opportunely into building. Distinguish: first floor ---- "the function of the heart" spin space to take up the space of more technical equipment rooms. Wearing a outdoor landscape beautiful clothes, such as cardiac general hot standby. On the second floor ----"the function of the limbs " the rotor is mainly a sitting room, dining-room, kitchen, workshop masters here, as the most frequent human activities earth-worm endlessly limbs. On the third floor ----"the function of the brain " main space for rest, certainly also have open type study, audio entertainment meet master even charging and rest, such as smart brain needs combining exertion.

旋意 绿色低碳住宅设计

Design Explanation

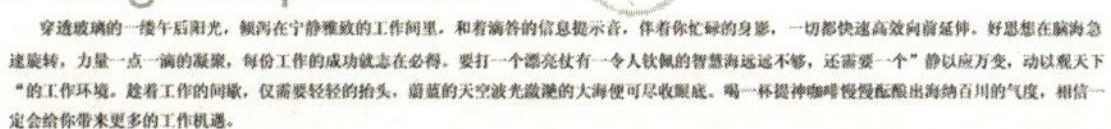

穿透玻璃的一缕午后阳光，倾泻在宁静雅致的工作间里，和着滴答的信息提示音，伴着你忙碌的身影，一切都快速高效向前延伸。好思想在脑海急速旋转，力量一点一滴的凝聚，每份工作的成功就志在必得。要打一个漂亮仗有一令人钦佩的智慧海远远不够，还需要一个"静以应万变，动以观天下"的工作环境。趁着工作的间歇，仅需要轻轻的抬头，蔚蓝的天空波光潋滟的大海便可尽收眼底。喝一杯提神咖啡慢慢酝酿出海纳百川的气度，相信一定会给你带来更多的工作机遇。

Penetrates the glass of a wisp of afternoon sunshine pouring in quiet, elegant, mixing the ticking of workshop, the information prompt accompanying you busy, all quick efficient extend. Good ideas in mind, bit by bit, rapid rotation of success, each work of the bag. To make a good fight a admirable wisdom sea enough, still need to be a static variable, move to view million under "working environment. While the intermittent, only need to work up gently, blue sky and sea can full-bodiedly panoramic. Drink a cup of coffee in a sea of brewing slowly, believe that will bring you more job opportunities.

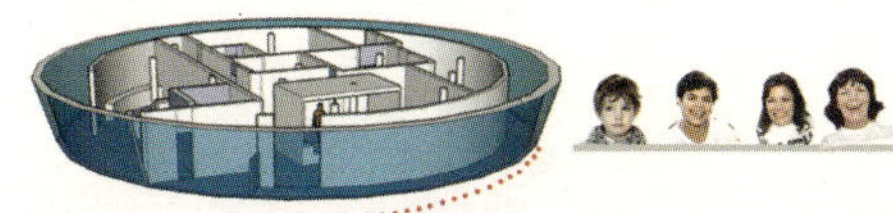

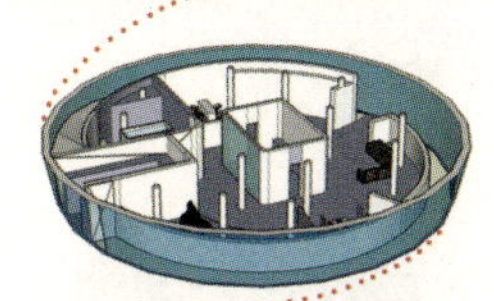

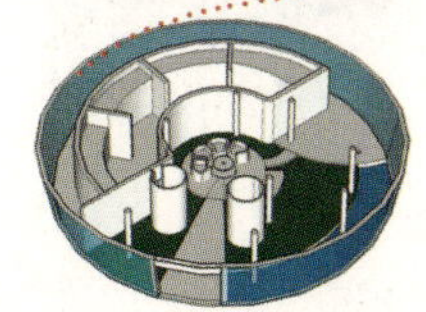

一家人的使用率

休闲吧局部空间用简单线条的顶面造型和局部隔断构建，
配以白色曲线感强的桌椅组合，背景墙则配以小部分绿色竹子点缀。
两侧不规则镂空造型墙打破原本沉闷的感觉，
在一大片雪白世界里多出来原木色置物架，却丝毫不显突兀，
给一个空间意境纯美的意境。
家人闲暇时光喝杯茶，下下棋，或者信手翻看一本时尚杂志，
是否有那么一刻，
会觉得抓住了过去和未来脉搏。

Leisure space with simple line of local top modelling and local partition,
match with white curves are strong, setting wall is chair matchs with small green bamboo ornament.
On both sides of the irregular modelling wall breaks out originally depressing feeling, in a large white world more out of log color,
but does not show abrupt, give a space pure artistic conception.
Family leisure time drink a cup of tea, chess, or casually scanned fashion magazine,
whether it will feel caught the past and the future.

Spin Meaning

绿色低碳住宅设计

Design Explanation

旋：规则的圆形空间，通过不规则曲线分割，另一方面现代家具出其不意的分割与空间分割相呼应。旋转而上的意境空间，旨在营造旋而不晕的舒适感。

Screw the circular space, rule: by irregular curve segmentation, on the other hand, the modern furniture surprise division and space division photograph echo. The rotation of the artistic conception of space, the construction and to spin the intimacy.

意：线条简单，色彩简单所用材料简单，聚众简单之力诞生出优雅而不是品味的未来之家。白：纯洁高雅，黑：神秘冷静，会呼吸的灵动之家，只可意会不可言传。

Meaning: the simple line, colour simple materials, all the simple simple elegance instead of the birth of the future home. Taste White: pure elegant, black: mysterious calm, will breathe clever, I've waited for any woman.

pinzhikongjia

LIFE DESIGN

旋意

Spin Meaning Spin Meaning Spin Meaning Spin Meaning

环保主材：环保生态漆　木材　金属　LE玻璃

能源：太阳能　风能　潮汐能　地热能

陶瓷　木工板　高密度纤维板　环保膜

建筑的材料和能源利用分析

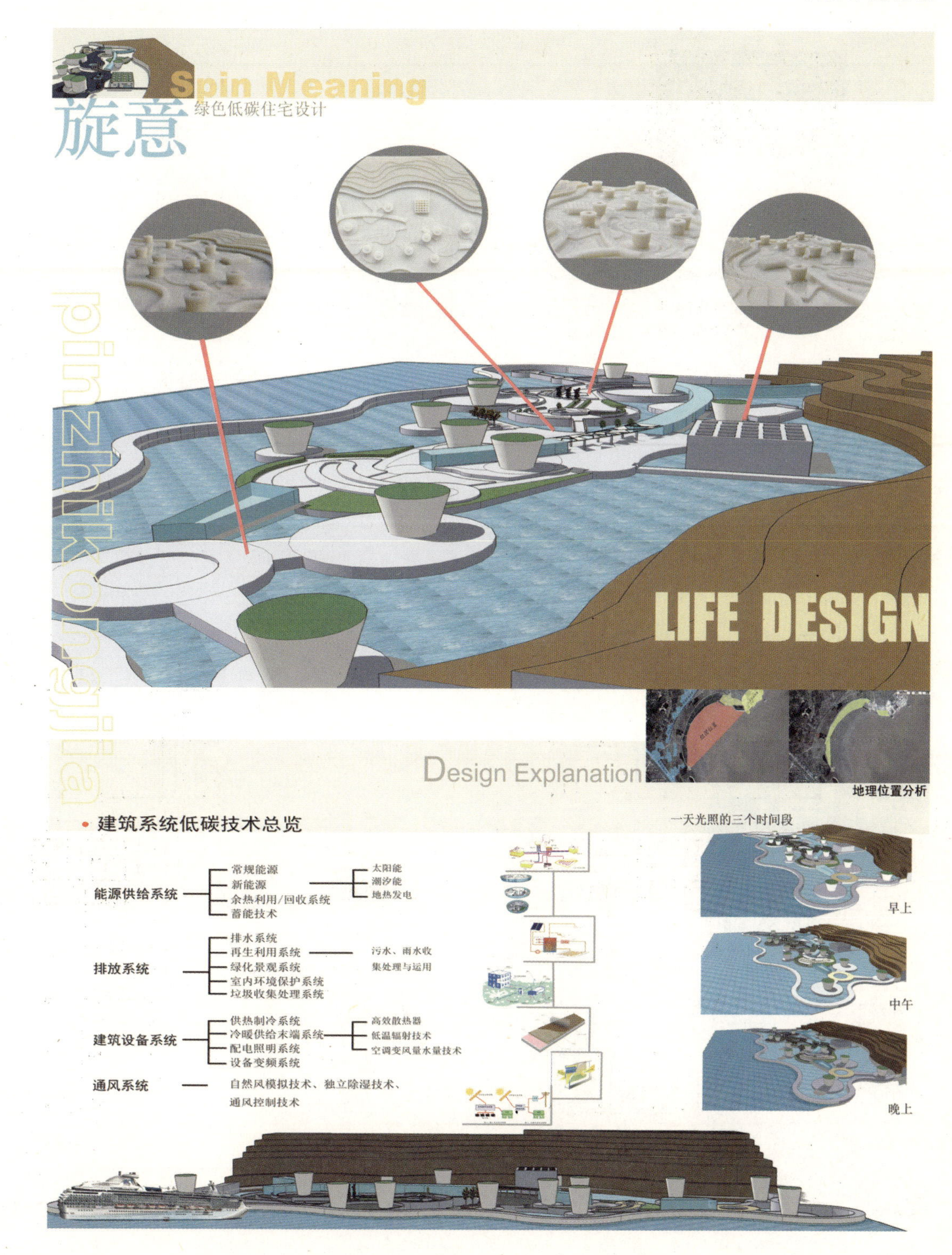
Spin Meaning
旋意
绿色低碳住宅设计
pinzhikongjia
LIFE DESIGN
Design Explanation
地理位置分析
建筑系统低碳技术总览
一天光照的三个时间段
能源供给系统
常规能源
新能源
余热利用/回收系统
蓄能技术
太阳能
潮汐能
地热发电
排放系统
排水系统
再生利用系统
绿化景观系统
室内环境保护系统
垃圾收集处理系统
污水、雨水收
集处理与运用
建筑设备系统
供热制冷系统
冷暖供给末端系统
配电照明系统
设备变频系统
高效散热器
低温辐射技术
空调变风量水量技术
通风系统
自然风模拟技术、独立除湿技术、
通风控制技术
早上
中午
晚上

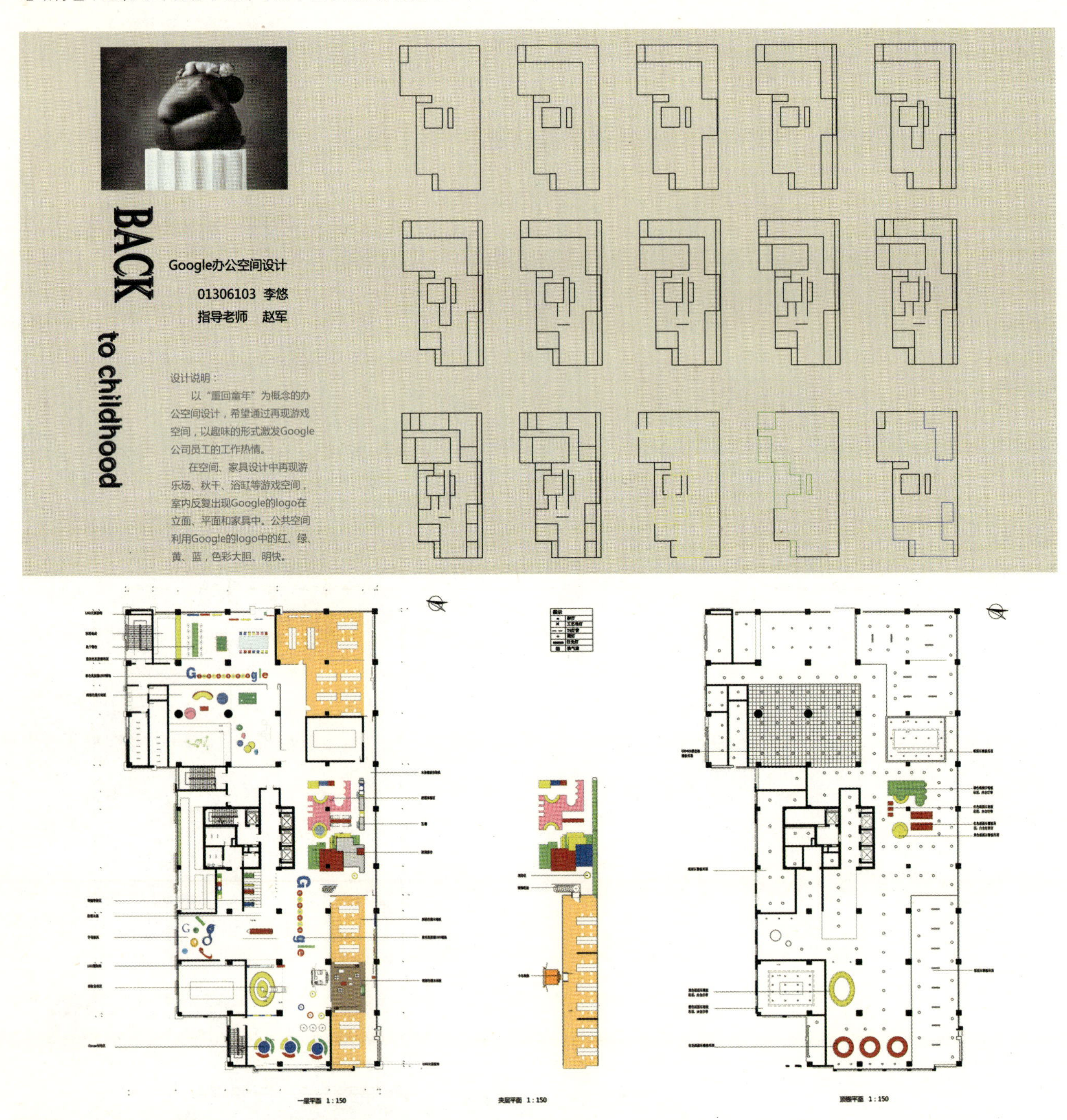

李悠 / 东南大学建筑学院环境艺术设计系 指导教师：赵军

Google办公空间设计

设计课程类室内设计优秀奖

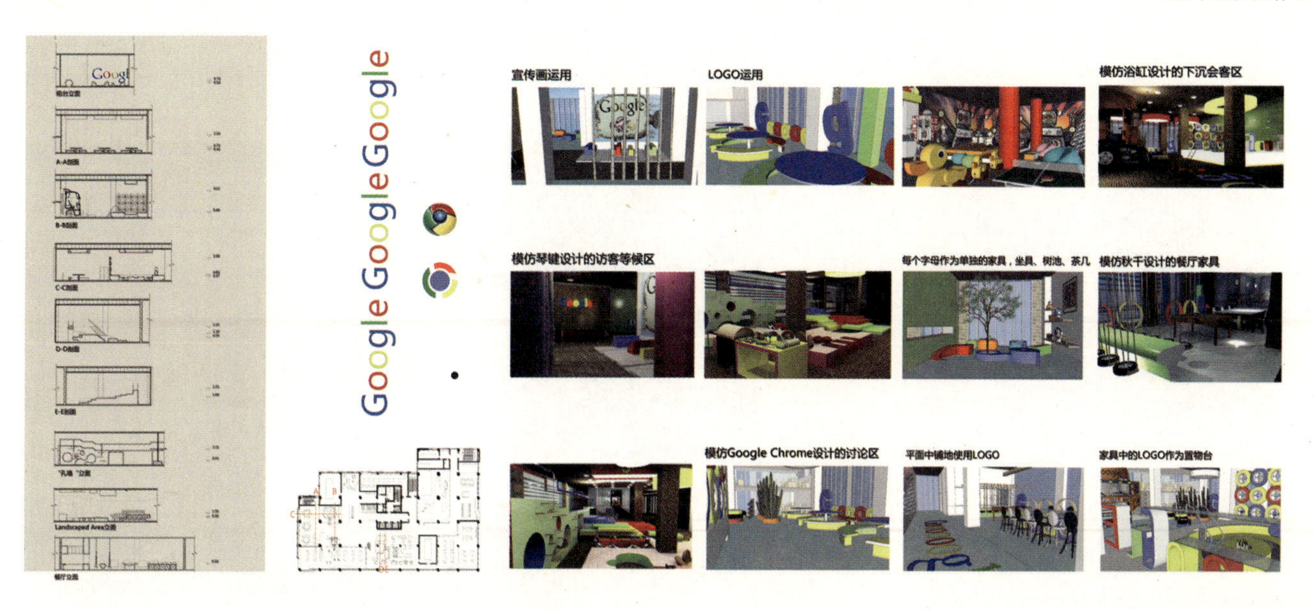

Landscaped area

这是“重回童年”系列空间中最重要的一组游戏空间。由“孔墙”、“阶梯”、“拼图”三部分组成，作为开敞空间成Google员工的垂直交通、午睡、聊天、饮茶、攀岩的空间，将电梯背后的墙面利用起来，可以玩Wii，在阶梯上做PPT汇报。“孔墙”讨论了身体姿势，可以像孩童一样释放身体。“阶梯”由三个体块构成，彼此独立又交错。“拼图”以拼图为灵感，通过对一个方形做减法，分离，分别作为顶棚和家具。

在当今这个物欲横流的世界上，更多的是物质与形式的内容，但我们的内心更渴望的是一种自然的生活方式，一种贴近大自然的生活态度．当我们用心去思考属于我们的生活方式时，希望从中找到一种最纯真，最纯洁的状态，且在焦躁中寻找慰藉。

——纯

餐厅

过道

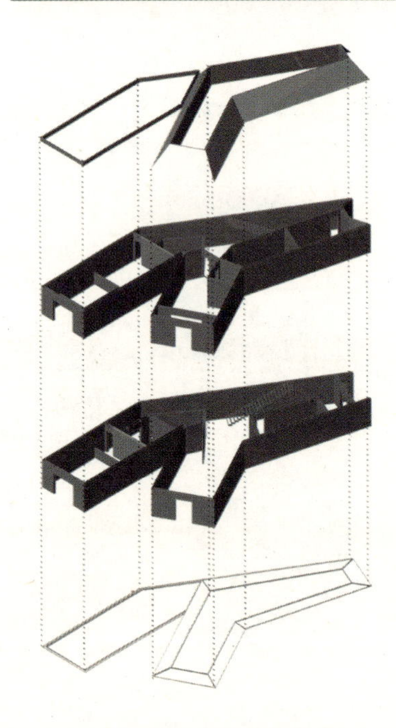

卫生间

低碳住宅 · 纯

徐雪薇、林涛、虞凯彬 / 中国美术学院艺术设计职业技术学院　指导教师：陈琦

纯——低碳住宅设计

设计课程类室内设计优秀奖

纯·低碳住宅

基地分析示意图

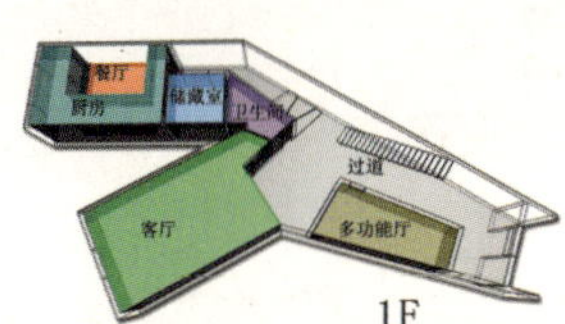

当 CO_2 太多，氧气需求量太大，绿色植物不再接受无止尽的加班加点。那时，我们需要回归原始，回归最纯洁的天空。

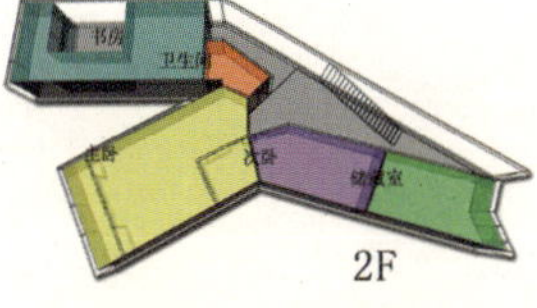

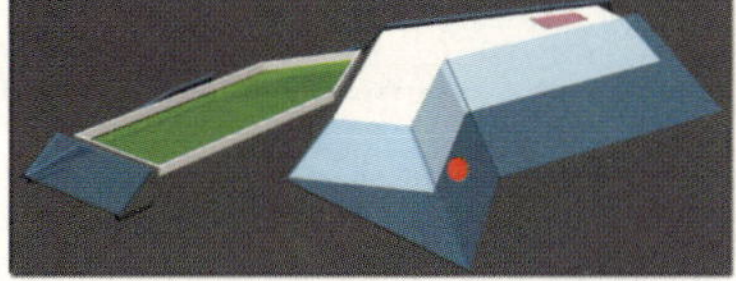

生态屋顶指示图

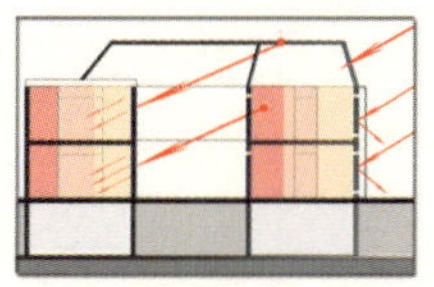

冬季日照示意图

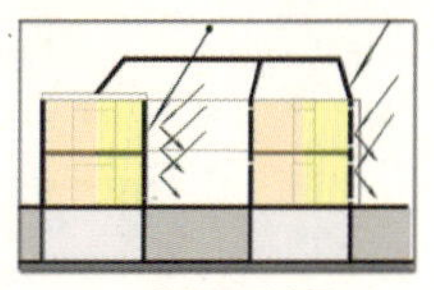

夏季日照示意图

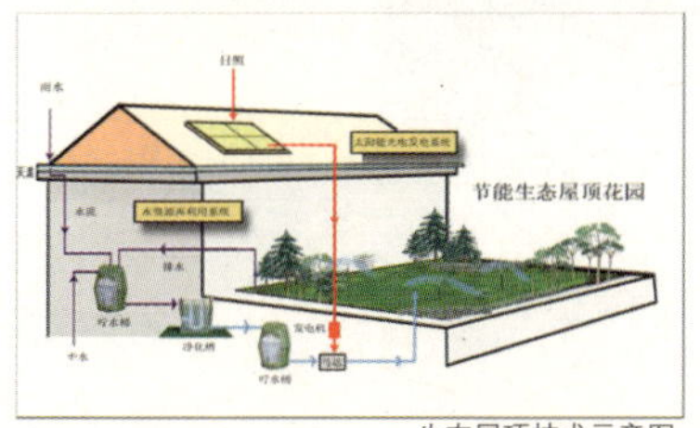

生态屋顶技术示意图

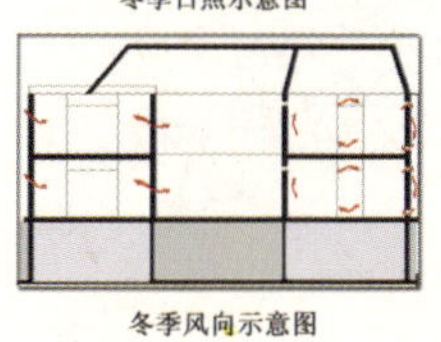

冬季风向示意图

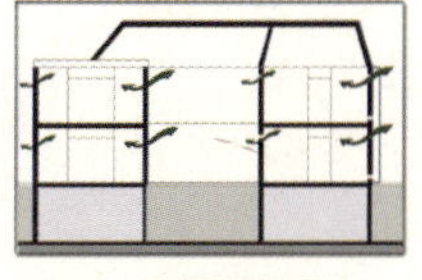

夏季风向示意图

主卧

室内运用大量几何形体，简洁不失庄重。环保节能的设计，透射出乐活族的生活主张，体现出“纯”的生活状态；各种不规则的形体所获得的不同性质的光，形成独特的光的造型，体现了光的纯粹性；晶莹剔透的蓝调从色彩的角度诠释了“纯”的感觉，这些设计语言所营造出的是一种回归自然的氛围，感受真实的状态。

——纯

纯·低碳住宅

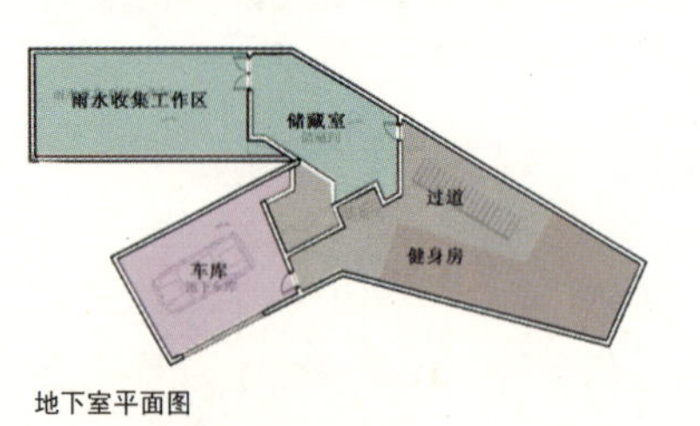

地下室平面图

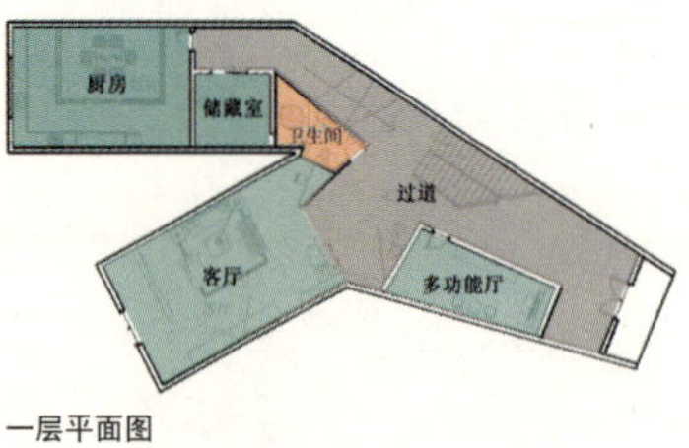

一层平面图

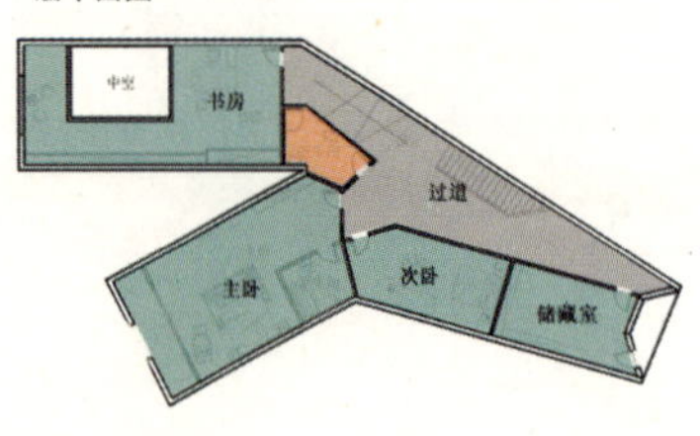

二层平面图

多功能厅

楼梯

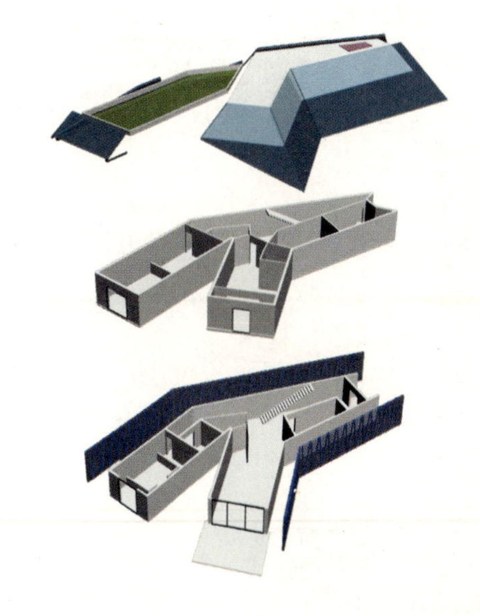

纯·低碳住宅

Y形住宅运用斜屋顶技术、低能耗策略、全方位的太阳能系统的住宅。采用了以导热功能的建材料及巧妙的设计循环使用热能。

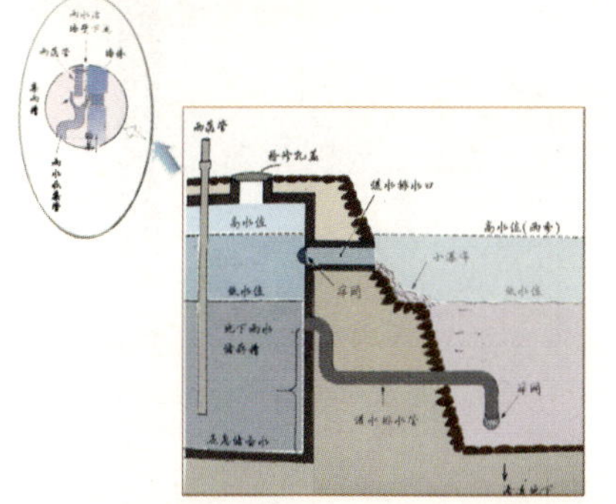

雨水收集剖析图

表1 绿化与否的屋顶表面与顶层室内的温度比较

	屋顶表面温度（℃）	屋顶内表面温度（℃）	室内温度（℃）
绿化屋顶	32.6	30.1	28
非绿化屋顶	40.1	36.2	32.5
温差	7.5	6.1	4.5

生态屋顶技术示意图

Y形住宅

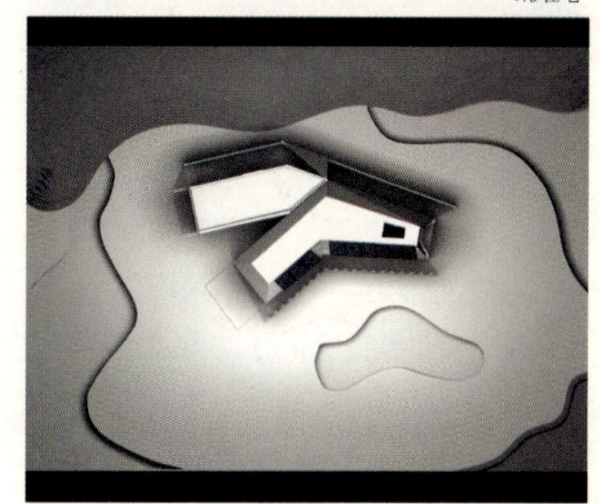

山脉走向示意图

许荣、张圆斌 / 西南林业大学木质科学与装饰工程学院　指导教师：郑绍江、徐钊、朱明政
走进“勐巴娜西”·昆傣大酒店室内设计

设计课程类室内设计优秀奖

走进“勐巴娜西”
——昆傣大酒店室内设计
设计元素
孔雀是 傣族的吉祥物
孔雀的羽毛也是最漂亮的
把单调的墙面利用绘画
孔雀羽毛的墙布装饰
另有一番风味。
电梯间电梯间元素选取
大堂效果图
大堂吊顶效果图
勐巴娜西
神奇美丽的地方世外桃园
2

走进“勐巴娜西”
——昆傣大酒店室内设计
餐饮空间过道
过道餐厅效果
餐饮、大堂是本方案中对酒店的包装着重考虑两个方面，一是充分利用空间，展示酒店的傣族的风格，让傣族风格在酒店的设计理念上得到深刻诠释；二要动静相结合，满足人们对傣族风情欣赏体验的需要。设计的点睛之笔是正对大堂入口处的“白象塔”雕塑，雕塑以白象、水、为基本元素，白象时傣族的崇敬物，傣族就是生活在水边他们与水息息相依，把水与雕塑的结合起来，由此给旅客入门首先看到的是具有民族代表性的雕塑就知道了酒店的风格。象脚鼓是傣族的一个象征。
3

走进“勐巴娜西”
——昆傣大酒店室内设计
对酒店或饭店一词的解释可追溯到千年以前，早在1800年《国际词典》一书中写到：“饭店是为大众准备住宿、饮食与服务的一种建筑或场所。”一般地说来酒店就是给宾客提供住宿、饮食和休闲娱乐的场所。具体地说酒店是以它的建筑物为凭证，通过出售客房、餐饮及综合服务设施向客人提供服务，从而获得经济收益的组织。
外观效果
豪华客房卫生间效
豪华套房卧室效果
豪华包间客厅
客房是顾客休息的空间，在设计上要简洁轻快，但又不能太过于单调乏味。良好的客房能得到顾客的好评。由于历史原因和地理条件的限制，傣族的卧室显得简单，很少有过多的装饰。在对客房的设计中以浅色调为主，把傣族的织锦应用到房间中间，傣族的织锦是一种很好的原生态布料，房间的地毯利用织锦柔软的质感起到舒适脚感和美化的作用，还可以很方便地把图案刺绣在织锦布料上。西双版纳橄榄坝的菩提岛度假酒店总统套房里的就采用了当地傣族的元素与现代的结合，草藤质感的坐椅，木质栅栏式的隔墙，梁柱式的吊顶采用温和的灯光效果，使酒店高雅而不失民族特色。
包间过道效果
文化元素
4

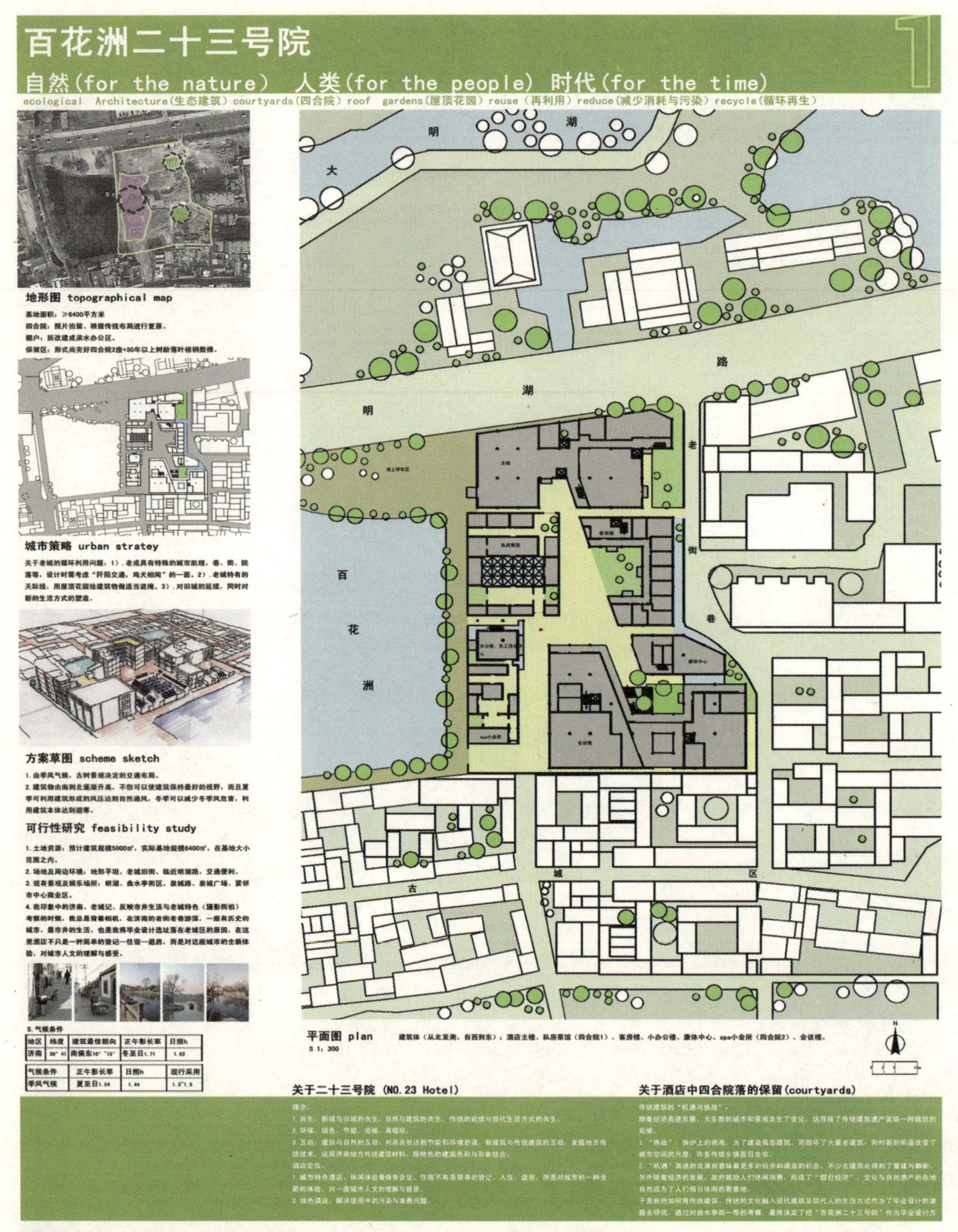

赵春刚 / 山东工艺美术学院　指导教师：李文华

百花洲二十三号院

设计课程类室内设计优秀奖

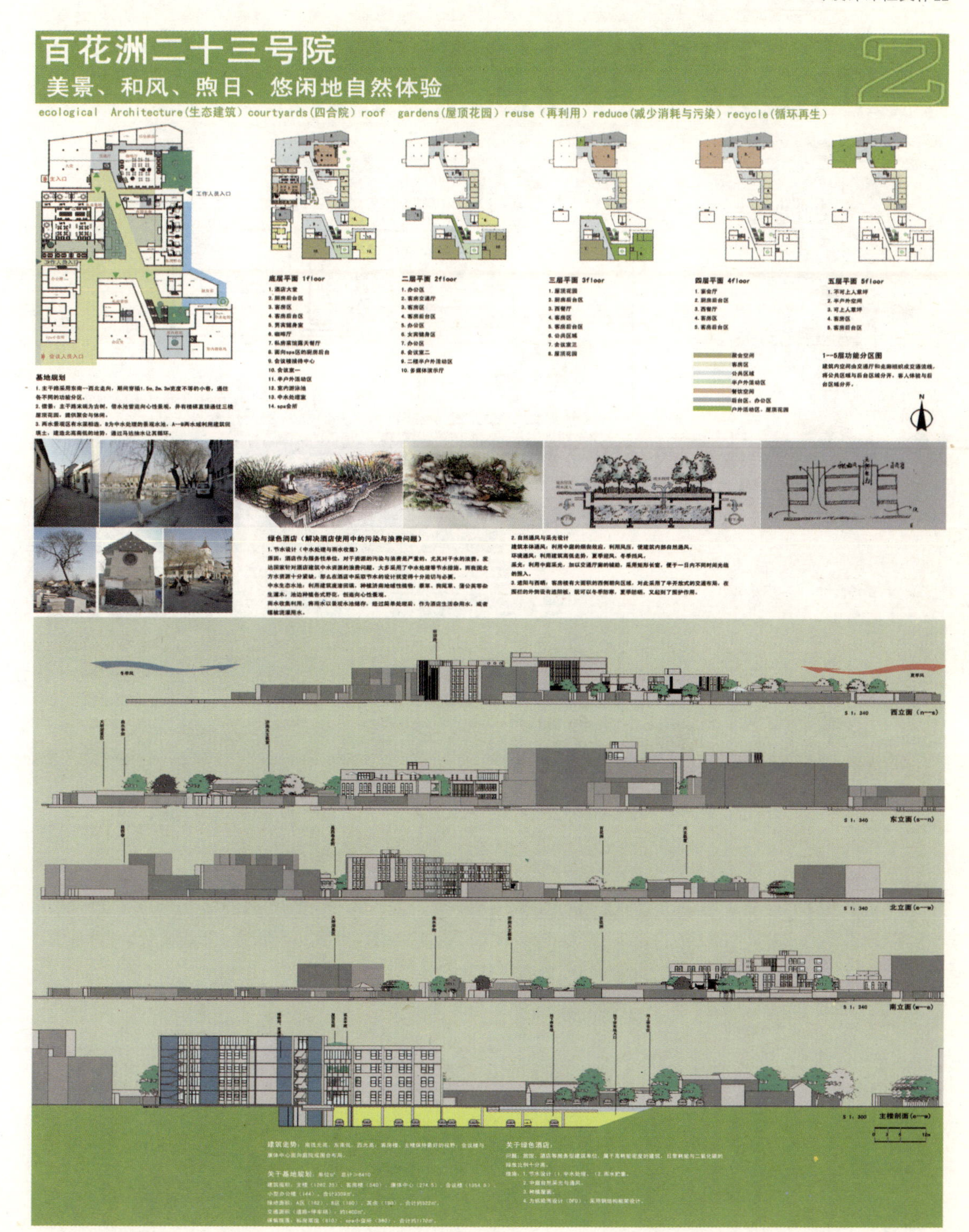
百花洲二十三号院
美景、和风、煦日、悠闲地自然体验
2
ecological Architecture(生态建筑) courtyards(四合院) roof gardens(屋顶花园) reuse(再利用) reduce(减少消耗与污染) recycle(循环再生)
底层平面 1floor
二层平面 2floor
三层平面 3floor
四层平面 4floor
五层平面 5floor
基地规划
1—5层功能分区图
绿色酒店（解决酒店使用中的污染与浪费问题）
西立面
东立面
北立面
南立面
主楼剖面

百花洲二十三号院

可持续发展、行走于自然与城市之间、多元文化和谐共存

3

ecological Architecture(生态建筑) courtyards(四合院) roof gardens(屋顶花园) reuse（再利用）reduce(减少消耗与污染) recycle(循环再生)

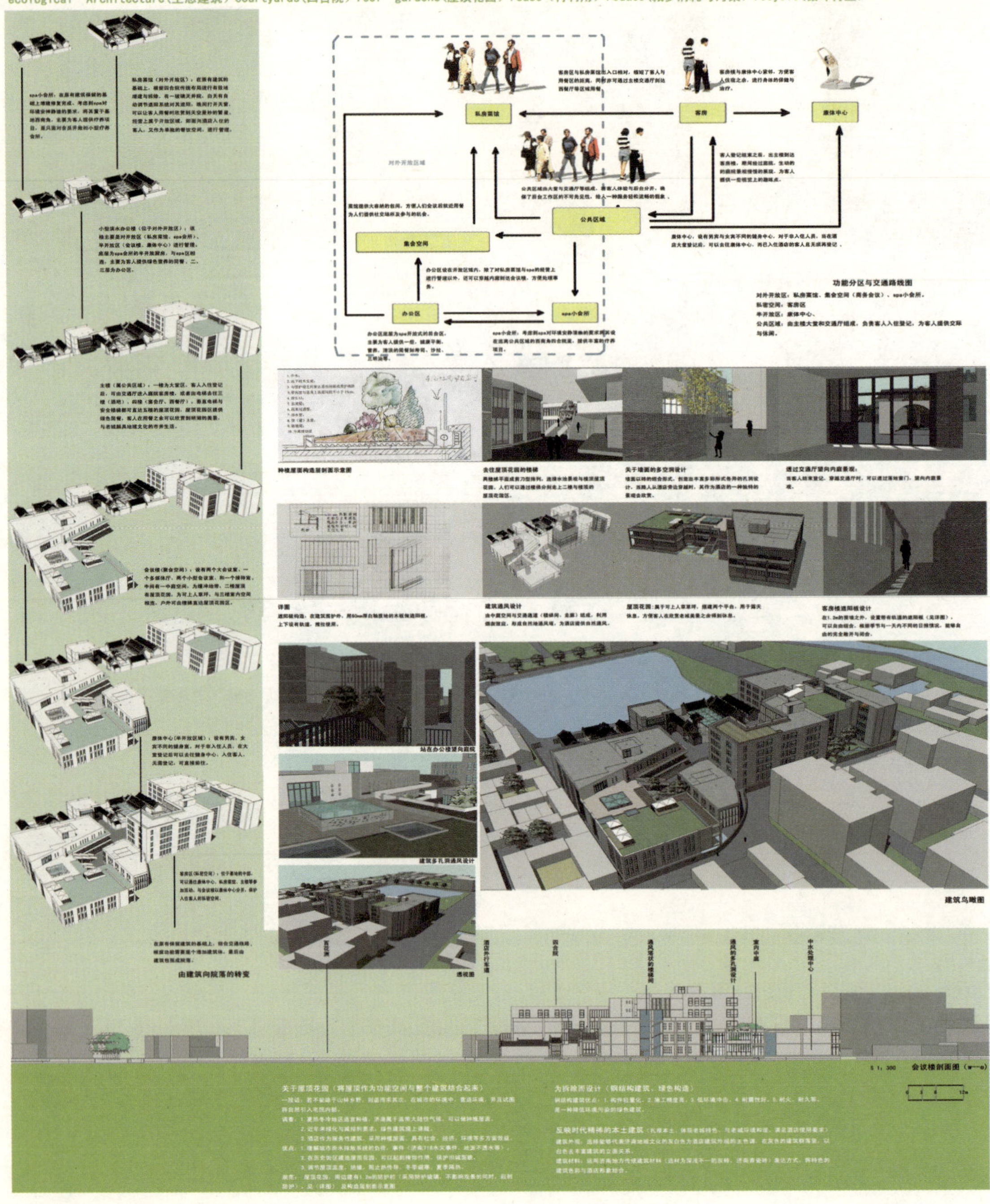

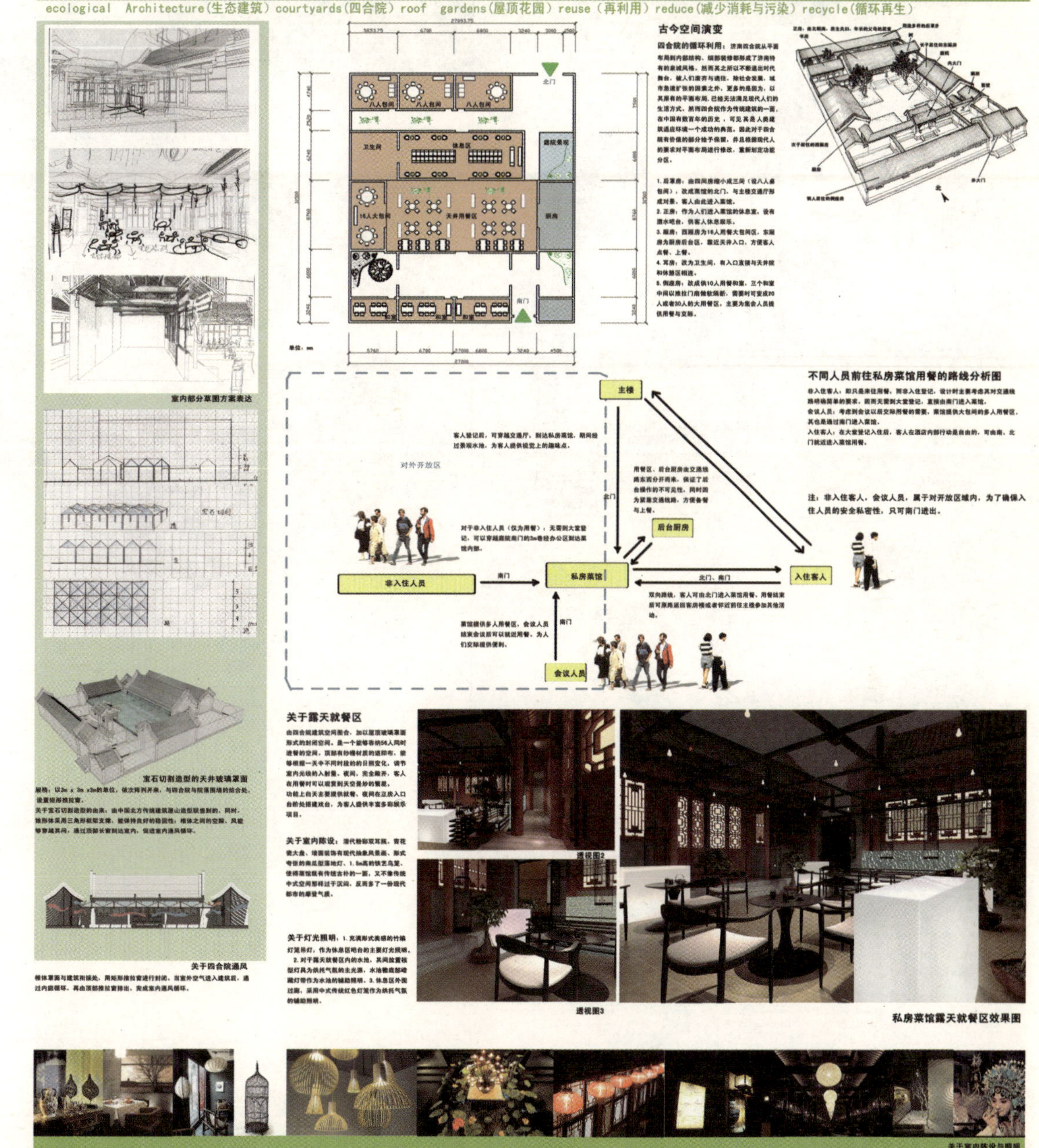
百花洲二十三号院
装饰的悖论、传统与现代并存、四合院的前世与今生
ecological Architecture(生态建筑) courtyards(四合院) roof gardens(屋顶花园) reuse(再利用) reduce(减少消耗与污染) recycle(循环再生)
4
古今空间演变
1. 后罩房：由四间房缩小成三间（设八人桌包间），改成菜馆的北门，与主楼交通厅形成对景，客人由此进入菜馆。
2. 正房：作为人们进入菜馆的休息室，设有酒水吧台，供客人休息娱乐。
3. 厢房：西厢房为16人用餐大包间区，东厢房为厨房后台区，靠近天井入口，方便客人点餐、上餐。
4. 耳房：改为卫生间，有入口直接与天井院和休憩区相连。
5. 倒座房：改成供10人用餐和室，三个和室中间以推拉门扇做软隔断，需要时可变成20人或者30人的大用餐区，主要为集会人员提供用餐与交际。
八人包间
卫生间
休息区
16人大包间
天井用餐区
厨房
北门
南门
室内部分草图方案表达
不同人员前往私房菜馆用餐的路线分析图
对外开放区
主楼
后台厨房
非入住人员
私房菜馆
入住客人
会议人员
宝石切割造型的天井玻璃罩面
关于四合院通风
关于露天就餐区
关于室内陈设：
关于灯光照明：
透视图2
透视图3
私房菜馆露天就餐区效果图
关于私房菜馆
关于新中式设计
关于室内陈设与照明

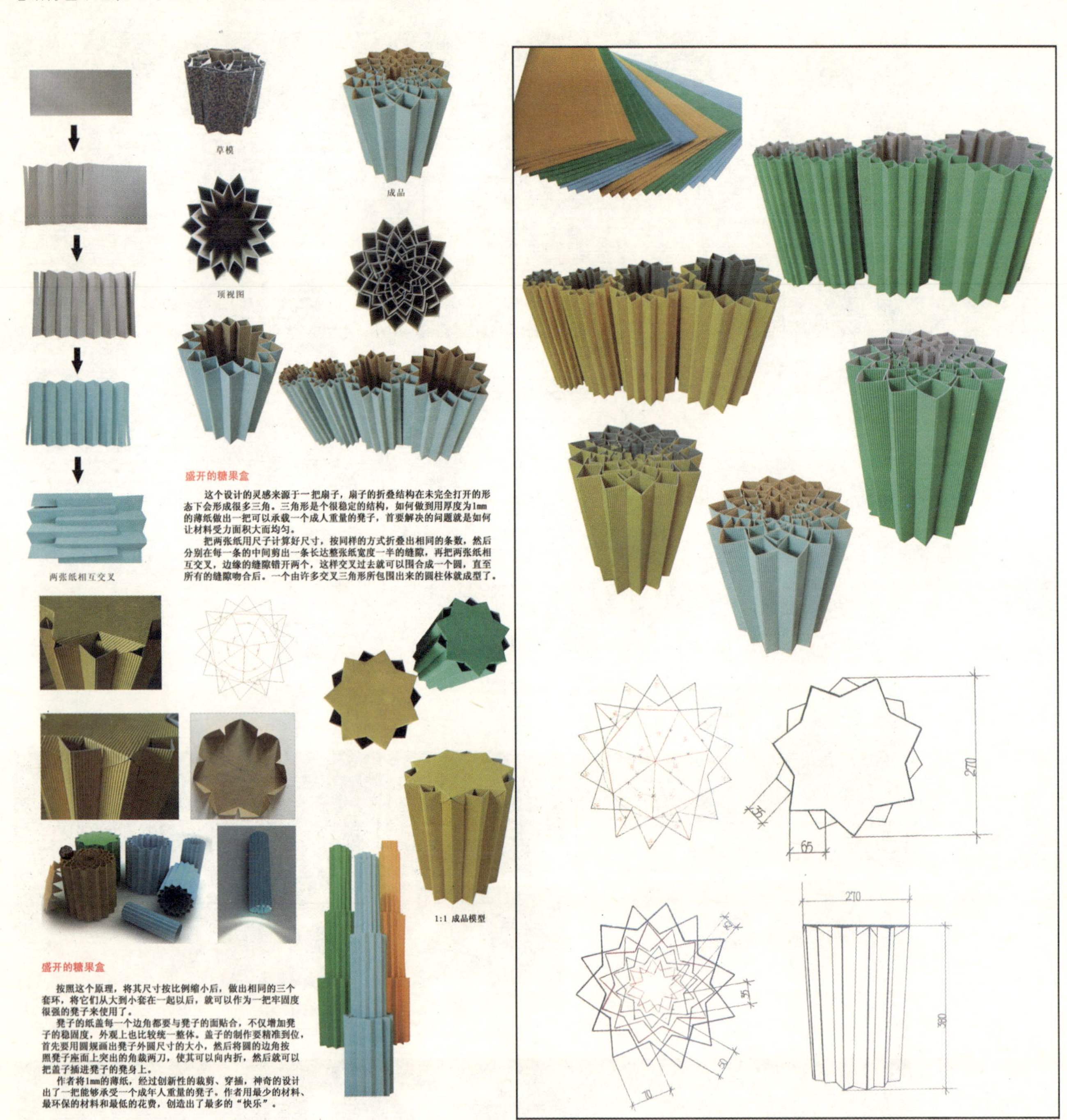

盛开的糖果盒

这个设计的灵感来源于一把扇子，扇子的折叠结构在未完全打开的形态下会形成很多三角。三角形是个很稳定的结构，如何做到用厚度为1mm的薄纸做出一把可以承载一个成人重量的凳子，首要解决的问题就是如何让材料受力面积大而均匀。

把两张纸用尺子计算好尺寸，按同样的方式折叠出相同的条数，然后分别在每一条的中间剪出一条长达整张纸宽度一半的缝隙，再把两张纸相互交叉，边缘的缝隙错开两个，这样交叉过去就可以围合成一个圆，直至所有的缝隙吻合后。一个由许多交叉三角形所包围出来的圆柱体就成型了。

盛开的糖果盒

按照这个原理，将其尺寸按比例缩小后，做出相同的三个套环，将它们从大到小套在一起以后，就可以作为一把牢固度很强的凳子来使用了。

凳子的纸盖每一个边角都要与凳子的面贴合，不仅增加凳子的稳固度，外观上也比较统一整体。盖子的制作要精准到位，首先要用圆规画出凳子外圆尺寸的大小，然后将圆的边角按照凳子座面上突出的角裁两刀，使其可以向内折，然后就可以把盖子插进凳子的凳身上。

作者将1mm的薄纸，经过创新性的裁剪、穿插，神奇的设计出了一把能够承受一个成年人重量的凳子。作者用最少的材料、最环保的材料和最低的花费，创造出了最多的“快乐”。

王莎莎、于雅婧 / 中国美术学院　指导教师：张天臻

家具设计

设计课程类室内设计优秀奖

翘儿郎腿的椅子

从坐姿出发的构想

当人在使用电脑或写字时往往重心前移，以手肘接触桌面，若腿向内曲，常会习惯性的搭在撑档上，但多数的撑档只为承重和加固作用，往往高度和接触面都不适宜于做腿搭。

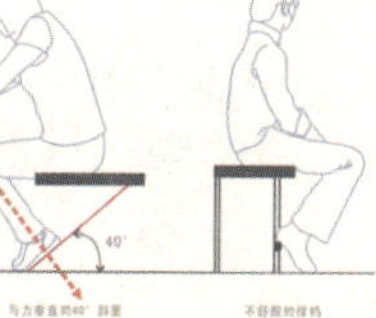

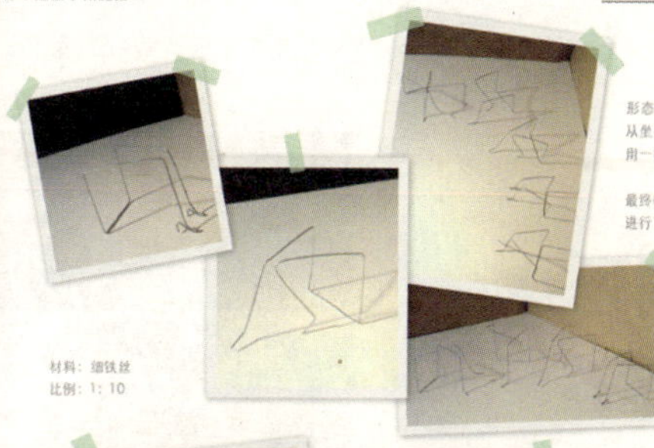

形态模型：
从坐姿本身的形式出发的构想
用一根铁丝弯出各种形态的腿的姿势

最终确定了二郎腿和双腿向内并拢两种姿势
进行下一步的深入拓展

材料：细铁丝
比例：1：10

结构模型：
-----承重测试
比例：1：5
结构：插接
材料：1mm白纸板
尺寸：450×450×450[mm]

形态一：
[雏形] 所有凳腿都是由直线构成，有形象的高跟鞋。不足之处是转变地太直接，由很统一的直线忽然变为很具象的鞋。在拼接的形态上两条腿靠的太近，以至于腿的姿势不是十分自然。

形态二：
[改良型] 凳腿仍由直线构成，保留腿的意向和坐姿。去掉了鞋子，加强了整体的统一感。调整腿的间距。不足之处是其中一条腿收的太靠里了，因而腿的姿势仍不够完美。

形态三：
[完成型] 将腿的线条用曲线勾勒，使腿的姿态更为自然。同时也把整体的凳腿改纤细了，并再次调整了拼接的间距。

草模：

比例：1：5 正模[三个]
材料：1mm纸板
尺寸：351×358×410[mm]

制作过程

绘制CAD图——精雕——打磨插口[60度&30度]——上色——贴脚垫——上蜡——完成

平立面图

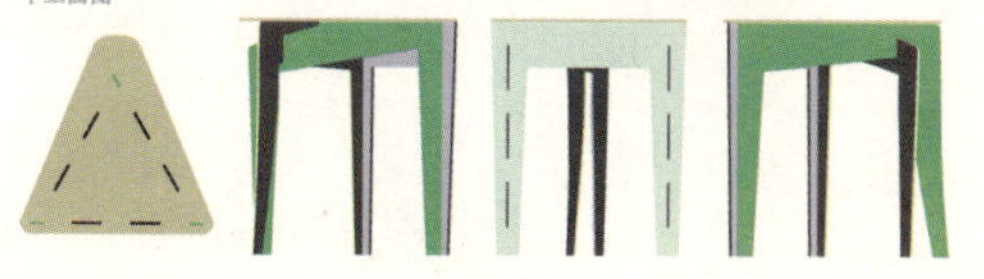

作者使用厚度5mm的密度板进行设计。在设计过程中攻克了两大难题：
1. 如何做到在不能粘连的前提下，通过结构穿插和咬合怎样让5mm的薄板产生最大的牢固程度可以承载一个成人的重量。
2. 如何做到非常方便地拆开或者组装，从而最大程度的节省空间。
作者用翘二郎腿的形态来生动、形象得刻画椅子使用者轻松惬意的坐姿。选择绿色环保材料为元素，并最大程度地节约材料。三个独立的构件围合成相互穿插、咬合的三角形，使得椅子的结构相当结实。做到了稳定性、舒适性和外观美的统一。

翘儿郎腿的椅子

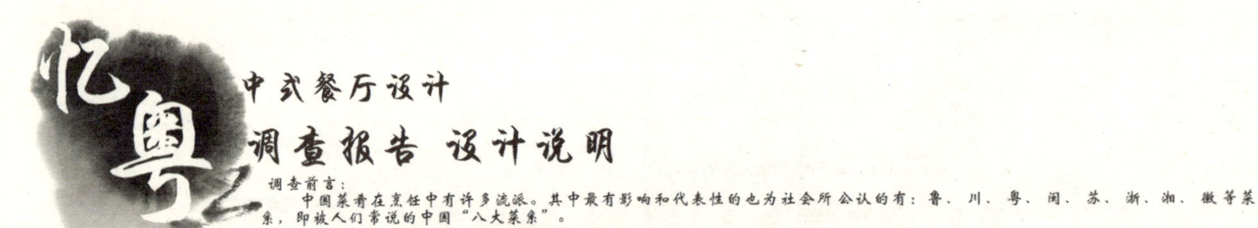

忆粤

中式餐厅设计

调查报告 设计说明

调查前言：

中国菜肴在烹饪中有许多流派。其中最有影响和代表性的也为社会所公认的有：鲁、川、粤、闽、苏、浙、湘、徽等菜系，即被人们常说的中国"八大菜系"。

市場分析：

分布特点与消费形式

A豪华型商业区、重装修、品味
例如：广州各星级宾馆的豪华餐厅

B简朴型纯消费、重复、实惠
例如：多分布在居住区，尤其是在旧城区的茶餐厅

C特色餐饮旅游区、度假村
有繁有简、重特色

D其他

四合院特有的濃鬱中式情懷中，融入了自然元素和前衛的裝飾手法。

樓面八間高貴素雅的包厢中懸挂的"雲朵"狀吊燈。

顶棚

没有過于繁復的纹理或圖案，取而代之的是：

錯落有致的鳥籠燈，韵味十足。

大面積的水晶挂珠，燈光的折射令人置身于又一景致中，打破一般中餐廳的裝飾風格。

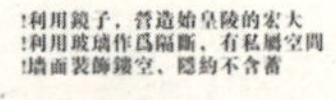

!利用鏡子，营造始皇陵的宏大
!利用玻璃作爲隔斷，有私属空間
!墙面裝飾鏤空，隱約不含蓄

鏤空鐵藝的屏障
地面鋪設紋理地板

通透的酒架
裝飾性鳥籠添趣味

墙面排列的圓形圖騰

設計説明

本项目尝试以传统元素、新的演绎方式，继承并发展创新粤饮食文化的味道，以视觉感受冲击回忆中的粤味，从回忆重新认识粤。

設計名稱：忆 粤 特色中餐厅
設計定位：低调奢华，时尚演绎
設計地點：广州环市东路某建筑三层
地理位置：位处商业区
人群定位：周边公司白领、外籍人士

!平面分區圖

- 包房区
- 中庭坐席
- 斜摆4人坐席
- 床边坐席
- 厨 房
- 卫生间
- ----人流路线

分析

采用规整的纵横划分体现中式特有的中轴布局，整个平面图的规划特色体现在靠窗边的设计采用了船造型的坐席，体验荔湾的水边特色，中庭采用景与圆形卡座相结合，体现粤式建筑特有的天井采光的特点，中间的斜摆卡座，是这次设计表现的重点。

粤元素提取：

光滑瓷器

利用瓷器光滑的表面营造反光的效果

色彩華麗的粤綉

粤绣，以其华丽的色彩著称，多用金色作边，应用于餐厅软装，以及中庭隔断的书法字体之上，传统与现代的结合。

西關大屋扇門

横向的线条将它序列般的形式应用于立面的墙面装饰，将其竖放置，拉高地面与顶棚的距离。

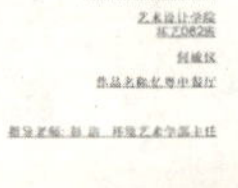

广东轻工职业技术学院
艺术设计学院
环艺082班
何敏仪
作品名称:忆粤中餐厅

指导老师：彭洁 环境艺术学部主任

何敏仪 / 广东轻工职业技术学院　指导教师：彭洁、周春华

忆粤

设计课程类室内设计优秀奖

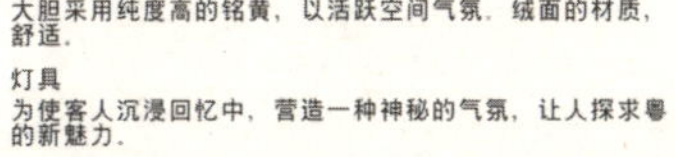

软装
大胆采用纯度高的铭黄，以活跃空间气氛。绒面的材质，舒适。

灯具
为使客人沉浸回忆中，营造一种神秘的气氛，让人探求粤的新魅力。

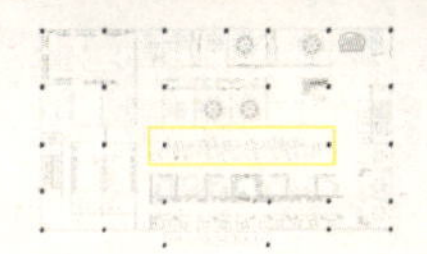

广东轻工职业技术学院
艺术设计学院
环艺082班
何淑仪
作品名称:忆粤中餐厅
指导老师：彭洁 环境艺术学部主任

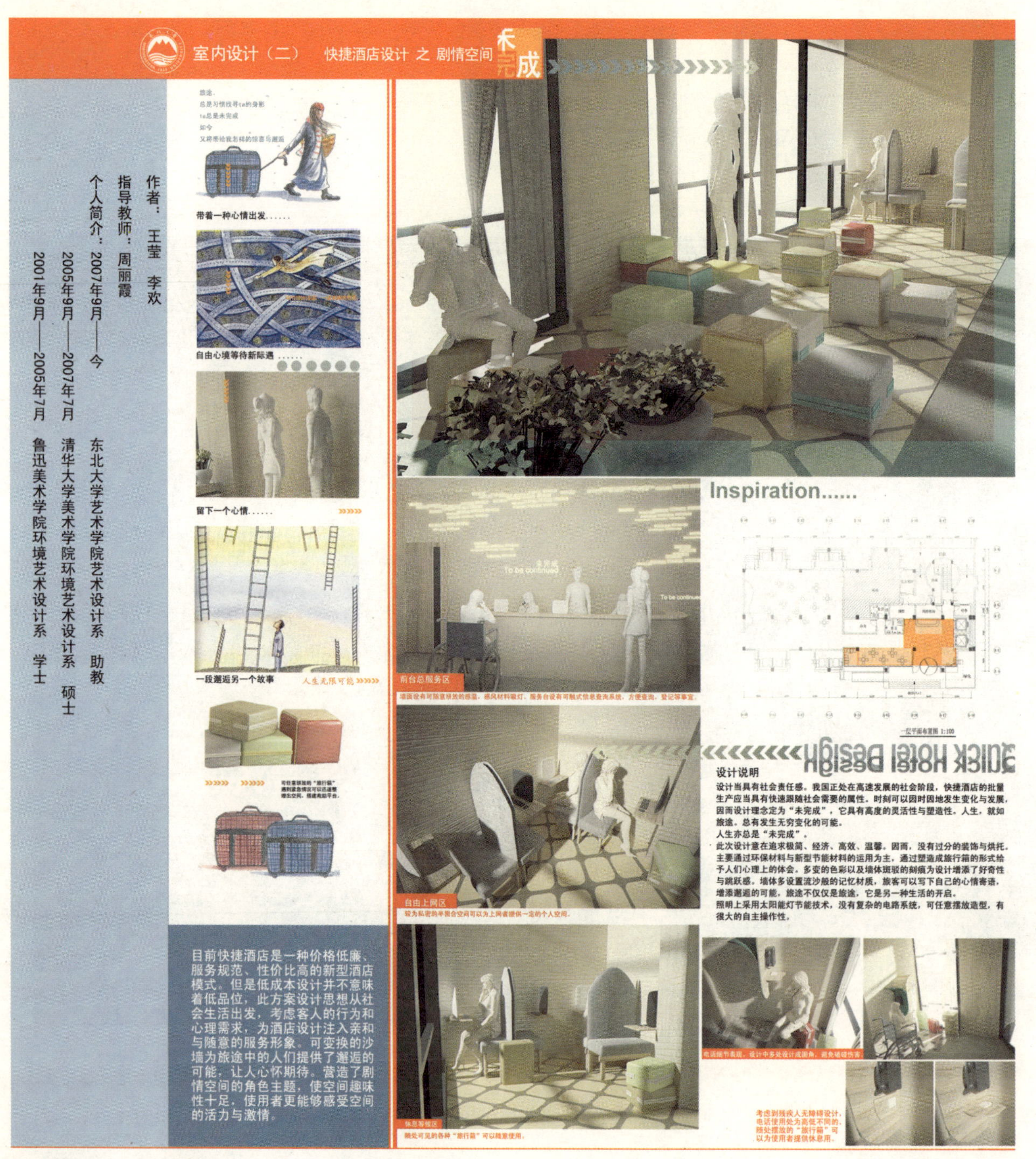

王莹、李欢 / 东北大学艺术学院　指导教师：周丽霞

快捷酒店设计之剧情空间

设计课程类室内设计优秀奖

室内设计（二） 快捷酒店设计 之 剧情空间 未完成

作者：王莹 李欢

指导教师：周丽霞

个人简介：2007年9月——今 东北大学艺术学院艺术设计系 助教

2005年9月——2007年7月 清华大学美术学院环境艺术设计系 硕士

2001年9月——2005年7月 鲁迅美术学院环境艺术设计系 学士

Tap

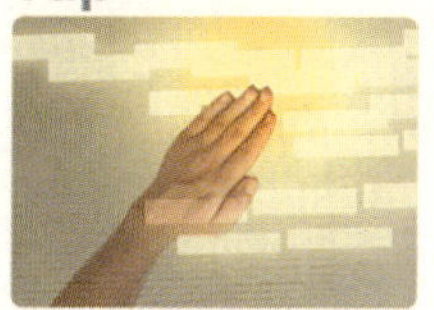

拍打可以使之变色，根据拍打的力度不同，颜色变化亦深浅不一。

Airstream

部分对空气流动敏感的灯饰，在周围气体发生流动变化时，会出现像蜡烛火焰一般的跳跃变化，营造了浪漫的感性空间。

Temperature

节能的感温材料，通过温度的变化表现出不同的色彩，可以随时了解到温度的变化。

Do it yourself

由于灯体没有复杂的线路，而是通过吸附在墙体上的，所以可以根据自己的喜好随意拼接图形，增加了趣味性。

"未完成"是一种心态，一个概念。快捷酒店的设计目的是要达到极简，经济，高效，温馨的设计效果，能够与人产生共鸣。设计中多处使用旅行箱的符号，让入住的客人有新鲜的感受。设计方案基本满足快捷酒店的设计要求，能够较好地解决空间问题，若能深入完成空间的细节设计，关注整体的空间氛围设计效果会更加突出。

自助餐厅及小包间细节餐桌及座椅可以依人数随意组合，当举行活动或有需要可以灵活布置。

沙漏加工改造成的床头灯，给人以时光时时刻刻缓缓走过的感觉，人生漫长又短暂，活的多彩就好。

材料的使用上安全环保可以随意放置，通过触碰可调节亮度。

根据沙漏原型设计出的烛台烛光隐约在磨砂的沙漏之中，让人体会到时光缓缓流逝的氛围。

满天星式的顶部灯光氛围烘托了深处繁星之下的空间感。

客房洗手间

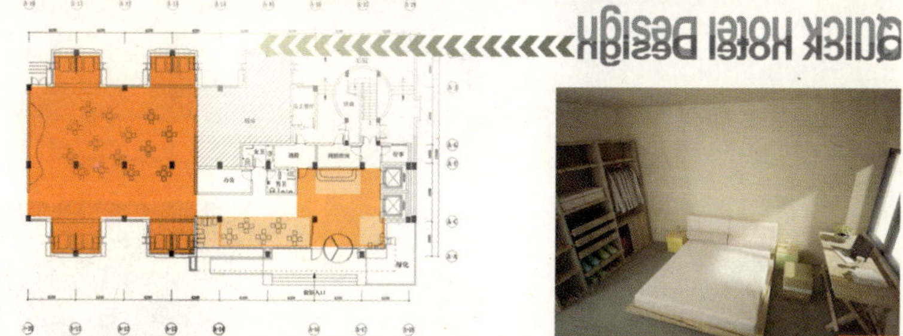

一层平面布置图 1:100

客房

To be continue

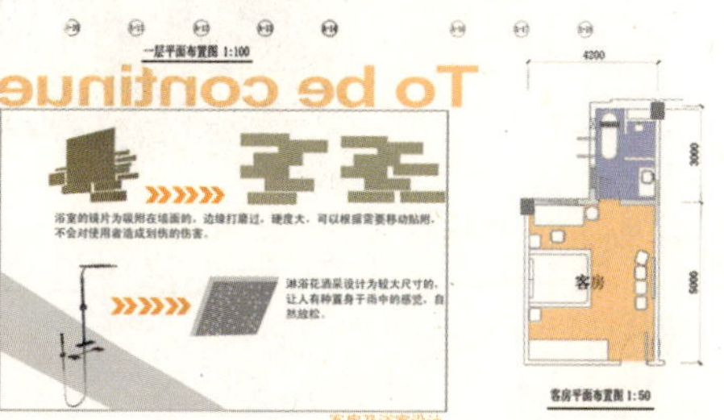

客房及浴室设计

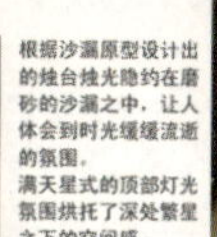

客房平面布置图 1:50

客房

室内设计（二）　快捷酒店设计 之 剧情空间
BLUES
作者：王莹　李欢
指导教师：周丽霞
个人简介：2007年9月——今　东北大学艺术学院艺术设计系　助教
2005年9月——2007年7月　清华大学美术学院环境艺术设计系　硕士
2001年9月——2005年7月　鲁迅美术学院环境艺术设计系　学士
Blues
本设计多运用了Blues的演奏乐器，布鲁斯10孔口琴和木吉他成为代表乐器，所以多处以线条和方块状为架势。
口琴蓝调(HamonicaBlues) onnyBoy-WilliamsonII、LazyLester和JimmyReed-领导——然后由LittleWalter和Jun-iorWell-s带入20世纪后期——口琴蓝调以蓝调口琴为核心。LittleWalter在芝加哥发展了该风格的电子版，而SlimH=arpo在路易斯安那演奏原声口琴。在以后的几年中，PaulBut-terfield和B-obDylan把口琴融入到民谣、摇滚和蓝调复古。
设计的思路清晰，创意新颖。以西方的蓝调音乐作为快捷酒店设计的出发点，把握了空间的主要情景，通过蓝调音乐元素的空间运用，合理地诠释了人在旅途的心境。设计中充分发掘了蓝调音乐的内容特点，灵巧地运用在空间设计中。设计中应进一步地将音乐这一元素运用的更加充分，大胆地融合酒店的文化和空间功能体现。
Design Source
Blues音乐中包含了很多诗一样的语言，并且不断反复，然后以决定性的一行结束。使人有着喜乐参半、多愁善感的感觉冲击。虽然Blues音乐中主唱是焦点，但是以吉他为主的乐器即兴演奏也非常精彩。乐器演奏者可以超越和弦的界限随意发挥，除了旋律的优美动听外，还包括小刀刮擦声和滑棒使用的声音，以及模仿主唱的呼喊声。
Tap 拍打即可以变颜色
Touch 触摸即可以变颜色
自助餐厅(cafeteria)
就餐区局部

室内设计（二） 快捷酒店设计 之 剧情空间
BLUES
作者：王莹 李欢
指导教师：周丽霞
个人简介：2007年9月——今 东北大学艺术学院艺术设计系 助教
2005年9月——2007年7月 清华大学美术学院环境艺术设计系 硕士
2001年9月——2005年7月 鲁迅美术学院环境艺术设计系 学士
Blues
有浅入深的设计，由简单到复杂的设计，正好体现了Blues音乐所表现的特点，从起步时的仅仅是劳动人民的音乐，到如今影响了世界流行音乐，成为了主流。并且大量运用了高科技术，大面积的LED材料的和绿色环保材料的运用。多以演奏乐器的形态有主，多处用于空间的家具设计。运用触摸式和拍打式的特殊功能来改变整个酒店的乐趣。
Blues Hotel
Music is the soul transfer, conduction emotional bond
休息区 (rest area)
大堂 (Lobby)
休闲咖啡厅 (café)

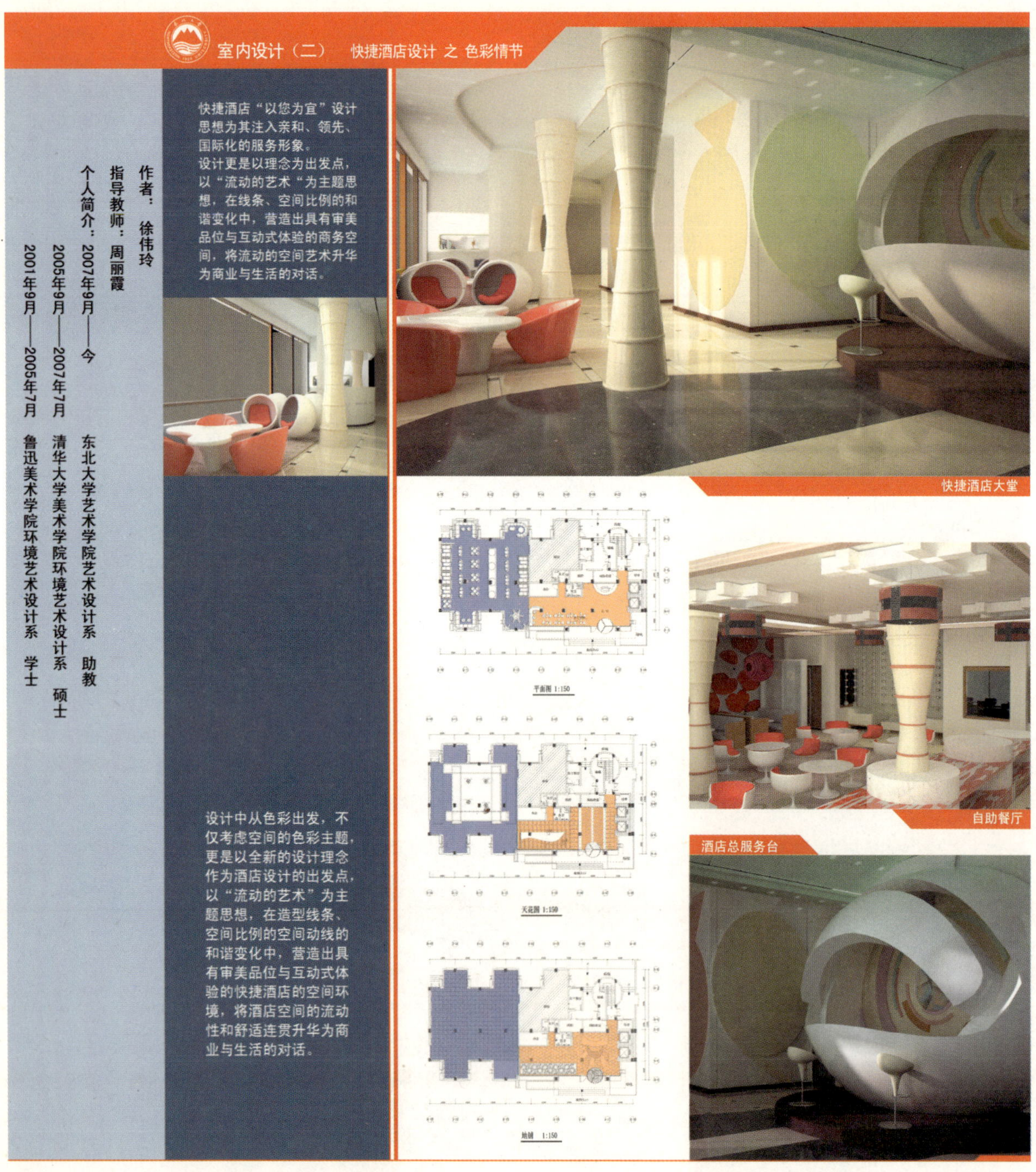

徐伟玲 / 东北大学艺术学院　指导教师：周丽霞

快捷酒店设计之色彩情节

设计课程类室内设计优秀奖

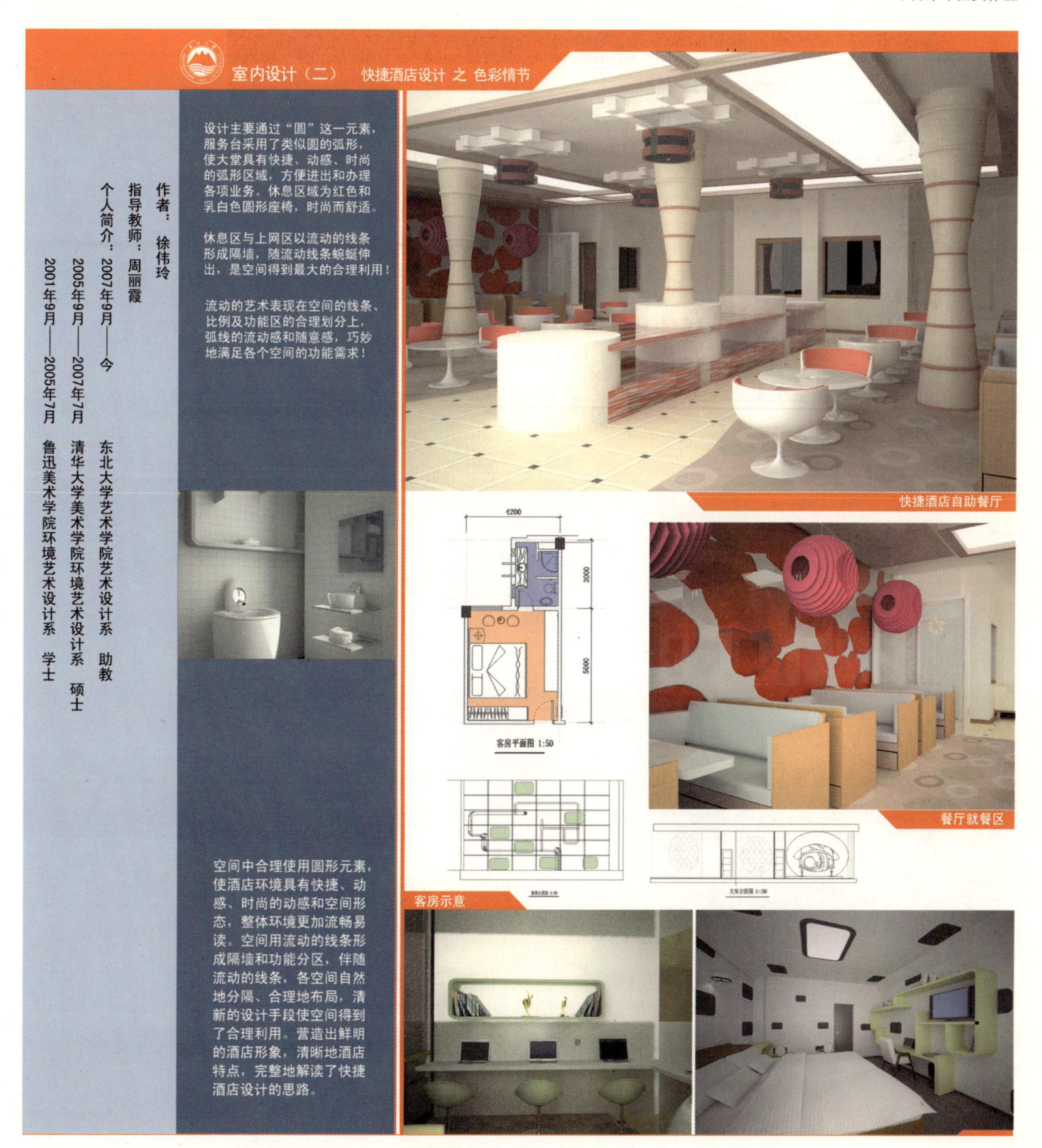
室内设计（二）　快捷酒店设计 之 色彩情节
作者：徐伟玲
指导教师：周丽霞
个人简介：2007年9月——今　东北大学艺术学院艺术设计系　助教
2005年9月——2007年7月　清华大学美术学院环境艺术设计系　硕士
2001年9月——2005年7月　鲁迅美术学院环境艺术设计系　学士
设计主要通过“圆”这一元素，服务台采用了类似圆的弧形，使大堂具有快捷、动感、时尚的弧形区域，方便进出和办理各项业务。休息区域为红色和乳白色圆形座椅，时尚而舒适。
休息区与上网区以流动的线条形成隔墙，随流动线条蜿蜒伸出，是空间得到最大的合理利用！
流动的艺术表现在空间的线条、比例及功能区的合理划分上，弧线的流动感和随意感，巧妙地满足各个空间的功能需求！
快捷酒店自助餐厅
1200
3000
5000
客房平面图 1:50
餐厅就餐区
客房示意
空间中合理使用圆形元素，使酒店环境具有快捷、动感、时尚的动感和空间形态，整体环境更加流畅易读。空间用流动的线条形成隔墙和功能分区，伴随流动的线条，各空间自然地分隔、合理地布局，清新的设计手段使空间得到了合理利用。营造出鲜明的酒店形象，清晰地酒店特点，完整地解读了快捷酒店设计的思路。

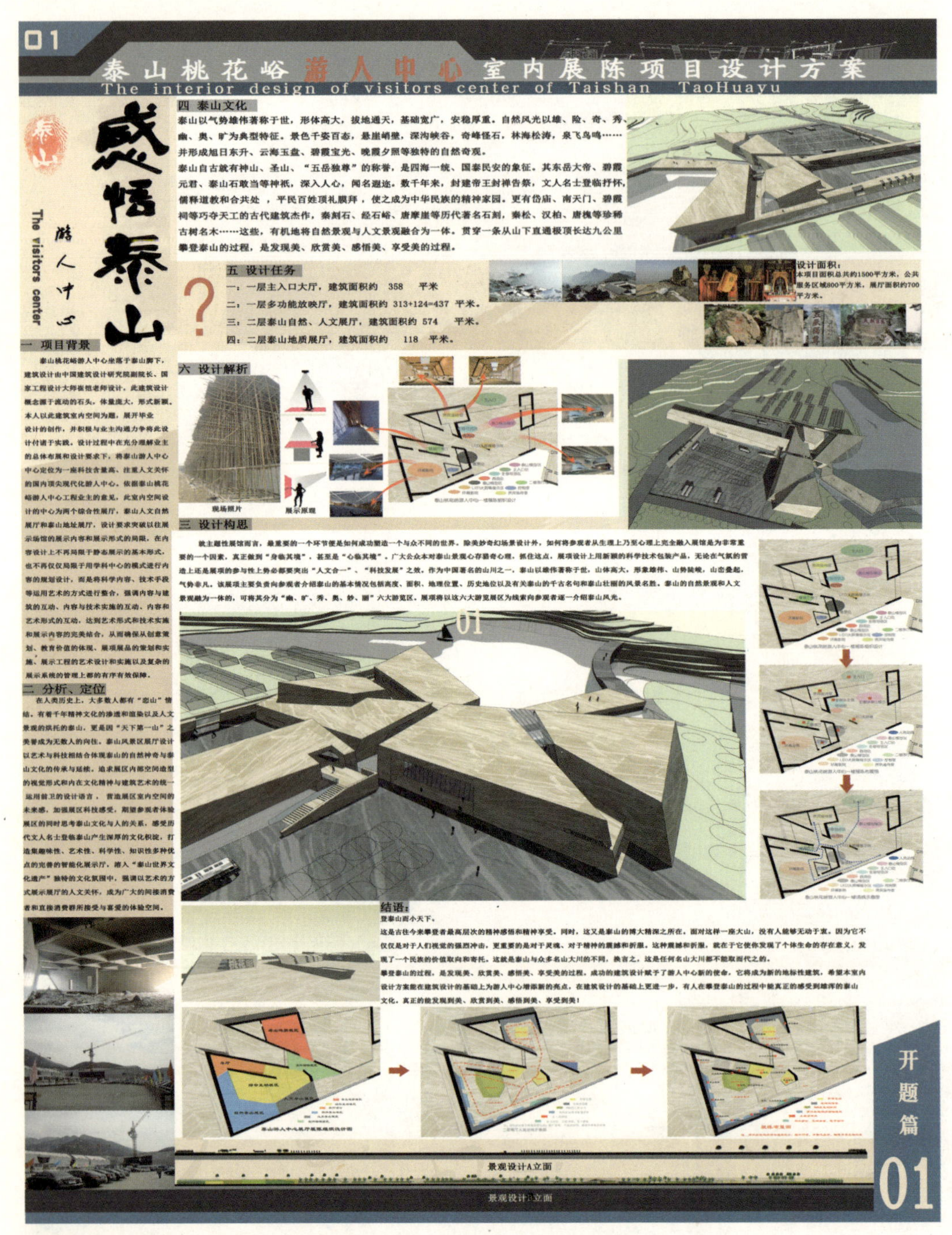

巴亮亮 / 山东工艺美术学院 指导教师：张震

泰山桃花峪游人中心

设计课程类室内设计优秀奖

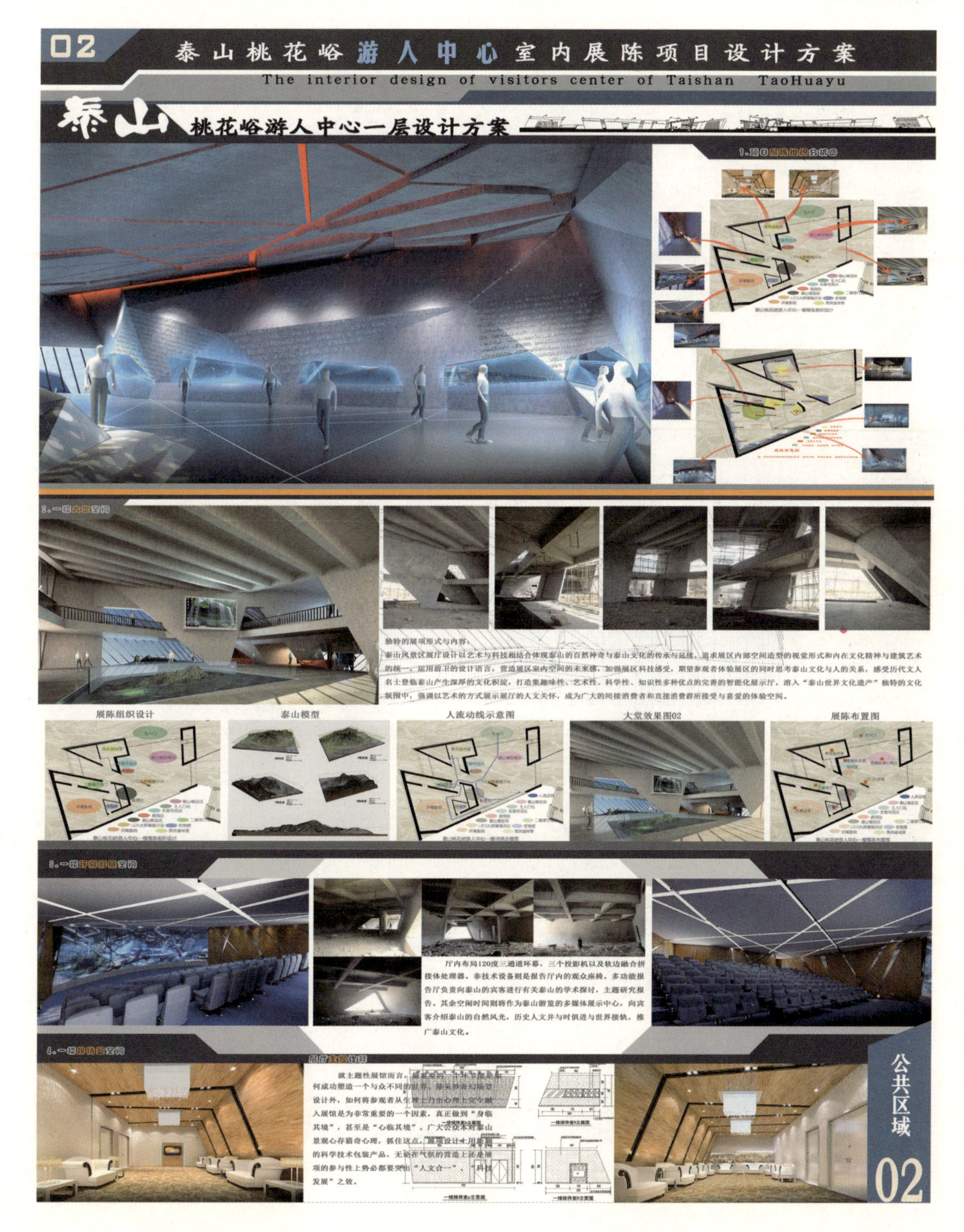
02
泰山桃花峪游人中心室内展陈项目设计方案
The interior design of visitors center of Taishan TaoHuayu
泰山 桃花峪游人中心一层设计方案
独特的展项形式与内容：
泰山风景区展厅设计以艺术与科技相结合体现泰山的自然神奇与泰山文化的传承与延续。追求展区内部空间造型的视觉形式和内在文化精神与建筑艺术的统一，运用前卫的设计语言，营造展区室内空间的未来感，加强展区科技感受，期望参观者体验展区的同时思考泰山文化与人的关系，感受历代文人名士登临泰山产生深厚的文化积淀，打造集趣味性、艺术性、科学性、知识性多种优点的完善的智能化展示厅，溶入"泰山世界文化遗产"独特的文化氛围中，强调以艺术的方式展示展厅的人文关怀，成为广大的间接消费者和直接消费群所接受与喜爱的体验空间。
展陈组织设计
泰山模型
人流动线示意图
大堂效果图02
展陈布置图
厅内布局120度三通道环幕，三个投影机以及软边融合拼接体处理器。非技术设备则是报告厅内的观众座椅。多功能报告厅负责向泰山的宾客进行有关泰山的学术探讨，主题研究报告。其余空闲时间则将作为泰山游览的多媒体展示中心，向宾客介绍泰山的自然风光，历史人文并与时俱进与世界接轨，推广泰山文化。
就主题性展馆而言，最重要的一个环节便是如何成功塑造一个与众不同的世界。除美妙奇幻场景设计外，如何将参观者从生理上乃至心理上完全融入展馆是为非常重要的一个因素，真正做到"身临其境"，甚至是"心临其境"。广大公众本对泰山景观心存猎奇心理，抓住这点，展项设计上用新颖的科学技术包装产品，无论在气氛的营造上还是展项的参与性上势必都要突出"人文合一"，"科技发展"之效。
公共区域
02

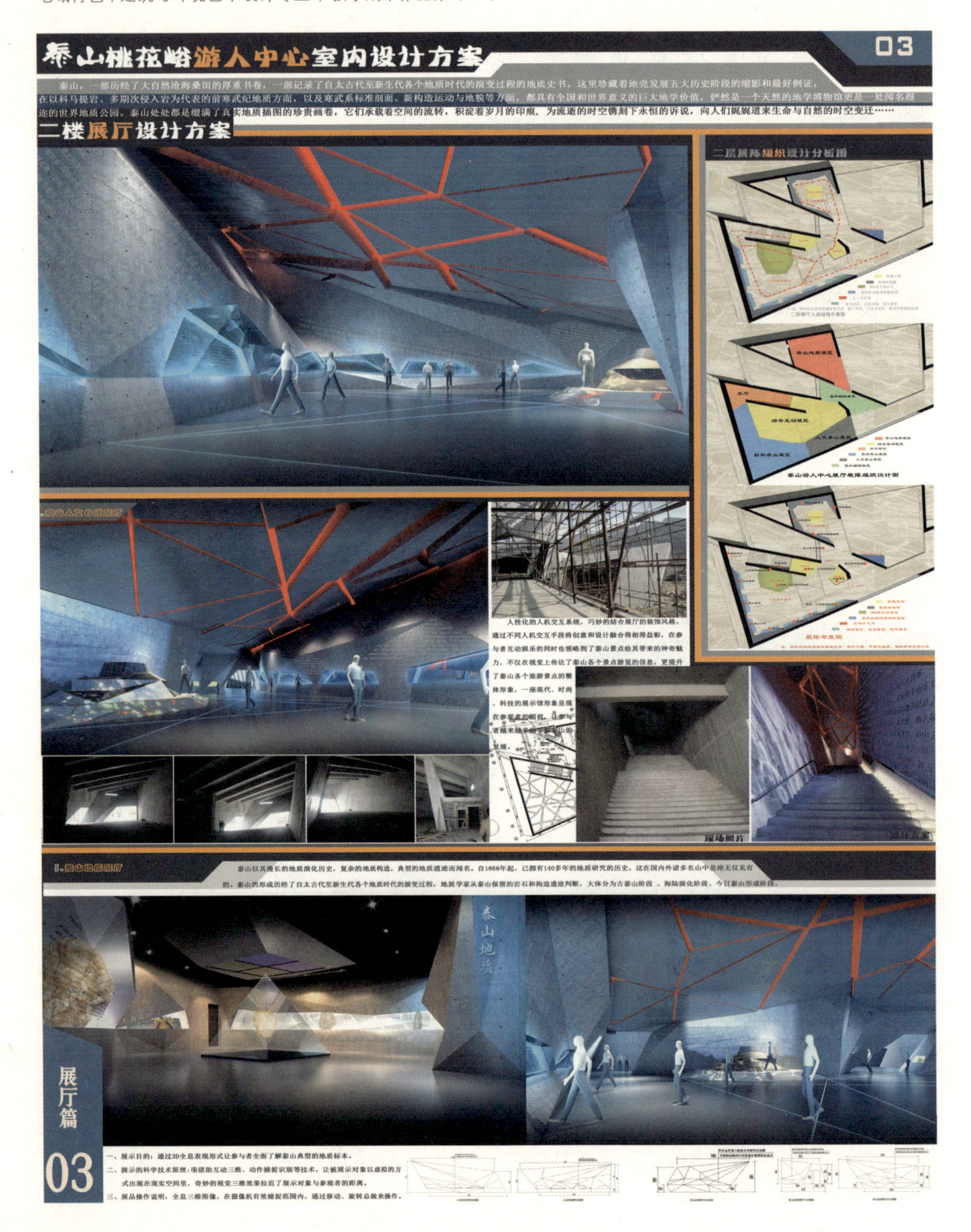

泰山桃花峪游人中心室内设计方案
03
泰山，一部历经了大自然沧海桑田的厚重书卷，一部记录了自太古代至新生代各个地质时代的演变过程的地质史书。这里珍藏着地壳发展五大历史阶段的缩影和最好例证，在以科马提岩、多期次侵入岩为代表的前寒武纪地质方面，以及寒武系标准剖面、新构造运动与地貌等方面，都具有全国和世界意义的巨大地学价值，俨然是一个天然的地学博物馆更是一处闻名遐迩的世界地质公园。泰山处处都是缀满了真实地质插图的珍贵画卷，它们承载着空间的流转，积淀着岁月的印痕，为流逝的时空镌刻下永恒的诉说，向人们娓娓道来生命与自然的时空变迁……
二楼展厅设计方案
二层展陈组织设计分析图
泰山地质展区
序厅
综合互动展区
人文泰山展区
自然泰山展区
泰山游人中心展厅展陈组织设计图
展陈布置图
人性化的人机交互系统，巧妙的结合展厅的装饰风格，通过不同人机交互手段将创意和设计融合得相得益彰，在参与者互动娱乐的同时也领略到了泰山景点给其带来的神奇魅力，不仅在视觉上传达了泰山各个景点游览的信息，更提升了泰山各个旅游景点的整体形象，一座现代、时尚、科技的展示馆形象呈现在参观者的面前。
发展。
现场照片
5.泰山地质展厅
泰山以其漫长的地质演化历史，复杂的地质构造，典型的地质遗迹而闻名，自1868年起，已拥有140多年的地质研究的历史，这在国内外诸多名山中是绝无仅见有的。泰山的形成历经了自太古代至新生代各个地质时代的演变过程，地质学家从泰山保留的岩石和构造遗迹判断，大体分为古泰山阶段 、海陆演化阶段、今日泰山形成阶段。
泰山地质
展厅篇
03
一、展示目的：通过3D全息表现形式让参与者全面了解泰山典型的地质标本。
二、演示的科学技术原理：项借助互动三维、动作捕捉识别等技术，让被展示对象以虚拟的方式出现在现实空间里，奇妙的视觉三维效果拉近了展示对象与参观者的距离。
三、展品操作说明：全息三维图像，在摄像机有效捕捉范围内，通过移动、旋转总做来操作。

感谢院校支持（排名不分先后）

东南大学建筑学院
深圳职业技术学院
顺德职业技术学院
河北科技师范学院
西北农林科技大学
湖南师范大学美术学院
湖北师范学院美术学院
深圳大学艺术设计学院
华南农业大学艺术学院
福建农林大学艺术学院
浙江树人大学艺术学院
福建师范大学美术学院
河南农业大学华豫学院
广东轻工职业技术学院
无锡工艺职业技术学院
西南林业大学
重庆教育学院
华中科技大学
广西生态工程职业技术学院
攀枝花学院艺术设计学院
浙江理工大学艺术与设计学院
苏州大学金螳螂建筑与城市环境学院
中国美院艺术设计职业技术学院
北京建筑工程学院
东北大学艺术学院

中央美术学院
清华大学美术学院
中国美术学院
鲁迅美术学院
天津美术学院
广州美术学院
四川美术学院
上海大学美术学院
湖北美术学院
西安美术学院
天津大学建筑学院
山东工艺美术学院
南开大学
江南大学
东华大学
海南大学
海南师范大学
北方工业大学
浙江科技学院
北京理工大学
沈阳建筑大学
北京交通大学
福建工程学院
天津城建学院

图书在版编目(CIP)数据

地域特色　建筑与环境艺术设计专业教学成果作品集. 上　基础课程　设计课程 / 张梦主编. —北京：中国建筑工业出版社，2010.11
第七届全国高等美术院校建筑与环境艺术设计专业教学年会
ISBN 978-7-112-12687-3

Ⅰ. ①地…　Ⅱ. ①张…　Ⅲ. ①建筑设计：环境设计-作品集-中国-现代　Ⅳ. ①TU-856

中国版本图书馆CIP数据核字（2010）第222578号

责任编辑：唐　旭　吴　绫　李东禧
责任设计：董建平
责任校对：马　赛　王雪竹

第七届全国高等美术院校建筑与环境艺术设计专业教学年会
地域特色
建筑与环境艺术设计专业教学成果作品集（上）
基础课程　设计课程
主　编　张　梦
*
中国建筑工业出版社 出版、发行（北京西郊百万庄）
各地新华书店、建筑书店经销
北京图文天地制版印刷有限公司制版
北京方嘉彩色印刷有限责任公司印刷
*
开本：889×1194毫米　1/20　印张：11⅕　字数：316千字
2010年11月第一版　2010年11月第一次印刷
定价：68.00元
ISBN 978-7-112-12687-3
(19907)